과학을 기다리는 시간

과학을 기다리는 시간

강석기 지음

MID

서문

최선을 기대하되 최악을 대비하라.

hope for the best, but prepare for the worst.

영어 속담

우리의 새로운 역사 구분은 B.C.(Before Corona, 코로나 이전)와

A.C.(After Corona, 코로나 이후)가 될 것이다.

토머스 프리드먼

지난 100여 년 동안 인류의 평균 수명은 31세(1900년)에서 72세
(2017년)로 2배 이상 길어졌다. 이런 극적인 변화를 이끈 게 5세 미만
사망률의 급감이다. 100여 년에는 태어난 아이의 절반이 다섯 살이 되
기 전에 목숨을 잃었기 때문이다. 주된 원인은 전염병 창궐이었다.

20세기를 지나면서 상하수도 등 위생시설이 갖춰지고 백신과 항생
제 개발 등 현대 의학이 눈부시게 발전하면서 전염병으로 인한 사망 비
율은 크게 줄었다. 2016년 심혈관계질환이나 암 같은 비전염병 질환으
로 인한 세계 사망자 수는 4,050만 명으로 전체 사망자 수 5,690만 명

의 71%를 차지했다. 물론 선진국의 비율은 이보다 더 높다. 우리나라는 비전염병 사망자가 80%에 이르고 전염병 사망자는 10%가 채 안 된다. 나머지는 사고 등 기타 원인이다.

전염병 사망자도 기저질환을 앓고 있는 노약자가 감염돼 목숨을 잃는 게 대부분이다. 평소 건강하던 사람이 전염병에 걸려 갑자기 죽는 경우는 드물다. 이런 사람보다는 자살로 세상을 등진 사람이 더 많을 것이다.

그런데 2000년대 들어 미지의 바이러스가 등장해 지구촌을 위협하는 사태가 종종 벌어지고 있다. 옛날 같으면 발생 지역에 국한되었을 전염병이 순식간에 세계로 퍼질 위험성이 높아졌다. 세계가 지구촌이 되면서 인적, 물적 교류가 활발해졌기 때문이다. 2018년 지구촌의 비행 건수는 3,900만 회에 이르고 탑승객이 40억 명으로 세계 인구 78억 명의 절반을 넘는다.

바이러스 전염병 등장으로 세계보건기구WHO가 비상사태까지 선포한 경우도 수차례 있었지만 다행히 아직까지 '21세기의 스페인 독감'으로 불릴 만한 팬데믹으로 발전한 예는 없다. 그런데 지난해 12월 8일 중국 우한에서 첫 환자가 나온 것으로 알려진 코로나19가 지구촌 곳곳을 파죽지세로 공략하고 있다.

4월 27일 현재 세계 환자(확진자)가 300만 명을 돌파했고 사망자도 20만 명이 넘어 치명률이 6.9%에 이른다. 만일 확산을 방치한다면 다수가 무증상 감염자임을 감안하더라도 수천만 명이 사망할 수도 있다는 말이다. 1918년 스페인 독감 이후 100년 만에 인류가 전염병으로 최대의 위기에 직면한 것이다. 스페인 독감의 경우 당시 세계 인구의 4분의 1인 약 5억 명이 감염돼 1,700만~5,000만 명이 사망한 것으로 추정된다.

21세기 들어 질병 관련 과학 및 의학 연구를 비전염성 질환에 집중해온 인류는 코로나19의 등장에 당황하면서도 이를 극복하기 위해 전방위적인 노력을 기울이고 있다. 계절성 독감처럼 집단면역으로 해결하자는 생태론적 관점을 지닌 일부 전문가의 의견을 따르기에는 희생이 너무나 크기 때문이다.

사람들이 생활과 경제에 큰 타격을 받고 있음에도 사회적 거리두기에 적극 동참해 시간을 버는 사이 의료진들은 환자 치료에 헌신하고 있고 과학자들은 효과적인 치료제와 궁극적인 해결책인 백신 개발에 최선을 다하고 있다. 그 결과 몇몇 치료제 후보물질이 임상에서 효과를 보이는 것으로 나타나 조만간 치료제로 승인이 날 것 같다는 기대를 품게 하고 백신도 여러 곳에서 만들어져 임상에 들어갔다. 과연 인류는 코로나19 위기를 극복할 수 있을까.

지금까지 『과학카페』는 전년에 발표한 에세이 가운데 수십 편을 골라 내용을 구성했지만 9권을 준비하며 그럴 상황이 아니라고 판단해 올해 설 연휴를 전후한 시점부터 우리 삶을 뒤흔들며 지금도 진행 중인 (그리고 언제 끝날지 모를) 코로나19를 전면에 내세우기로 했다. 1파트 '바이러스의 급습'은 코로나19 관련 글 다섯 편과 이의 동물 버전으로 지난해 가을 우리나라에 상륙한 아프리카돼지열병을 다룬 글 한 편으로 이뤄져 있다.

2파트 '핫 이슈'부터는 예년의 구성으로 돌아와 8파트 '생명과학'까지 각 파트별로 글 네 편씩을 실었다. 부록에서는 2019년 타계한 과학자 16명의 삶과 업적을 간략하게 되돌아봤다.

이 책에 실린 글의 대부분은 2019년 한 해와 2020년 초에 발표한 에세이 80여 편 가운데 일부를 골라 업데이트한 것이다. 수록된 에세이를 연재할 때 도움을 준 〈동아사이언스〉의 박근태 팀장과 남혜정 선생,

〈화학세계〉의 오민영 선생, 〈신동아〉의 송화선 기자께 고마움을 전한다. 지난 여덟 권에 이어 아홉 번째 과학카페 출간을 결정한 MID 최성훈 대표와 적지 않은 분량을 멋진 책으로 만들어 준 편집부 여러분께도 감사드린다.

2020년 5월 강석기

Part 1

바이러스의 습격

아프리카돼지열병이
우리나라까지 들어온 사연

이번 아프리카돼지열병 확산은 상당한 기간(영원하지는 않더라도)
동물 질병 가운데 가장 심각한 사례로 남을 것이다.

더크 파이퍼, 홍콩시립대 교수

동아프리카에서의 혹멧돼지와 강멧돼지를 포함한 자연숙주의 감염은
감염된 동물에 바이러스가 계속 남아있음에도
별다른 증상을 일으키지 않는다.
이는 오랜 적응을 통해 바이러스나 숙주가 희생되지 않으면서도
바이러스가 유지될 수 있게 됐음을 의미한다.

린다 딕슨 등, 『바이러스 연구』 2019년 6월호에 실은 논문에서

2019년 9월 17일 경기도 파주의 한 돼지농장에서 처음 아프리카돼지열병African Swine Fever. ASF 확진 결과가 나왔다. 다음날 연천에서도 폐사한 돼지의 시료에서 ASF바이러스(이하 ASFV)가 검출됐다. 2018년 8

2019년 9월 17일에서 10월 8일까지 국내 돼지농장 14곳에서 아프리카돼지열병이 발생했다.

월 중국에 ASF가 상륙했다는 발표 이후 노심초사하며 '그래도 잘 버티고 있다'고 위안했지만 결국 방어막이 뚫렸다.

아직 감염경로는 오리무중이지만 발생한 지역으로 봤을 때 이미 ASF가 퍼진 것으로 알려진 북한에서 온 것으로 보인다. 즉 바이러스에 감염돼 죽은 멧돼지나 돼지의 배설물이나 분비물, 또는 사체가 부패할 때 흘러나온 체액이 묻은 흙이 지난 태풍의 폭우로 불어난 강물에 실려 휴전선을 넘어온 것으로 보인다.

두 지역 인근 농장의 돼지 수만 마리를 재빨리 묻었고 그 뒤 파주의 의심 사례 두 건은 음성으로 나와 일단 한시름을 놓았다. 그러나 9월 23일 김포에서 세 번째, 24일 파주에서 네 번째 확진 판정이 나와 상황이 심상치 않다.[1]

---

1) 10월 8일 연천의 한 농장에서 14번째 확진 판정이 나온 것을 끝으로 다행히 더이상 퍼지지는 않았다. 그러나 ASF에 걸려 죽은 멧돼지가 계속 발견되고 있어 안심할 수는 없다. 실제 2020년 10월 강원도 화천의 두 농장에서 확진 판정이 나왔고 2021년 5월 강원도 영월의 한 농장에서 확진 판정이 나왔다. 방심하면 언제라도 퍼질 수 있다는 말이다.

10여 년 전부터 아프리카돼지열병 소식이 간헐적으로 들려왔지만 별 주목을 받지 못했다. 그런데 2018년 8월 중국 상륙 소식이 알려지면서 우리나라뿐 아니라 세계가 긴장하고 있다. 중국은 돼지고기 최대 생산국이자 소비국으로 중국에서 사육되는 돼지는 4억 4,000만 마리에 이른다. 이는 지구촌에서 사육되는 돼지 10억 마리의 절반에 가까운 숫자다. 참고로 우리나라는 약 1,000만 마리를 키우고 있다.

　중국 당국이 공개하지 않아 구체적인 피해는 알 수 없지만 2019년 5월 한 뉴스에 따르면 100만 마리 넘게 살처분됐다고 한다. 또 1년 전에 비해 사육두수가 4,000만 마리나 줄었다는 얘기도 있다. 지금도 수그러들 기미가 없어 피해가 어디에 이를지 가늠이 가지 않는다.

　2019년 2월 19일 첫 발병이 보고된 베트남의 경우 바이러스가 급속히 퍼져 7월 4일 현재 300만 마리가 넘는 돼지가 매몰됐다. 베트남 역사상 최악의 가축 질병이다.

　치명률 100%로 걸리면 죽는다는 무시무시한 질병이 어쩌다가 중국에 상륙했고 1년 만에 우리나라까지 들어오게 됐을까. 아프리카돼지열병이라는 이름을 보면 아프리카가 진원지로 보인다. 중국에 침투한 바이러스의 게놈을 분석한 결과 지난 2007년 동아프리카에서 조지아(그루지야)로 건너간 바이러스가 퍼진 것으로 확인됐다.

　그러나 ASF라는 이름과 이번 전파경로만 보고 아프리카를 탓할 수만은 없다. 오늘날 ASF 창궐의 원인을 거슬러 올라가면 300년 전 유럽(포르투갈) 어쩌면 600년 전 중국에 책임을 물을 수도 있기 때문이다. 왜 그럴까?

자연계 숙주는 증상 없어

　ASFV는 사람이나 소는 감염시키지 못하고 돼지^{swine} 만 감염시킨다. 좀 더 엄밀히 하면 멧돼짓과^科 동물만 감염시킨다. 앞으로 전개될 내용을 헷갈리지 않고 이해하려면 멧돼짓과^{suidae} 의 분류학에 대한 약간의 지식이 필요하므로 간단히 소개한다.

　분류학은 '계문강목과속종' 일곱 단계로 나뉜다. 예를 들어 사람과 소, 돼지는 동물계, 척삭동물문, 포유강까지 동행하고 목^目부터 갈라진다. 즉 사람은 영장목이고 소와 돼지는 우제목이다. 다음 단계에서 소와 돼지도 제 갈 길을 간다. 즉 소는 솟과이고 돼지는 멧돼짓과다.

　멧돼짓과는 6속 17종으로 이뤄져 있다. 인류가 수천 년 전 가축화한 건 이 가운데 멧돼지속^{Sus} 에 속하는 한 종이다(학명 *Sus scrofa*). 앞으로 멧돼지^{boar} 는 야생 *Sus scrofa*, 돼지^{pig} 는 가축화한 *Sus scrofa*를 가리킨다.

　나머지 다섯 속 가운데 세 가지가 중요하다. 즉 혹멧돼지속 ^{Phacochoerus} 과 강멧돼지속^{Potamochoerus} , 숲멧돼지속^{Hylohoerus} 이다. 멧돼지속이 아시아와 유럽에 분포하는 것과 달리 이들 세 속은 사하라 사막 이남 아프리카에만 분포한다.

　ASFV는 원래 연진드기^{soft tick} 와 이들 세 멧돼지속 동물을 숙주로 삼는 바이러스다. 즉 사하라 사막 이남 아프리카를 벗어나지 못했다. 인류가 수천 년 동안 돼지를 키웠지만 ASF를 몰랐던 이유다.

　사실 ASF는 아프리카에서도 나타나지 않았다. 혹멧돼지와 강멧돼지, 숲멧돼지는 이 바이러스에 감염돼도 증상이 없기 때문이다. 새끼들이 일시적으로 바이러스혈증을 보이는 정도다. 이때 연진드기가 피를 빨면 바이러스가 옮는다. 즉 이들은 오랜 시간을 거쳐 안정된 생태계를 이루게 진화했다는 말이다.

아프리카돼지열병바이러스(ASFV)의 자연숙주는 사하라 사막 이남 아프리카에 서식하는 흑멧돼지(사진)와 강멧돼지, 숲멧돼지와 이들의 피를 빨아먹고 사는 연진드기다. 이들은 바이러스에 감염돼도 별다른 증상을 보이지 않는다. (제공 위키피디아)

명나라 원정대에 실려 아프리카로

지난 1년 동안 중국을 패닉상태로 몰고 간 ASF를 두고 중국인들은 아프리카를 원망할지도 모르겠지만 역사를 거슬러 올라가면 그럴 수도 없다. 사하라 사막 이남 아프리카에 돼지를 소개한 게 바로 600여 년 전 중국인들이기 때문이다.

1405년 명나라 영락제의 총애를 받던 환관 정화는 황제의 명령을 받들어 대선단을 꾸리고 총지휘관이 돼 원정을 떠났다. 1433년 7차 원정까지 정화는 남아시아와 아라비아를 거쳐 동아프리카까지 30여 개 나라를 방문해 명나라의 위세를 떨쳤다. 선단은 수백 척 규모였고 가장 큰 배는 길이가 100미터도 넘었다고 하니 콜럼버스나 마젤란의 탐험대는 소꿉장난인 셈이다.

명나라 정화 원정대를 묘사한 17세기 목판
화. 케냐를 방문했을 때 원정대가 배 안에서
키우던 돼지 몇 마리를 줬다는 기록이 있다.
(제공 위키피디아)

　원정대에는 돼지들도 포함돼 있었다. 냉동설비가 없던 시절이었기
때문에 살아있는 식재료인 셈이다. 아마도 음식 찌꺼기를 먹었을 것이
다. 원정대는 방문한 나라들로부터 다양한 선물을 받았고 이 가운데는
이국적인 동물들도 포함돼 있었다. 케냐를 방문했을 때도 여러 동물을
선물로 받았을 것이고 그에 대한 답례로 배에서 키우던 돼지 몇 마리를
주지 않았을까.

　이렇게 해서 돼지가 사하라 사막 이남 아프리카에 처음 발을 디뎠
다. 당시 케냐 사람들이 이 돼지들을 가축으로 키웠을 수도 있고 일부
는 숲으로 들어가 멧돼지가 됐을지도 모른다. 케냐 남부의 와타족Waata
은 16세기 이래 '돼지를 먹는 사람들'이라는 뜻의 왈랸쿠루Walyankuru 로
도 불린다. 그렇다면 정화가 선물한 돼지들의 후손이 ASFV와 첫 만남
을 갖지 않았을까.

　한편 유럽 열강의 식민지 개척이 시작되면서 16세기와 17세기에
걸쳐 포르투갈 사람들이 동아프리카에 돼지를 들여왔다. 오늘날 모잠

비크에서 시작해 말라위, 탄자니아, 케냐로 돼지들이 퍼져 나갔다. 그 뒤 아프리카가 유럽 열강의 식민지가 되면서 사하라 사막 이남 전역에 돼지가 분포하게 됐다. 따라서 이 과정의 어느 시점에서 돼지가 ASFV와 처음 만났을 수도 있다.

2013년 학술지 『플로스 원』에는 이 물음에 답하는 연구결과가 실렸다. 이 연구에 따르면 아마도 16~17세기 포르투갈 사람들이 들여온 돼지가 첫 만남을 가졌을 가능성이 높지만 15세기 초 정화 원정대가 선물한 돼지의 후손이 주인공일 가능성도 배제할 수는 없다.

프랑스와 마다가스카르 공동연구자들은 지난 70년 동안 채집한 ASFV 균주 strain 수백 가지의 몇몇 유전자 서열을 비교분석한 결과 이들의 공동조상이 1712년에 살았던 바이러스임을 밝혔다. 물론 1712년이라는 연도는 돌연변이 속도를 추정해 통계적으로 분석해 산출한 결과(평균값)일 뿐이지만 아무튼 300여 년 전이라는 말이다.

이는 바이러스가 이 무렵 돼지(또는 이들이 야생화한 멧돼지)와 첫 만남을 가졌고(따라서 포르투갈에서 온 돼지일 가능성이 높다) 그 뒤 폭발적인 증식 속도 덕분에 빠른 진화를 거쳐 오늘날 다양한 유형이 존재하게 된 것으로 보인다.

참고로 ASFV의 치명률이 100%라고 하지만 다 그런 게 아니라 몇몇 유형에 해당하는 얘기로 심지어 돼지에게 미미한 증상을 유발할 뿐인 유형도 있다. 물론 우리나라까지 퍼진 바이러스는 독한 녀석이라는 게 문제이지만.

첫 번째 파도는 잘 넘겼지만...

사하라 사막 이남 아프리카에서 돼지를 키우기 시작한 게 길게 잡

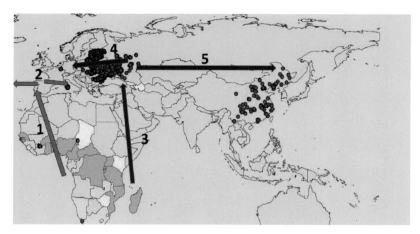

사하라 사막 이남 아프리카의 토착병인 아프리카돼지열병은 두 차례 아프리카를 벗어났다. 먼저 1957년 앙골라에서 비행기에 실려 포르투갈로 건너갔다(1). 그 뒤 서유럽과 중남미 몇몇 나라로 퍼졌지만 사르데 냐섬에 자리 잡은 걸 제외하면 사라졌다(2). 다음으로 2007년 동아프리카에서 배편으로 조지아에 상륙했다(3). 초기에는 주로 멧돼지를 통해 동유럽으로 퍼졌지만(4) 2018년 중국까지 진출했다(5). 2019년 5월 호에 발표된 논문에 실린 지도라서 우리나라는 아직 깨끗하다. 빨간색은 돼지 발병, 보라색은 멧돼지 발병 사례다. (제공 『항바이러스 연구』)

으면 600년 짧게 잡아도 300년이지만 100여 년 전까지만 해도 집에서 몇 마리 키우는 수준이었다. 따라서 설사 ASF로 돼지들이 죽더라도 지금처럼 크게 번질 가능성은 희박했을 것이다.

그런데 19세기 말 영국 식민지였던 케냐에서 우역牛疫이 퍼져 소들이 많이 죽자 영국은 자국에서 돼지를 많이 들여와 대규모 사육을 시도했고 이 과정에서 ASF가 발생한 것이다. 즉 1907년 케냐에서 돼지들이 떼로 죽으면서 뭔가 심상치 않은 전염병이 일어나고 있다는 게 처음으로 인식됐고 1921년 이를 다룬 논문에서 돼지들의 증상을 바탕으로 '아프리카돼지열병'이라는 병명을 사용했다. 그 뒤 사하라 사막 이남 아프리카 곳곳에서 ASF 발병 사례가 보고됐고 어느새 풍토병으로 자리 잡았다.

1957년 ASFV가 처음 아프리카를 벗어나 유럽에 진출했다. 1957년 어느 날 앙골라 루안다 공항을 이륙한 비행기의 기내식에 ASFV에 감염된 돼지고기로 만든 요리가 포함돼 있었다. 비행기는 포르투갈(!) 리스본 공항에 도착했고 음식 찌꺼기는 수거돼 인근 돼지농장으로 보내졌다.

이렇게 시작된 ASF는 포르투갈뿐 아니라 스페인, 프랑스 등 서유럽 여러 나라에 상륙했고 대서양을 건너 쿠바와 브라질 등 중남미 국가들도 방문했다. 다행히 다들 제압됐고 유일하게 이탈리아 서부의 큰 섬인 사르데냐에서만 풍토병으로 자리 잡았다.

첫 번째 아프리카 탈출이 있고 50년이 지난 2007년 흑해 동부 연안의 항구도시 포티에 배 한 척이 닻을 내렸다. 동아프리카의 여러 항구를 거쳐 온 이 배에서 나온 음식 찌꺼기에 ASFV에 감염된 돼지고기가 들어있었고 그 결과 ASF가 발생했다.

안 그래도 방역 시스템이 허술한 데다 곳곳이 내전 지역이라 초기 대응에 실패했다. 게다가 이 지역과 동유럽의 숲에는 멧돼지가 많아 서쪽으로 향한 주된 전파경로가 됐다. 그러다 지난해 마침내 동쪽으로 한참 떨어진 중국에서 ASF가 발생했다. 아마도 ASFV에 감염된 돼지고기를 포함한 가공식품이 주범으로 보인다. 참고로 ASFV는 꽤 안정한 바이러스이기 때문에 어설프게 열을 가한 정도로는 죽지 않는다.

면역세포에 침투해 증식

그렇다면 ASFV는 어떻게 돼지에 감염해 그토록 치명적인 증상을 일으키는 걸까. 먼저 ASFV에 대해 잠깐 살펴보자. 역시 돼지에게 치명적인 구제역이나 인플루엔자를 일으키는 바이러스들은 게놈 크기가 염

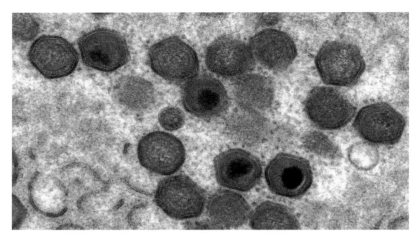

전자현미경으로 본 ASFV. 원래는 흑백 이미지이지만 극적 효과를 위해 바이러스 입자에 붉은색을 입혔다. ASFV는 게놈이 17만~19만 염기쌍이고 유전자가 160개가 넘는 거대한 바이러스다. (제공 피르브라이트 연구소)

기 1만 개 내외이고 유전자 개수도 10여 개에 불과한 소형이다. 반면 ASFV는 게놈 크기가 17만~19만 염기에 이르고 유전자도 160개가 넘는 대형이다.

ASFV는 돼지의 단핵세포와 대식세포에 주로 침입한다. 둘 다 선천 면역계의 주축이 되는 세포다. 많은 연구가 이뤄졌음에도 ASFV가 이들 세포의 어떤 수용체를 인식해 달라붙는지는 아직 밝히지 못했다. 수용체를 모르니 바이러스가 달라붙는 걸 방해하는 약물(치료제)을 설계할 수도 없다.

면역세포에 침투한 바이러스는 다양한 경로로 면역세포의 신호체계를 교란시키며 증식한다. 즉 면역세포가 적이 침투했다는 신호를 보내지 못하게 하고 자살apoptosis 하려는 움직임도 차단한다. 면역세포가 살아있어야 바이러스가 증식할 수 있기 때문이다.

100% 치명률은 아마도 바이러스가 숙주의 과도한 면역반응, 즉 사이토카인 폭풍cytokine storm을 유발한 결과일 것이다. 빈대 잡으려다 초가삼간 태운 격이다. 2009년 신종플루가 돌 때 젊은 사람들이 꽤 희생된 것도 사이토카인 폭풍 때문이다.

혹멧돼지는 감염돼도 멀쩡한 이유

영국 로슬린연구소의 과학자들은 지난 2011년 이와 관련된 흥미로운 연구결과를 학술지 『바이러스학 저널』에 발표했다. 연구자들은 ASFV가 돼지나 멧돼지(즉 멧돼지속)에게는 치명적인 반면, 사하라 사막 이남 아프리카에 사는 혹멧돼지와 강멧돼지, 숲멧돼지에는 이렇다할 증상도 유발하지 못하는 이유가 면역반응의 차이에 있을지도 모른다고 추정했다.

연구자들은 돼지와 혹멧돼지의 면역반응 관련 유전자들을 비교분석했고 흥미로운 사실을 발견했다. 면역반응에 관여하는 RELA 유전자의 서열이 달라 그 산물인 단백질의 아미노산 세 곳의 종류가 달랐다. 그 결과 돼지의 RELA 단백질은 활성이 높았지만 혹멧돼지의 RELA 단백질은 활성이 낮았다. 즉 RELA 단백질의 활성 차이가 ASFV에 감염됐을 때 돼지와 혹멧돼지가 보이는 증상의 극단적인 차이를 적어도 일부는 설명한다는 말이다.

연구자들은 유전자편집 기술로 RELA 단백질의 아미노산 서열을 혹멧돼지의 것으로 바꾼 돼지를 만드는 시도를 해 성공했다고 2016년 학술지 『사이언티픽 리포트』에 발표했다. 그러나 어찌 된 영문인지 유전자편집 돼지를 대상으로 ASFV 감염 실험을 진행했다는 얘기는 아직 없다.

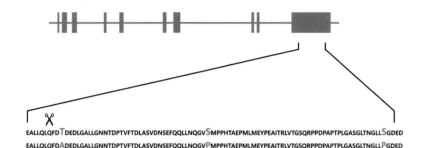

EALLQLQFD**T**DEDLGALLGNNTDPTVFTDLASVDNSEFQQLLNQGV**S**MPPHTAEPMLMEYPEAITRLVTGSQRPPDPAPTPLGASGLTNGLL**S**GDED
EALLQLQFD**A**DEDLGALLGNNTDPTVFTDLASVDNSEFQQLLNQGV**P**MPPHTAEPMLMEYPEAITRLVTGSQRPPDPAPTPLGASGLTNGLL**P**GDED

혹멧돼지가 돼지에게는 치명적인 ASFV에 감염돼도 별 증상이 없는 이유 가운데 하나가 면역반응에 관여하는 RELA 단백질의 아미노산 차이라는 연구결과가 있다. 위 그림은 RELA 유전자의 구조로 박스가 엑손, 선이 인트론이다. 마지막 엑손이 지정하는 아미노산 서열을 보면 돼지(위)와 혹멧돼지(아래)에서 세 곳(각각 빨간색과 녹색)이 다르다. (제공 『사이언티픽 리포트』)

백신, 아무리 빨라도 3~4년 걸려

설사 ASFV에 감염된 유전자편집 돼지가 혹멧돼지처럼 증상이 없거나 최소한 치명적인 증상을 보이지 않더라도 실제 적용될 가능성은 희박하다. 유전자편집이 GM(유전자변형)은 아니라는 주장이 널리 지지받고 있기는 하지만 아직은 거부감이 있고 RELA 유전자가 바뀌었을 때 일어날 수 있는 다른 변화들도 면밀히 살펴봐야 하기 때문이다.

따라서 ASF에 대한 실질적인 해결책은 백신과 치료제 개발이고 현재 백신 연구가 한창이다. 백신은 크게 사백신 inactivated vaccines과 생백신 attenuated vaccines으로 나뉜다. ASF의 경우 바이러스 일부를 백신으로 쓰는 사백신은 별 효과가 없는 것으로 나타났다. 바이러스의 덩치가 워낙 크다 보니 조각으로는 제대로 된 항체가 형성되지 않기 때문이다.

병원성이 약한 균주나 병원성을 일으키는 유전자를 고장나게 한 바이러스로 만드는 생백신은 꽤 효과가 있는 것으로 나타났다. 그러나 안전성 문제가 있기 때문에 고려해야 할 면이 많아 실제 백신이 나오려면 적어도 3~4년은 걸릴 것으로 보인다. 이번에 유라시아를 휩쓸고 있는 ASF는 철저한 방역이 사실상 유일한 대응책이라는 말이다.

코로나바이러스,
진화의 끝은 어디인가

박쥐 사스-유사 코로나바이러스의 만연과
엄청난 유전적 다양성이라는 조건에서 이들이 서로 가까이 존재하면서
수시로 게놈을 재조합하는 걸 고려할 때,
미래에 (사람에 감염할) 새로운 변종이 등장할 것이라고 예상한다.

취지에 외, 학술지 『네이처 리뷰 미생물학』 2019년 3월호에 발표한 논문에서

"말이 씨가 된다.", "입방정 좀 떨지 마라."

미래에 대해 부정적인 예상을 할 때 어른들한테 듣는 말이다. 그런데 중국의 두 과학자가 지난해 학술지 『네이처 리뷰 미생물학』 3월호에 발표한 논문에서 '말이 씨가 되는' 언급을 했다. 바로 위의 인용구다. 이 발언이 있고 9개월이 지난 2019년 12월 중국 우한에서 소위 '우한폐렴'으로 불리는 신종 코로나바이러스 감염병이 발생했다.

그렇다고 논문의 언급을 '입방정'이라고 하는 건 억지라고 생각할 독자들도 있겠지만 두 과학자의 소속이 바로 중국과학원 산하 '우한바

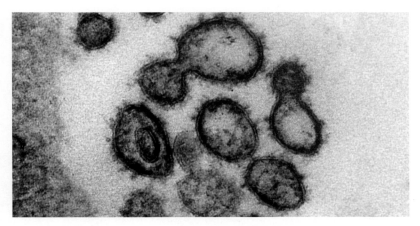

신종 코로나바이러스(코로나19바이러스)의 전자현미경 이미지 (제공 NIH)

이러스학연구소'라면 어떨까. 우한바이러스학연구소는 2002~2003년 사스 사태 이후 코로나바이러스 연구를 주도하고 있는 곳이다. 그 넓은 중국 땅에서 신종 코로나바이러스가 자신을 박멸시킬 방법을 연구하고 있는 사람들이 모여 있는 우한을 정면 공격했다는 건 물론 우연이겠지만 거의 로또 1등 당첨 수준 아닐까.

이런 말장난으로 글을 시작했지만 사실 우한폐렴 사태는 꽤 심각해 보인다. 중국 당국의 고질적인 '정보 폐쇄' 정책으로 초기 대응에 실패하면서 지난 주말부터 폭발적으로 환자가 늘고 있고 우리나라를 비롯해 외국에서도 환자가 발생하고 있다.[2] 사실상 '제2의 사스' 사태가 진행되고 있는 것으로 보인다.

우한폐렴을 일으키는 신종 코로나바이러스에 대해서는 아직 알려

---

2) 이 에세이는 2020년 1월 21일 동아사이언스 사이트에 실렸다. 예상하는 내용이 많은 글이어서 글 자체를 업데이트하는 대신 그 뒤 실제 전개상황을 각주로 처리하는 방식을 택했다.

진 게 별로 없다. 환자 다섯 명의 분비물에서 얻은 바이러스의 게놈을 해독한 결과 기존에 알려진 6종 가운데 사스코로나바이러스와 가장 가깝다는 것 정도다. 사스와 메르스에 이어 세 번째로 고병원성 바이러스가 등장한 것을 계기로 코로나바이러스의 기원과 진화를 들여다보자.

1967년 처음 존재 알려져

1967년 영국 솔즈베리 소재 감기연구소는 환자들의 비강 분비물을 얻어 원인 바이러스를 규명하는 연구를 진행했다. 이 과정에서 흔히 감기바이러스라고 불리는 리노바이러스가 아닌 새로운 바이러스의 존재가 드러났다. 바이러스 입자 표면에 튀어나온 단백질들의 모습이 마치 왕관 corona 처럼 보인다고 해서 '코로나바이러스 coronavirus'라는 이름을 붙였다.

이때 발견된 코로나바이러스는 두 종으로, 각각 OC43과 229E로 불린다. 그 뒤 가축에 감염해 꽤 심각한 증상을 일으키는 코로나바이러스도 여럿 발견됐지만 35년 동안 인간 코로나바이러스는 위의 두 종이 전부였다. 전체 감기의 10~15%가 이들 코로나바이러스가 병원체일 정도로 전염성이 높지만 저병원성이므로 이들에 관심을 보이는 바이러스학자는 거의 없었다. 필자도 3주 전 감기에 걸려 보름 정도 약간의 불편함을 겪었는데(주로 코를 푸느라) 어쩌면 코로나바이러스가 병원체였을지도 모른다.

그런데 2002~2003년 중국에서 심각한 호흡기질환이 발생해(중증급성호흡기증후군의 영문 약자인 사스 SARS 로 명명) 여러 나라로 퍼지며 8,000여 명의 환자가 발생해 800명 가까이 사망하는 사태가 일어나면서 고병원체인 코로나바이러스가 무대의 전면에 등장했다.

이를 계기로 바이러스학자들이 코로나바이러스를 주목하면서 2004년과 2005년 연달아 두 종이 새로 발견됐다. 네덜란드에서 기관지염을 앓고 있는 생후 7개월 된 아기의 분비물에서 분리한 NL63과 홍콩의 노인 폐렴환자의 분비물에서 확인한 HKU1이다. 이 두 종은 그다지 위협적인 병원체는 아니다.

그런데 2012년 중동호흡기증후군(영문 약자인 메르스MERS로 명명)이 발생하면서 고병원성 코로나바이러스가 다시 주목을 받았다. 2015년 우리나라에도 상륙해 186명의 환자가 발생해 38명이 사망했다. 그리고 7년이 지난 지난해 말 역시 고병원성으로 보이는 신종 코로나바이러스가 모습을 드러낸 것이다. 그런데 여태까지 잠잠하게 있던 코로나바이러스가 왜 2000년대 들어 갑자기 사람들을 향해 비수를 들이대는 걸까.

100여 년 전 사람을 알게 돼

사스 사태 이후 코로나바이러스에 대한 연구가 집중적으로 이뤄지면서 많은 사실이 드러나고 있다. 먼저 코로나바이러스의 계보를 살펴보자. 코로나바이러스의 게놈은 DNA이중가닥이 아니라 약 3만 염기 길이의 RNA단일가닥으로 이뤄져 있다.

많은 동물 시료에서 코로나바이러스를 찾았고 이들의 게놈서열을 비교한 결과 네 속屬으로 분류했다. 즉 알파코로나바이러스, 베타코로나바이러스, 감마코로나바이러스, 델타코로나바이러스다. 알파는 다시 1a형과 1b형으로 나뉘고 베타는 2a, 2b, 2c, 2d형으로 나뉜다.

사람에 감염하는 7종 가운데 2종(229E와 NL63)은 알파 1b형이고 나머지 5종은 베타로 이 가운데 2a가 2종(OC43과 HKU1)이고 2b가 2

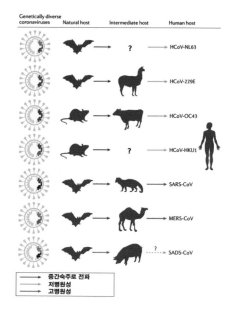

사람에 감염하는 코로나바이러스 6종과 각각의 자연숙주와 중간숙주를 나타낸 그림이다. 4종은 박쥐가 자연숙주이고 2종은 설치류가 자연숙주이다. 맨 아래는 2016~2017년 중국 광동성에서 발생해 치명률 90%를 보인 돼지급성설사증후군을 일으킨 알파코로나바이러스로 아직 사람은 감염시킬 수 없는 것으로 보이지만 돌연변이가 일어나면 장담할 수 없다. (제공 『네이처 리뷰 미생물학』)

종(사스코로나바이러스와 신종 코로나바이러스), 2c가 1종(메르스코로나바이러스)이다.

다양한 야생 동물의 코로나바이러스 감염 여부를 조사한 결과 알파와 베타는 주로 박쥐가 자연숙주이고 감마와 델타는 주로 조류가 숙주인 것으로 밝혀졌다. 사람이 감염되는 알파와 베타는 주로 박쥐에서 비롯된 것이라는 말이다.

흥미롭게도 2000년대 들어 발생한 고병원성 코로나바이러스뿐 아니라 감기를 일으키는 저병원성 바이러스조차도 사람에 감염하기 시작한 것은 최근의 일이라는 사실이 드러났다. 예를 들어 OC43의 경우 소에 감염하는 코로나바이러스와 게놈서열이 꽤 비슷한 것으로 밝혀졌고 이를 토대로 추측한 결과 1890년 무렵에 둘이 공통조상에서 갈라진 것

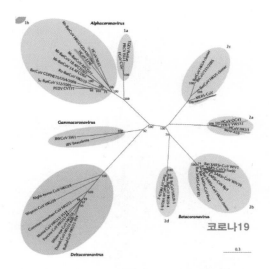

코로나바이러스의 계보로 알파, 베타, 감마, 베타 4가지 속으로 나뉘고 알파는 1a와 1b, 베타는 2a, 2b, 2c, 2d형으로 세분된다. 우한폐렴을 일으키는 신종이 발견되면서 사람에 감염하는 코로나바이러스가 7종이 됐다. 저병원성은 노란색 밑줄로 고병원성은 빨간색으로 표시했다. (제공 『네이처 리뷰 미생물학』)

으로 나왔다. OC43이 병원체인 감기에 걸리기 시작한 게 100여 년 전이라는 말이다.

　사스코로나바이러스도 박쥐 코로나바이러스와 공통조상에서 갈라진 게 1986년 무렵이라는 결과가 나왔다. 이 사이 진화를 거듭하면서 사향고양이를 거쳐 2002년 사람으로 건너온 것이다.

　신종 코로나바이러스 역시 5개 시료에서 얻은 게놈을 분석한 결과 이와 비슷한 서열을 지닌 박쥐 코로나바이러스가 존재하는 것으로 밝혀졌다. 중간 매개체가 어떤 동물인지는 아직 밝혀지지 않았지만 박쥐가 출발점이라는 말이다.[3] 어쩌면 박쥐에서 직접 감염됐을 수도 있다.

---

3) 뱀과 천산갑 등 여러 동물이 중간 매개체 후보로 거론됐지만 아직 확실한 증거는 없다. 심지어 우한바이러스연구소에서 유출됐다는 주장도 나왔다.

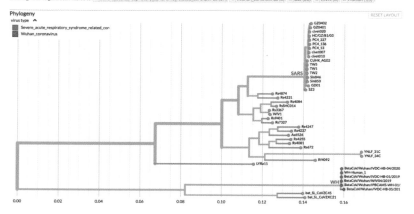

우한폐렴 환자 5명의 분비물에서 얻은 바이러스의 게놈을 분석한 결과(오른쪽 아래 빨간 점 5개), 사스
코로나바이러스와 친척인 신종으로 밝혀졌다. 한편 박쥐에서 얻은 코로나바이러스의 게놈 데이터베이스
를 확인한 결과 신종 코로나바이러스와 매우 가까운 2종이 존재하는 것으로 밝혀졌다(맨 아래 파란 점
2개). 아직 중간숙주는 밝혀지지 않은 상태로 박쥐에서 직접 옮겨왔을 가능성도 배제할 수 없다. (제공
Nextstrain)

독감보다 심각할 수도

리뷰 논문은 사스와 메르스를 일으킨 고병원성 코로나바이러스를
주로 다루고 있다. 이들이 어떻게 사람에 감염하는 능력을 획득했고 고
병원성을 유발하게 진화했는가를 분자 진화, 즉 단백질의 구조 및 기능
변화 차원에서 설명하고 있는데 좀 섬뜩하다.

예를 들어 베타 2b형인 사스코로나바이러스는 인체 세포 표면의
ACE2 단백질을 인식해 달라붙어 세포 안으로 침투하는 반면 베타 2c
형인 메르스코로나바이러스는 인체 세포 표면의 DPP4 단백질을 인식
해 달라붙어 세포 안으로 침투하는 것으로 밝혀졌다. 코로나바이러스
의 다양한 전략을 엿볼 수 있는 대목이다.

베타 2b형인 신종 코로나바이러스도 ACE2 단백질을 인식할 것으

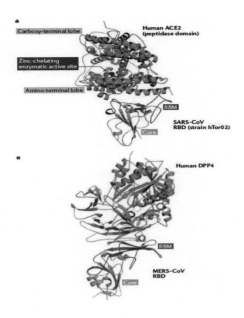

바이러스는 숙주 세포 표면의 특정 단백질을 인식해 달라붙어야 세포 안으로 침투할 수 있다. 사스코로나바이러스는 사람 세포 표면의 ACE2 단백질(위 녹색)과 결합할 수 있게 진화했고 메르스코로나바이러스는 사람 세포 표면의 DPP4 단백질(아래 녹색)을 인식할 수 있게 진화했다. 수백만 년 전부터 박쥐 몸안에 살며 끊임없는 돌연변이와 수많은 재조합 실험을 거듭한 끝에 코로나바이러스는 100여 년 전부터 사람에 침투할 수 있는 비법을 터득한 것으로 보인다. 이들의 공격은 이제 시작이라는 말이다. (제공 『네이처 리뷰 미생물학』)

로 보이는데,[4] 최근 인체 감염성이 크게 늘어난 것은 바이러스 스파이크 단백질에서 이를 인식하는 부분의 돌연변이가 일어나 결합력이 높아진 결과가 아닌가 하는 걱정이 된다.[5] 만일 고병원성 코로나바이러스가 감기를 일으키는 저병원성 코로나바이러스 수준의 감염성을 갖게

---

4) 실제 그런 것으로 밝혀졌다.

5) 미국 텍사스대 연구자들은 극저온현미경으로 코로나19바이러스의 스파이크 단백질 구조를 밝혔다. 그 결과 코로나19바이러스 스파이크 단백질이 친척인 사스바이러스의 스파이크 단백질보다 인간 세포 표면에 존재하는 ACE2 단백질에 더 잘 달라붙는다는 사실을 밝혔다. 코로나19의 감염력이 사스보다 훨씬 큰 이유다.

진화한다면 독감 팬데믹^{pandemic}을 넘어서는 지구촌 차원의 심각한 사태가 벌어질 가능성도 있다.⁶⁾

우한폐렴이 사스나 메르스 수준으로 사태가 봉합된다고 해도 인류는 얼마 지나지 않아 또 새로운 코로나바이러스의 공격을 받게 될 것이다. 세계 곳곳, 특히 중국 남부에 서식하는 박쥐의 몸안에 몇 군데만 변이를 일으키면 언제든지 사람에 감염할 수 있는 '준비된' 고병원성 코로나바이러스가 득실거리고 있기 때문이다. 그렇다고 박쥐를 멸종시킬 수는 없지 않은가.

병원체 개념을 몰랐던 시절 사람들은 감기와는 증상이 꽤 다른 호흡기질환에 인플루엔자 또는 독감이라는 이름을 붙여줬다. 1930년대 바이러스가 이 질환의 원인이라는 게 밝혀지면서 병원체는 자연스럽게 인플루엔자(독감)바이러스라는 이름을 얻었다.

반면 생김새로 이름을 얻은 코로나바이러스가 심각한 호흡기질환을 일으킨다는 사실이 뒤늦게 밝혀지면서 사태가 날 때마다 사스니 메르스니 우한폐렴이니 병명이 하나씩 더해지고 있다. 앞으로도 수년 주기로 이런 일이 반복될 텐데 매번 새로운 병명을 짓는 것도 번거롭고 사람들도 헷갈리지 않을까. 코로나바이러스가 일으키는 중증 호흡기질환에 '코로나'란 이름을 붙여주면 어떨까 하는 생각이 문득 든다.⁷⁾

---

6) 실제로 그렇게 전개되고 있다. 4월 27일 세계 확진자가 300만 명을 넘어섰고 20만 명이 넘게 사망해 치명률이 사스의 3분의 2 수준인 6.9%에 이른다. 증상이 가벼워 검사를 받지 않은 사람이 더 많을 거라고 보고 치명률이 1%라고 해도 0.05%인 계절성 독감보다는 훨씬 높다.

7) 세계보건기구는 신종 코로나바이러스 질환에 '코로나바이러스 감염질환'의 약자인 '코비드(COVID)'에 2019년 발생했다는 뜻의 '코비드19'라는 공식 이름을 지었다. 무슨 이유인지는 모르겠지만 우리나라 보건당국은 이 이름 대신 '코로나19'를 정식 병명으로 정했다.

아픈 자, 죽는 자,
멀쩡한 자

기니피그에서 티푸스를 연구하던 중에 니콜 박사님은 감염된 동물이 뚜렷한 증상을 나타내지 않아도 전염성은 있다는 사실을 알게 되었습니다.

비록 미열조차 없다고 해도 그 동물은 감염 가능성이 있었습니다.

1928년 노벨생리의학상 시상 연설에서

중국 우한에서 신종 코로나가 사실상 지역감염 단계로 진입하면서 환자와 사망자가 급증하고 있다.[8]

후베이성의 우한 인근 도시들도 지역감염 조짐을 보인다고 한다. 이 정도 치명률을 보이는 질환이 대도시에서 지역감염을 일으킨 건 100여 년 전 스페인 독감 대유행 이후 처음인 것 같다. 지역감염이 우한 또는 후베이성의 몇몇 도시에서 발생하는 것으로 멈추지 않고 세계로 확산된다면 신종 코로나는 스페인 독감의 21세기 버전이 될 것이다.

---

8) 이 에세이는 2020년 2월 4일과 3월 10일 동아사이언스 홈페이지에 실린 글을 바탕으로 재구성했다.

이런 맥락에서 최근 신종 코로나바이러스가 무증상 감염자를 통해서도 전파될 수 있다는 발견은 꽤 불길한 징조다. 특히 매일 수만 명씩 중국과 인적 교류가 이뤄지고 있는 우리나라에서는 현재 방역 방식에 근본적인 의문을 제기할 수밖에 없다. 그런데 잠복기와 무증상 감염에는 어떤 차이가 있을까.

무증상 감염자 전파 100여 년 전 발견

잠복기는 병원체가 감염한 뒤 숙주에서 병의 증상이 나타날 때까지 걸리는 기간이다. 병원체에 따라 잠복기 말기부터 전염력이 생길 수 있다. 반면 무증상 감염은 통상적인 잠복기를 넘어 신체 조직이나 혈액에 병원체가 존재함에도 특별한 증상이 없거나 경미해 당사자가 인지하지 못하는 상태다. 잠복기 말기 상태가 이어지는 셈이다. 병원체에 따라 숙주에 평생 남아있을 수도 있고 적응면역계가 작동해 만들어진 항체로 소멸될 수도 있다.

무증상 감염의 발견은 100여 년 전으로 거슬러 올라간다. 프랑스의 세균학자 샤를 니콜Charles Nicolle은 급성 전염병인 티푸스의 감염 경로를 규명한 공로로 1928년 노벨생리의학상을 단독 수상했다. 니콜은 모종의 병원체(훗날 리케차라는 작은 박테리아로 밝혀졌다)가 체외 기생충인 몸니를 중간숙주로 해서 전염된다는 사실을 밝혀냈다.

이 과정에서 니콜은 병원체에 감염된 동물이 특별한 증상을 보이지 않더라도 전파력이 있다는 뜻밖의 발견을 했다. 그는 사람에게 치명적인 질병을 일으키는 병원체도 자세히 들여다보면 감염되지 않거나 감염돼도 별다른 증상이 나타나지 않는 비율이 높다는 사실을 발견했다. 니콜은 1933년 발표한 논문에서 뒤의 현상을 '불현성 감염Les infections inapparentes'이라고 불렀다. 오늘날은 무증상 감염subclinical infection 이라는 용어를 주로 쓴다.

병원체는 감염병의 충분조건이 아니라 필요조건이라는 니콜의 발견은 오랫동안 의학계에서 무시됐다. 19세기 미생물학의 등장과 함께 감염병의 병원체 이론germ theory이 수천 년을 이어오던 체액 이론, 즉 사람의 몸 상태가 원인이라는 주장을 몰아내면서 '병원체가 질병의 특성을 결정한다'는 도그마로 자리 잡았기 때문이다.

그러나 무증상 감염은 사실상 모든 병원체에서 관찰되는 현상이고 전염성을 이해하고 관리하는 데도 무시할 수 없는 변수라는 게 점점 분명해지면서 주목을 받기 시작했다. 예를 들어 독감도 무증상 감염자에게서 옮을 수 있다. 독감의 경우 전체 감염자의 3분의 1이 무증상이다.

호흡기질환의 경우 무증상 감염자의 체액에는 바이러스 농도가 낮을 것이고 기침을 하는 일도 드물어 전염력은 증상이 있는 감염자에 비해 훨씬 작을 것이다. 그러나 무증상 감염자가 많으면 이들을 통해 병원체가 옮을 가능성도 높아지기 마련이다. 연초 우한폐렴 소식이 알려진 뒤에도 중국에서 수십만 명이 들어온 우리나라에 잠복기 또는 무증상 감염인 사람이 얼마나 있는지 모른다는 게 사람들을 불안하게 한 이유다.

앞에도 언급했듯이 바이러스 존재는 코로나19 발생의 충분조건이 아니라 필요조건이다. 바이러스 접촉까지는 외부 변수이지만 발병 여부와 증상의 경중은 내부 변수, 즉 나(숙주)의 몸 상태가 중요하다. 사경을 헤매는 환자를 치료하다 감염돼도 멀쩡할 수 있고 무증상 감염자에게서 나도 모르게 옮아도 심각한 증상이 나타날 수 있다는 말이다. 그렇다면 왜 동일한 병원체가 사람에 따라 이처럼 극과 극의 결과를 낳는 것일까.

숙주의 유전적 다양성이 차이 불러

바이러스는 크기가 나노미터 단위인 작은 입자로 숙주 세포 안에서만 증식할 수 있는 기생체다. 한 줌에 불과한 게놈(코로나바이러스의 경우 3만 염기)으로 60억 염기쌍으로 이뤄진 사람의 세포를 이기려면 바이러스의 입장에서 많은 행운이 겹쳐야 가능한 일이다. 즉 침투에서 유전자 전사 및 번역, 게놈 복제, 조립, 방출까지 매 단계에서 숙주의 시스템을 효과적으로 이용하면서 동시에 방어체계를 피할 수 있어야 하기 때문이다.

무수한 돌연변이를 통해 이런 길을 찾았더라도 모든 숙주에게 통하는 건 아니다. 숙주의 유전적 다양성이 크기 때문이다. 즉 어떤 단계에서 바이러스에 취약한 유전형을 지닌 불행한 숙주는 심각한 증상을 겪을 수 있지만 특정 단계의 진행을 방해하는 유전형을 지닌 숙주는 감염 자체가 되지 않거나 감염이 돼도 증식이 잘 안 돼 무증상 또는 경미한 증상에 그칠 수 있다.

코로나19는 특히 증상의 개인차가 심한 질병이다. 무증상자가 꽤 되는 것은 물론 증상이 나타나도 감기나 몸살 수준에 그치는 경우가 다수이지만 일부는 급격히 폐렴으로 진행하거나 심장 또는 신장이 공격을 받아 기능부전에 빠지기도 한다. 과학자들은 이런 차이를 설명할 수 있는 유전형의 차이를 찾는 연구를 진행하고 있다.[9]

현재 가장 유력한 후보는 코로나19바이러스가 세포에 침투할 때 자물쇠 역할을 하는 ACE2 단백질의 유전형 차이다. 즉 바이러스가 잘

---

9) 미국 코로나19의 핫스팟인 뉴욕주는 주민 3,000명을 대상으로 코로나19 항체 검사를 한 결과 13.9%가 양성반응을 보였다고 4월 23일 밝혔다. 뉴욕주 인구가 1,950만 명이므로 환산하면 271만 명이다. 이는 같은 날 기준 확진자 26만 3,000여 명의 10배에 이르는 수다. 다만 엄밀한 표본조사가 아니고 이 가운데 증상이 있었음에도 검사를 받지 못한 채 자연 치유된 사람도 꽤 될 것이므로 이들 모두가 무증상 감염자라고 볼 수는 없다.

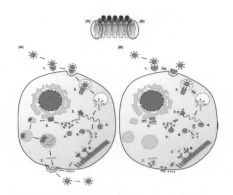

바이러스에 의한 질환은 개인에 따라 증상 차이가 크다. 이는 숙주(사람)의 유전형에 따라 바이러스가 세포에 침투해 증식하고 빠져나가는 과정이 영향을 받기 때문이다. 왼쪽은 바이러스에 취약한 유형의 숙주에 침투한 경우로 바이러스(녹색)가 일사천리로 증식해 방출되고 있다. 오른쪽은 바이러스에 강한 유형에 침투한 경우로 곳곳에서 숙주의 방어체계(빨간색)에 막혀 바이러스가 힘을 못 쓰고 있다. (제공『바이러스 (Viruses)』)

달라붙은 유형을 지닌 사람은 그만큼 쉽게 바이러스가 침투할 것이기 때문에 증상이 심할 가능성이 높다.

혈액형에 따라 바이러스 감염력이 다르다는 연구결과도 나왔다. 중국 연구진이 우한 환자 2,173명의 혈액형을 조사한 결과 A형이 38%로 인구 평균 31%보다 꽤 많았다. 반면 O형은 25%로 인구 평균 34%보다 꽤 적었다. B형과 AB형은 비슷했다. 즉 비슷한 상황에서 A형인 사람이 O형인 사람보다 코로나19에 걸릴 위험성이 67%나 더 크다는 말이다.

남성 치명률이 두 배 가까워

지난 2월 미국『뉴욕타임스』에 코로나19 사망자의 특이한 패턴을 다룬 기사가 실렸다. 중국의 환자가 4만 5,000명 가까이 발생한 시점에서 성별에 따라 치명률을 분석해보니 남성은 2.8%인 반면 여성은 1.7%로 차이가 꽤 난다는 얘기다. 우리나라도 마찬가지로 4월 13일 현재 남성의 치명률은 2.7%인 반면 여성은 1.7%다. 유럽의 여러 나라들도 비슷한 패턴을 보인다. 그렇다면 이런 차이는 어디서 비롯될까.

기사는 세 가지 가능성을 언급했다. 먼저 흡연율 차이다. 대체로 남성의 흡연율이 높아(특히 동아시아는 더 그렇다) 폐렴이 주된 사망 원인인 코로나19에 더 취약하다는 것이다. 그럴듯한 얘기다. 다음은 성호르몬으로, 여성호르몬이 면역계에 도움이 되는 반면 남성호르몬은 이를 억제하기 때문이라는 것이다. 그런데 사망자의 대다수가 노인들이고 따라서 성호르몬 수치가 낮아진 상태라 그 효과가 얼마나 될지는 의문이다.

끝으로 성염색체다. 여성은 X염색체가 두 개라 하나뿐인 남성(나머지는 덩치가 작은 Y염색체)에 비해 바이러스에 대한 저항력이 높다는 것이다. 즉 X염색체의 한 유전자가 바이러스에 취약한 유전형인 남성은 100% 영향을 받지만 여성은 몸의 세포 절반만이 영향을 받을 뿐 나머지 절반에서는 다른 X염색체의 유전자가 발현해 부정적 영향이 없거나 완화된다.[10] 물론 부모 양쪽에서 다 취약한 유전형을 받으면 남성과 마찬가지이지만 그럴 확률은 남성에 비해 훨씬 낮다.

흥미롭게도 ACE2 유전자가 X염색체에 있다. 바이러스가 잘 달라붙는 유전형(S형이라고 부르자)의 비율이 10%라고 가정하면 남성의 10%는 코로나19에 쉽게 걸리고 체내 바이러스 수치가 빠르게 올라갈 수 있다. 반면 여성의 9%는 세포의 절반만이 S형 ACE 단백질이기 때문에 감염 확률이나 바이러스 수치도 그만큼 낮을 거라는 말이다. 여성의 1%에서만 모든 세포가 S형 ACE 단백질이라 남성과 마찬가지로 취약하다.

---

10) 이런 현상은 X염색체불활성화 때문에 일어난다. X염색체불활성화에 대한 자세한 설명은 『사이언스 칵테일』 160쪽 '존재의 이유, Y염색체의 경우' 참조.

나이가 최대 변수

그러나 코로나19 치명률을 결정하는 최대 변수는 나이다. 4월 14일 현재 우리나라 환자 수는 1만 564명이고 사망자는 222명으로 치명률은 2.1%다. 그런데 나이대에 따라 치명률은 극적인 차이를 보인다. 20대까지는 사망자가 한 명도 없어 치명률이 0%이고 30대가 0.1%, 40대도 0.2%로 전형적인 독감처럼 보인다.

50대는 0.7%로 '독감 수준은 아닌 것 같다'는 느낌을 주고 60대는 2.5%로 '독감하고는 차원이 다르다'는 확신을 준다. 70대의 9.3%와 80대 이상의 22.2%는 충격 그 자체다. 특히 80대 이상 남성은 치명률이 26.7%에 이른다. 이는 코로나19의 전형적인 패턴으로 다른 나라도 마찬가지다. 고령 사회인 유럽 몇몇 나라에서는 치명률이 10%를 넘겼다.

나이가 들면 면역계도 노화하면서 병원체에 대한 저항성이 떨어지고 특히 심혈관계질환이나 당뇨병 같은 기저질환이 있는 경우 더 취약하겠지만 나이에 따라 치명률이 이처럼 극단적인 차이를 보이는 건 드문 일이다.

코로나19와 비슷한 치명률을 보였을 것으로 추측되는 100여 년 전 스페인 독감의 나이에 따른 치명률 패턴은 전혀 다르다. 독감이 휩쓸고 간 1918년 미국의 나이에 따른 인구 10만 명 당 독감/폐렴 사망자 수를 나타내는 그래프(42쪽)를 보면 'W' 형태다. 당시만 해도 의학이 덜 발달한 시절이라 5세 미만 아이의 사망률이 꽤 높았기 때문에 W의 왼쪽 '＼'는 이해가 되지만 중간의 '∧'은 충격적이다. 스페인 독감으로 많은 청장년층이 희생됐다는 뜻이다. 반면 노년층의 사망자 수는 예년과 비슷한 수준이다. 노인들에게 스페인 독감은 평범한 계절성 독감이었다는 말이다.

전체적인 치명률은 비슷한 두 팬데믹이 나이에 따른 치명률에서

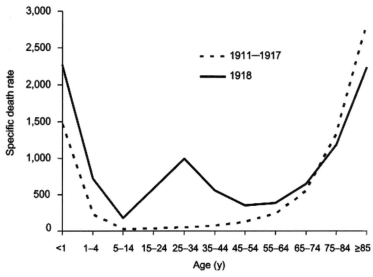

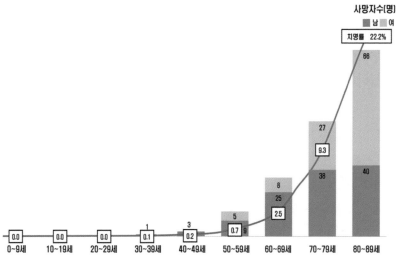

위는 미국의 나이에 따른 인구 10만 명 당 독감/폐렴 사망자 수를 나타내는 그래프로 예년(1911~1917년 평균. 점선)은 'U'자 형이었던 반면 스페인 독감이 휩쓴 1918년(실선)은 'W'자 형이다. 스페인 독감으로 청장년층이 많이 죽으면서 기대수명이 1917년 51세에서 1918년 39세로 무려 12년이나 줄었다. 아래는 4월 14일 현재 우리나라의 나이대에 따른 코로나19 치명률로 노년층에 매우 위험한 질병임을 알 수 있다. (제공 위키피디아/질병관리본부)

완전히 다른 패턴을 보이는 이유는 무엇일까. 먼저 청장년층의 큰 차이는 '사이토카인 폭풍' 유발 가능성의 차이에서 비롯된 것으로 보인다. 통상적으로 아이는 면역계가 미성숙해서, 노인은 면역계가 노쇠해 병원체에 취약한 것으로 알려져 있지만(100여 년 평년의 나이에 따른 독감/폐렴 사망률 'U'자 곡선의 배경이다), 바이러스에 따라서는 면역계가 왕성한 시기에 더 큰 피해를 볼 수도 있다. 바로 면역계가 왕성한 시기에 과잉 면역반응을 일으켜 자멸하는 사이토카인 폭풍 현상으로, 지난 2009년 신종플루 유행 때도 청장년층에서 적지 않은 사망자가 나온 이유다. 신종플루 바이러스는 1918년 스페인 독감 바이러스의 먼 후손이다. 즉 스페인 독감 바이러스는 숙주의 사이토카인 폭풍을 일으킬 위험성이 아주 큰 병원체였던 셈이다. 반면 코로나19에 걸린 청장년 가운데서는 이런 현상이 드물게 일어난다.

노인층이 코로나19에 유독 취약한 건 병원체에 대한 낯섦으로 설명할 수 있지 않을까. 독감은 매년 유행하는 것이고 따라서 평생 여러 차례 독감에 걸린 적이 있는 노인들에게 스페인 독감은 예년의 독감과 큰 차이가 없었을 것이다. 반면 코로나19바이러스는 남녀노소 모두 평생 처음 접한 낯선 병원체라(2002~2003년 가까운 친척인 사스바이러스에 감염된 적이 있는 7,000여 명을 제외하고) 젊은이 다수에게는 별 게 아님에도 노인들에게는 벅찬 상대라는 말이다.

그럼에도 변수가 워낙 많기 때문에 젊은이라고 안심해서는 안 된다. 코로나19를 처음 보고한 의사 리원량도 불과 34세에 코로나19로 목숨을 잃었으니까.

에볼라와
코로나19

GS-5734(렘데시비르)는 메르스코로나바이러스와 감기코로나바이러스,
아마도 더 중요한 건 미래에 등장할 코로나바이러스에
효과적인 치료제가 될 것이다.

- 티모시 시헌 외, 2017년 『사이언스 중개의학』에 발표한 논문에서

주간 과학저널 『사이언스』는 매년 마지막 호에 그해의 '10대 연구성과'를 선정해 발표한다. 2019년 10대 연구성과의 하나가 에볼라 치료제 개발이다. 에볼라출혈열은 치명률이 50%에 이르는 무시무시한 바이러스 질환으로 치료제 임상시험 결과 치명률이 30%로 낮아졌다. 특히 발병 초기에 투여할 경우 10%를 밑돌았다. 이 역시 엄청난 치명률이지만 걸리면 '둘 중 하나가 죽는 병'에서 '열에 하나가 죽는 병'으로 만든 약이니 10대 성과에 뽑힐 만하다.

얼마 전 코로나19 백신 개발 현황에 대한 외신을 읽다가 말미에 에볼라 치료제가 유력한 코로나19 치료제 후보로 떠오르고 있다는 언급

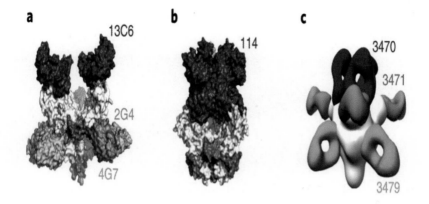

에볼라 치료제의 분자구조로 모두 항체 약물이다. 이 가운데 mAB114와 REGN-EB3의 약효가 뛰어나 학술지『사이언스』가 선정한 '2019년 10대 연구성과'에 뽑혔다. (제공『네이처 면역학』)

이 눈에 띄었다.[11] 가공할 에볼라바이러스를 제압한 약물이 코로나19 바이러스까지 잡을 수 있다니 사람으로 치면 '인물'이다. 그런데 문득 이상하다는 생각이 들었다. 에볼라 치료제는 항체 약물이었던 것으로 기억하는데 어떻게 코로나19에도 효과가 있다는 말인가.

항체 약물은 에볼라에서 살아남은 사람들의 혈액에서 분리한, 에볼라바이러스에 대한 항체 가운데 효과가 뛰어난 걸 골라 아미노산 서열을 분석해 인위적으로 만든 것이다. 즉 항체 약물은 환자의 적응면역계 역할을 대신하는 셈이다. 그렇다면 에볼라바이러스 표면을 인식하는 항체가 코로나19바이러스에도 달라붙는다는 얘기인데 아무래도 아닌 것 같다(물론 100% 불가능한 일은 아니지만).

알아보니 코로나19 치료제로 떠오른 에볼라 치료제는 렘데시비르

---

11) 이 에세이는 2020년 3월 3일 동아사이언스 사이트에 실었다.

remdesivir로 바이러스 게놈 복제를 방해하는 전형적인 항바이러스제다. 반면 에볼라 항체 약물은 REGN-EB3과 mAB114다. 2019년 10대 성과에 렘데시비르가 이름을 올리지 못한 것으로 봐서 약효가 이들에 못 미치는가 보다.

좀 더 알아보니 렘데시비르는 에볼라 치료제가 아니라 치료제 후보물질이었다. 2016년 등장해 기대를 한몸에 받았지만 임상시험 결과 약효가 미미해 탈락한 약물이다. 그 뒤 다른 바이러스 질환 치료제로 검토되고 있다가 이번에 유력한 코로나19 치료제 후보로 다시 주목받고 있다. 이 과정이 한 사람의 '인생역정'을 보는 것 같다.

지난 2월 19일 이후 아침에 뉴스를 보기가 두려울 정도로 코로나19가 걷잡을 수 없게 확산하면서 다들 위축돼 있다. 필자 역시 마찬가지지만 이럴 때일수록 오히려 기분전환이 필요할 것 같아 렘데시비르를 의인화해 자신의 이야기를 들려주는 형식으로 '자소서'를 써봤다.

렘데시비르의 자소서

한국인 여러분 안녕하세요. 렘데시비르입니다. 요즘 제 이름이 가끔 나오는 것 같던데 들어보셨나요?

맞습니다. 앞의 설명처럼 전 에볼라 치료제를 목표로 길리어드 사이언스라는 미국 제약회사가 만든 화합물입니다. 그런데 사실 전 약효가 없어요. 제가 세포 안으로 들어가면 인체의 효소들이 저를 손봐 NucTP라는 분자로 바꾸고 이게 바이러스에 작용하죠. 저처럼 자체로는 활성이 없는 약물을 전구약물prodrug이라고 부른답니다.

그럼 애초에 NucTP를 만들어 쓰지 왜 번거롭게 저를 만드냐고요? 약물을 정맥에 주사하면 세포 안으로 들어가야 하는데 NucTP는 그게

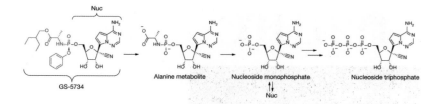

전구약물인 렘데시비르(GS-5734)는 세포 안으로 들어가면 인체 효소의 작용으로 약효를 지닌 약물 NucTP(맨 오른쪽)로 바뀐다. 각각의 분자구조다. (제공 『네이처』)

안 되거든요. 길리어드의 화학자들은 세포막을 통과한 뒤 효소의 작용으로 빠르게 NucTP로 바뀌는 분자를 설계해 제가 태어난 겁니다. 어떻게 저 같은 구조를 떠올렸는지 사실 저도 놀랍습니다. 이 사람들은 천재인가봐요.

여러분, 2014년 발생해 서아프리카 세 나라를 휩쓴 에볼라 사태를 기억하시나요? 훗날 추적 조사 결과 2013년 12월 처음 발생했다고 하더군요. 아무튼 2016년 종식될 때까지 2만 8,646명이 에볼라에 걸려 1만 1,323명이 목숨을 잃었죠. 물론 이건 공식 집계이고 실제로는 더 많은 사람들이 희생됐죠. 이때 의료인도 500여 명이나 사망했습니다. 안 그래도 의료 인프라가 부실한 나라들인데 너무 가혹합니다.

이 사태로 세계보건기구WHO와 서구 제약업계는 엄청나게 욕을 먹었습니다. 에볼라가 처음 발생한 게 1976년이고 그 뒤에도 간헐적으로 일어났는데 아프리카의 풍토병이라며 외면해 백신도 치료제도 개발하지 않아 이런 비극이 일어났다는 것이죠.[12] 그 뒤 많은 과학자들이 에

---

12) 에볼라출혈열에 대한 자세한 내용은 『사이언스 칵테일』 12쪽 '1976년 에볼라 역병은 어떻게 시작되었나' 참조.

렘데시비르는 원숭이를 대상으로 한 에볼라 동물실험에서 뛰어난 효과를 보여 주목을 받았다. 『네이처』 2016년 3월 17일자는 논문을 실으며 에볼라가 정복됐음을 상징하는 사진을 표지에 싣기도 했다. (제공 『네이처』)

볼라 백신과 치료제 개발에 뛰어들었죠. 이게 제가 태어난 배경입니다.

저를 바로 사람에 적용할 수는 없기 때문에 연구자들은 먼저 붉은 털원숭이로 동물실험을 했습니다. 그렇습니다. 에볼라바이러스는 원숭이에게도 치명적입니다. 실험결과를 보면 치료제(물론 저입니다)를 쓰지 않은 대조군 6마리 모두 10일 이내에 죽었습니다. 그런데 에볼라바이러스에 감염시키고 이틀 뒤 저를 투여한 운 좋은 원숭이 6마리는 실험 기간(28일) 동안 한 마리도 죽지 않았습니다. 놀라운 결과였죠.

이 내용을 담은 논문은 학술지 『네이처』 2016년 3월 17일자에 실렸는데 당시 표지를 보면 '에볼라를 무찌르다 Beating Ebola'라는 큼직한 문구와 함께 벗어놓은 노란 방호복 두 벌을 찍은 사진이 실렸죠. 이제 방호복이 필요 없다는 뜻인데, 지금 생각해도 낯 뜨거운 사진입니다.

참, 당시까지 전 정식 이름이 없었고 GS-5734라는 일련번호로 불렸습니다. GS는 길리어드 사이언스의 영문 머리글자입니다.

여담입니다만 저희 선배 가운데 일련번호가 GS-4104인 분이 있는데 지금은 완전 유명인사죠. 임상시험에 들어가며 얻은 이름은 오셀타미비르^oseltamivir 입니다. 모르시겠다고요? 결정적 힌트를 하나 드리죠. 2009년 신종플루. 네 그렇습니다. 당시 대활약한 독감 치료제 타미플루(제품명)로 저희에겐 전설적인 존재죠. 저도 얼굴 한번 뵙고 싶네요.

아무튼 전 에볼라바이러스도 별거 아니라고 생각했죠. 그리고 마침내 사람을 대상으로 하는 임상시험에 투입될 기회를 얻었습니다. 2018년 콩고민주공화국에서 에볼라가 발생한 것이죠. 이때 전 렘데시비르라는 이름도 얻었습니다. 쭉 꽃길만 걸을 줄 알았던 전 처음으로 무참한 패배를 맛봤습니다.

짐작하다시피 에볼라 임상시험 현장은 삶과 죽음을 오가는 극한상황입니다. 당시 저와 함께 투입된 치료제 후보는 셋이 더 있었는데 다들 저보다 덩치가 훨씬 더 큰 항체 약물이었죠. 하지만 작은 고추가 맵다고 전 자신만만했습니다. 그래서 제가 맡게 된 환자들은 행운아라고 생각했죠.

그런데 결과는 충격 그 자체였습니다. 제가 치료한 환자 가운데 불과 47%만이 살아남았습니다. ZMapp이라는 약물을 투여 받은 환자도 51%만 생존했죠. 그래도 저보다는 낫네요. 반면 mAB114는 66%가 살아남았고 REGN-EB3는 71%가 생존했습니다. 발병 초기에 치료를 받은 환자들 중 전 67%만을 살릴 수 있었습니다. 반면 ZMapp은 76%, mAB114는 89%, REGN-EB3는 무려 94%가 생존했습니다.

임상시험이 채 끝나기도 전에 저와 ZMapp은 탈락했습니다. 데이터 확보를 위해 계속 진행하는 건 비윤리적이기 때문이죠. 불운하게 제

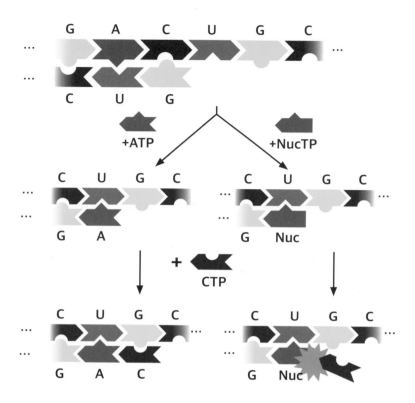

렘데시비르는 바이러스의 게놈 복제를 교란해 작용한다. 예를 들어 RNA단일가닥을 주형으로 삼아 RNA 복제가 일어날 때 ATP가 올 자리에 RNA중합효소가 ATP를 집어 연결하면 문제가 없다(왼쪽). 반면 구조 가 비슷한 NucTP를 집어 연결하면 다음 차례인 CTP를 끼울 구멍이 없어 복제가 멈추고 그 결과 바이러 스는 증식에 실패한다(오른쪽).

게 배당돼 목숨을 잃은 환자들의 명복을 빕니다. 그럼에도 에볼라 임상 시험이 소득이 전혀 없는 건 아니었습니다. 적어도 제가 안전한, 즉 부작용이 미미한 약물이라는 게 입증됐으니까요.

사실 제가(엄밀히 말하면 저의 활성 형태인 NucTP가) 안전한 약물이라는 건 복제 효소를 대상으로 한 실험에서 이미 예상됐습니다. 물론 원숭이 동물실험에서도 입증이 됐고요. 이제 제가 어떻게 약효를 내는지 그 메커니즘을 설명할 때가 됐네요. 이 부분은 좀 어렵기 때문에 건너뛰셔도 됩니다.

바이러스가 증식하려면 세포 안에서 게놈을 복제해야 합니다. 에볼라바이러스나 코로나바이러스처럼 게놈이 RNA인 바이러스는 RNA중합효소가 이 일을 하죠. 즉 네 가지 뉴클레오시드삼인산(ATP, UTP, GTP, CTP)을 재료로 해서 게놈 염기서열 순서에 따라 연결해야 합니다. 이는 레고와 비슷합니다. 빨강(ATP), 초록(UTP), 노랑(GTP), 파랑(CTP) 네 가지 레고블록을 순서대로 보색인 걸 집어 기차처럼 길게 조립하는 것이죠.

NucTP는 ATP와 꽤 비슷하게 생긴 빨간색 레고블록입니다. 바이러스의 RNA중합효소는 UTP(초록)가 왔을 때 짝인 ATP와 짝퉁인 NucTP를 구분하지 못하고 따라서 ATP 대신 NucTP를 집어 끼워 넣을 수 있죠. 그런데 NucTP에는 다음에 오는 레고블록을 끼울 구멍이 없어요. 결국 복제가 멈추고 바이러스는 증식하지 못합니다. 멋지게 속아넘긴 것이죠.

그런데 저희가 사람 세포의 RNA중합효소까지 속이면 큰일이 납니다. 유전자가 발현돼 단백질을 만들려면 게놈(DNA)에서 전령RNA를 만드는 전사가 일어나야 하는데, 이걸 교란하면 세포가 타격을 입으니까요. 사람 세포에는 핵과 미토콘드리아에 각각 게놈이 있고 RNA중합효소도 다르죠. 따라서 둘 다 NucTP에 속지 않아야 합니다. 실험결과 치료제로 쓰는 농도에서는 둘 다 거의 영향을 받지 않더군요.

참고로 모든 바이러스의 RNA중합효소가 멍청한 건 아닙니다. 에이즈바이러스(HIV)는 NucTP에 속지 않더군요. 보통내기가 아닙니다. 반면 코로나바이러스는 속아 넘어가더군요. 연구자들이 사스나 메르스 같은 코로나바이러스 질병 치료제로 가능성을 검토하기 시작한 이유죠.

2017년 학술지 『사이언스 중개의학』에 제가 다양한 코로나바이러스 질병 치료제로 가능성이 있다는 연구결과가 실렸습니다. 당시 저자들은 논문에서 "아마도 더 중요한 건 미래에 등장할 코로나바이러스에 효과적인 치료제가 될 것"이라는 의미심장한 언급을 했죠.

그럼에도 당장은 제가 나설 기회가 없었습니다. 감기야 가벼운 질환이고 사스는 바이러스가 사라졌고(물론 어딘가에서 때를 기다리고 있을지도 모르겠습니다만) 메르스는 간헐적으로 환자가 발생해 제대로 임상시험을 할 수가 없으니까요. 그래서 최근에는 코로나바이러스가 일으키는 고양이 질환 치료제 실험을 하고 있었죠. 한때 강력한 에볼라 치료제 후보로 스포트라이트를 받던 때를 생각하면 씁쓸하지만 이렇게라도 쓰일 수 있다는 걸 고맙게 생각하자며 마음을 다잡았습니다.

그런데 지난해 12월 중국 우한에서 폐렴 환자가 집단으로 발생했고 병원체가 신종 코로나바이러스라는 사실이 밝혀졌습니다. 인류에게는 새로운 위협이지만 저로서는 두 번째 맞는 절호의 기회인 셈이죠.

길리어드는 연초에 중국 보건당국에 치료제로 저를 써보라고 제안했고 다급한 그들은 이를 받아들였습니다. 이 결정이 가능했던 건 2018년 에볼라 임상시험을 통해 제가 안전한 약물로 인정받았기 때문이죠.

임상결과를 검토한 중국 의료진들은 테스트한 30여 가지 약물 가운데 제가 효과는 가장 뛰어나면서 세포 독성은 가장 작다는 걸 발견하

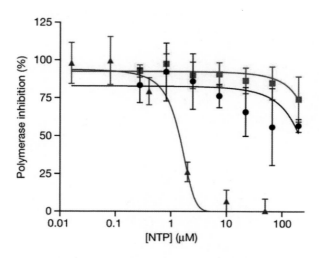

에볼라 임상시험 과정에서 렘데시비르의 안전성이 입증돼 승인이 되지 않은 약물임에도 연초 우한의 코로나19 환자들에게 투여될 수 있었다. 렘데시비르는 바이러스의 RNA중합효소를 교란해 증식을 막는다. 그래프 가로축은 약물(활성 형태인 NucTP) 농도이고 세로축은 중합효소의 활성이다. 바이러스의 중합효소는 치료제 처방 수준의 농도에서 활성이 뚝 떨어지지만(파란색) 사람의 핵 게놈 RNA중합효소(검은색)와 미토콘드리아 게놈 RNA중합효소(빨간색)는 거의 영향을 받지 않는다. (제공 『네이처』)

고 보건당국에 정식 임상시험을 신청했습니다. 바로 승인이 떨어졌고 지난 2월 6일부터 임상시험이 진행되고 있습니다. 길리어드도 최근 미 식품의약청FDA에 저의 임상시험 계획을 신청해 승인을 받았습니다. 길리어드는 코로나 환자가 많은 국가들에서 환자 1,000명을 모아 임상시험을 시작합니다.

좀 낯간지럽지만 지난 1월 31일 학술지 『뉴잉글랜드의학저널』에 실린 미국의 첫 코로나19 환자의 임상사례를 소개한 논문을 잠깐 소개하겠습니다. 신종 질환이다 보니 환자 한 명의 데이터로 쓴 논문(사실 병상일지에 가깝습니다)이 이런 저명한 학술지에 실릴 수 있었겠죠.

중국 우한에 있는 친지를 방문하고 1월 15일 귀국한 35세 남성이

다음 날부터 기침과 발열 증상이 나자 걱정이 돼 19일(증상 4일차) 병원을 찾았습니다. 우한 방문 얘기를 들은 의료진은 일단 환자를 격리시킨 뒤 검사를 의뢰했고, 다음 날 코로나19 양성으로 나와 바로 입원시켰습니다.

입원 3일차까지는 상태가 안정적이라 해열제를 처방하는 정도였는데 입원 5일차(증상 9일차) 저녁에 찍은 X선 사진에서 폐렴 소견이 나와 다음날부터 보조적으로 산소를 공급하고 2차 감염을 막기 위해 항생제를 투여했습니다. 그럼에도 폐의 상태가 점점 나빠져 의료진은 동정적 사용 허가를 받아 입원 7일차 저녁에 저를 투여했습니다. 동정적 사용compassionate use 이란 치료제가 없는 질병의 응급상황에서 승인이 나지 않은 약물의 투여를 허용하는 제도입니다.

다음날 놀랍게도 환자의 증세가 급격히 호전돼 산소 보조 장치를 뗐고 체온도 39.4도에서 37.3도로 내려갔죠. 환자는 입맛이 돌아왔다며 접시도 싹싹 비웠습니다. 논문을 쓴 1월 30일(입원 11일차) 현재 가벼운 기침만 하는 정도였죠. 환자는 완치돼 2월 초 퇴원했습니다. 증상의 극적 호전이 저 때문이라고는 차마 말씀드리지 못하겠습니다만(환자 한 명의 사례로 판단할 수는 없으니까요) 이 결과가 보건당국에 깊은 인상을 준 것 같습니다.

코로나19가 팬데믹이 되는 건 WHO의 선언만 남았다는 얘기가 있을 정도로 상황이 급박합니다.[13] 따라서 임상시험 결과가 긍정적으로 나오면 FDA의 승인 절차가 '패스트 트랙'으로 진행돼 상반기 중에 제가 최초의 코로나19 치료제로 데뷔할지도 모르겠네요.[14] 어쩌면 중국

---

13) 망설이던 WHO는 환자 수가 12만 명에 근접한 3월 11일 뒤늦게 팬데믹을 선언했다.

14) 3월 들어 환자가 급증한 미국에서 실시한 임상시험 중간 결과 환자의 회복 기간이 15일에서 11일로 나흘 줄어드는 것으로 나타나 FDA는 5월 1일 렘데시비르의 긴급 사용을 승인했다.

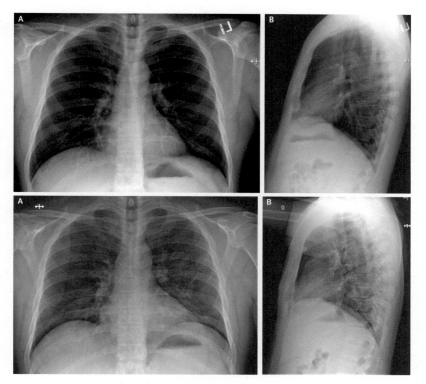

미국 최초의 코로나19 환자의 폐 X선 사진으로 입원 4일차(증상 8일차)에는 폐렴 소견이 없지만(위) 입원 6일차에는 뚜렷하다(아래). 환자는 폐렴 증세가 악화돼 입원 7일차에 렘데시비르를 투여받았다. (제공 『뉴 잉글랜드의학저널』)

에서 먼저 승인이 날 수도 있습니다.[15] 그때 어떤 예명(제품명)을 얻게 될지 궁금합니다.[16] 에볼라 임상에서 쓴맛을 보고도 제가 또 김칫국부 터 마시고 있네요. 자중하겠습니다.

아시다시피 2월 19일부터 한국에서도 새로운 상황이 전개되고 있

---

15) 환자가 급감하면서 인원을 채우지 못해 임상시험이 중단됐다..

16) 2020년 10월 22일 FDA는 렘데시비르를 코로나19 치료제로 정식승인했다. 길리어드는 베클루리[Veklury]라는 제품명을 붙였다.

습니다. 지난주 길리어드는 한국 식약처에 임상시험 계획을 신청했고, 받아들여져 이달 초에 시작될 것 같습니다.[17] 빠르면 이번 주에 한국의 환자들을 만날 수 있겠네요. 제가 힘을 내 코로나19바이러스를 무찌를 수 있게 응원해주세요.

---

17) 우리나라는 렘데시비르 제조사인 길리어드 주관 아래 서울의료원, 국립중앙의료원, 경북대병원이 참여해 3상 임상시험을 진행하고 있다. 렘데시비르는 어느 정도 효과가 있다고 인정돼 2021년 4월 14일 0시 기준 123개 병원에서 5,800명의 환자에게 투여했다.

코로나19도
계절을 탈까

3월 27일 질병관리본부는 2019-2020절기 인플루엔자(독감) 유행 주의보를 해제한다고 발표했다. 3주 연속 환자 수가 유행기준(병원 외래환자 1,000명당 독감 환자 5.9명) 아래였기 때문이다. 이는 독감 유행 주의보 해제를 선언하기 시작한 2011-2012절기 이래 여덟 시즌의 평균인 5월 하순보다 두 달이나 빠른 기록이다. 코로나19로 설날 연휴부터 사람들이 초유의 사회적 거리두기를 실천했기 때문으로 보인다. 참고로 우리나라 독감 유행 기간은 대략 12월~4월로 연말연시에 정점(1,000명당 60명 내외)을 찍는다.

독감처럼 뚜렷한 계절성을 보이지는 않지만 감기도 겨울과 환절기에 많이 걸린다. 오죽하면 '오뉴월 감기는 개도 안 걸린다'는 옛말이 다 있을까. 여기서 오뉴월은 음력이므로 지금의 6, 7월에 해당한다. 여름에는 좀처럼 감기에 걸리지 않는다는 말이다.

필자가 독감과 감기의 계절성을 언급한 이유는 다들 알 것이다. 현재 파죽지세로 세계, 특히 북반구 중위도 지역을 강타하고 있는 코로나

19가 독감이나 감기처럼 계절이 바뀜에 따라 기세가 꺾이지 않을까 하는 기대 때문이다. 만일 그렇다면 가을이 깊어지고 있는 남반구 중위도 지역은 시름이 커지겠지만.

아직 잘 이해하지 못하는 현상

학술지 『사이언스』 3월 20일자에는 감염병의 계절성에 대한 연구 현황을 소개하고 코로나19의 앞날에 대해 생각해보는 심층 기사가 실렸다. 기사에서는 앞으로 코로나19가 계절성을 보일지에 대해 전망이 엇갈리는 최근 논문 두 편을 소개했다. 그런데 기사에 소개된 다른 감염병들에 대한 연구결과를 볼 때 불확실한 건 코로나19의 계절성 '여부'가 아니라 '정도'가 아닌가 하는 생각이 들었다.

계절성을 보이는 감염병이라면 독감이나 감기 같은 호흡기질환이 떠오르지만 실제로는 그러지 않을 것 같은 감염병들도 계절성을 띤다. 성병인 임질(세균이 병원체)은 여름과 가을에 걸리기 쉽고 수두(바이러스가 병원체)는 봄에 극성이다. 지금은 백신 덕분에 거의 사라졌지만 소아마비(바이러스)는 여름이 전성기다. 여러 병원체가 보이는 이런 계절성을 의학은 아직 제대로 설명하지 못하고 있다.

물론 뇌염(바이러스)이나 중증열성혈소판감소증후군(바이러스)처럼 계절을 타는 이유가 명확한 감염병도 있다(운반체인 모기나 진드기가 여름과 가을에 활동하므로). 다행히 코로나19와 호흡기질환이라는 공통점이 있는 독감과 감기의 계절성은 꽤 그럴듯하게 설명할 수 있다. 따라서 이들 질환이 계절성을 띠는 이유를 알면 코로나19의 계절성 양상을 어느 정도 예상할 수 있을 것이다.

어떤 감염병의 계절성 여부 또는 정도를 결정하는 데는 크게 두 가

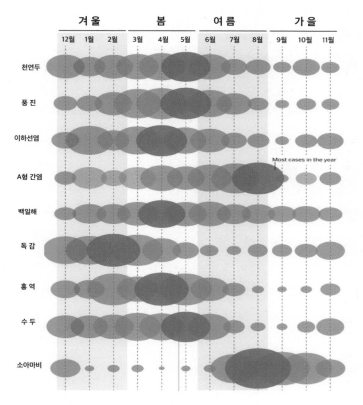

<table>
<tr><td></td><td colspan="3">겨울</td><td colspan="3">봄</td><td colspan="3">여름</td><td colspan="3">가을</td></tr>
<tr><td></td><td>12월</td><td>1월</td><td>2월</td><td>3월</td><td>4월</td><td>5월</td><td>6월</td><td>7월</td><td>8월</td><td>9월</td><td>10월</td><td>11월</td></tr>
</table>

천연두

풍진

이하선염

A형 간염 — Most cases in the year

백일해

독감

홍역

수두

소아마비

많은 전염병이 계절에 따라 발생 빈도의 차이를 보이는데 그 정도와 시기는 제각각이다. (제공 N. Desai/사이언스)

지 변수가 있다. 즉 병원체의 계절성과 숙주(사람)의 계절성이다. 독감의 경우 바이러스의 안정성(생존력)이 온도와 습도에 민감하다고 알려져 있다. 독감바이러스는 온도가 올라가고 습도가 높아질수록 힘을 못쓴다. 반면 사람은 온도와 습도가 낮으면 호흡기의 점막이 감염에 취약해진다. 겨울은 독감바이러스에 유리하고 사람에 불리한 기후라 독감이 쉽게 퍼지고 증상도 심하다. 봄이 돼 날이 풀리며 이 관계가 바뀌면서 독감의 위세가 시들해지다 역전돼 시즌이 끝난다.

감기는 패턴이 좀 다르다. 독감과는 달리 우리가 감기라고 부르는 호흡기질환을 일으키는 바이러스는 여러 가지로 리노바이러스(30~80%), 코로나바이러스(15%), 독감바이러스(10~15%. 증상이 약한 경우), 아데노바이러스(5%) 등이 있다. 그런데 바이러스에 따라 계절성 정도가 다르다.

코로나바이러스(물론 코로나19를 일으키는 바이러스와는 다른 유형이다)가 병원체인 감기는 독감처럼 계절성이 강하고 시즌도 독감과 겹친다. 반면 리노바이러스와 아데노바이러스는 계절을 타지 않는다. 다만 사람의 호흡기가 여름철에 강하기 때문에 좀 덜 걸릴 뿐이다. 개도 안 걸린다는 여름 감기의 병원체는 리노바이러스나 아데노바이러스라는 말이다. 감기 코로나바이러스가 이들이 아닌 독감바이러스와 비슷한 계절성을 보이는 이유는 무엇일까.

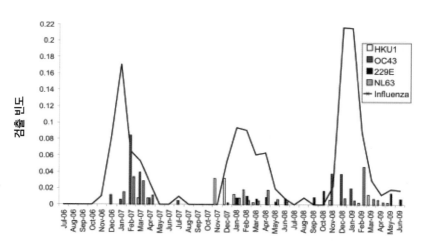

영국 에딘버러대의 연구자들은 2006년 7월부터 2009년 6월까지 3년 동안 1만 1,661명의 호흡기 시료를 채취해 감기를 일으키는 코로나바이러스 4종을 분석했다. 그 결과 3종의 검출빈도가 독감바이러스의 빈도(실선)와 같은 계절성 패턴을 보였다. (제공 『임상미생물학저널』)

지질 외투 안정성 계절에 민감

답은 바이러스 입자의 구조에 있다. 리노바이러스나 아데노바이러스는 우리가 생물 시간에 배운 바이러스의 기본 구조다. 즉 핵산(RNA 또는 DNA)으로 이뤄진 게놈을 캡시드 단백질 수백 개가 감싸고 있다. 반면 코로나바이러스와 독감바이러스는 여러 단백질이 박혀있는 지질막이 핵산을 감싸고 있는 구조다.

이 지질막을 외투envelope라고 부르는데, 그 기원은 사람의 세포막이다. 즉 세포에 침투한 바이러스가 수백 마리로 증식한 뒤 빠져나올 때 세포막을 이루는 지질막을 몸(게놈)에 두르고 방출되는 것이다. 지질막 외투를 지닌 바이러스는 새로운 사람 세포에 부착할 때 지질막이 세포막과 융합하므로 쉽게 침투할 수 있고 숙주의 면역계를 혼란스럽게 해 공격을 피한다. 대신 감염한 숙주에서 새로운 숙주로 옮기는 과정에서 외부에 노출됐을 때 상대적으로 취약하다. 특히 온도와 습도가 높으면 외투가 쉽게 손상돼 바이러스가 활성을 잃는다.

코로나19를 일으키는 바이러스도 외투를 지닌 코로나바이러스이

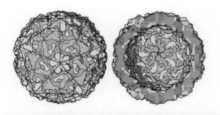

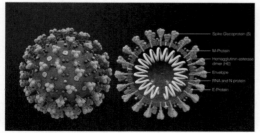

감기 증상을 일으키는 병원체는 다양하다. 위는 리노바이러스의 구조(오른쪽은 단면)로 게놈을 캡시드 단백질 180개가 감싸고 있는 구조다. 아래는 코로나바이러스의 구조로 게놈을 외투(envelope)로 불리는 지질 이중막이 감싸고 있다. 외투에는 많은 단백질이 박혀있다. 이런 구조적 차이가 두 바이러스의 계절성 차이를 설명한다. (제공 위: T.V. Rao, 아래: 위키피디아)

므로 독감 시즌을 따르는 계절성을 보일 것이다. 따라서 4월은 몰라도 5월이 되면 좀 잠잠해지지 않을까. 그런데 실제 돌아가는 상황을 보면 그렇지도 않을 것 같다. 우리나라의 5월 날씨보다 더운 동남아시아에서도 만만치 않은 기세로 퍼지고 있기 때문이다. 그렇다면 코로나19바이러스는 계절성에서 예외적인 존재일까.

현재까지 코로나19 전개 양상을 보면 늦겨울에서 초봄으로 넘어가고 있는 북반구 중위도 지역에서 확산세가 강하다. 반면 중국과 가까운 동남아 지역은 상대적으로 확산세가 약하다. 그럼에도 절대적인 감염력은 상당해 이 지역의 나라들도 사회적 거리두기를 실시하며 확산 방지에 총력을 기울이고 있다. 따라서 지금 기세라면 북반구 중위도 지역이 봄에서 여름으로 간다고 해도 한시름 놓을 상황이 올 것 같지는 않다. 과연 그럴까.

낮 길이 변화가 면역계에 영향 줘

동남아 지역의 기후를 흔히 '1년 내내 우리나라 여름 날씨'라고 말하지만 설사 온도와 습도가 비슷하다고 해도 큰 차이가 하나 있다. 바로 낮의 길이다. 지구의 자전축은 공전 면에 수직이 아니라 약간 기울어져 있어 적도를 제외하면 1년 동안 낮과 밤의 길이가 바뀌는데, 위도가 높아질수록 편차가 심하다. 북위 35° 내외인 우리나라는 하지의 낮(일출 일몰 기준)이 밤보다 5시간 이상 길고 동지에는 5시간 정도 짧다. 안팎으로 10시간 이상 차이가 나는 셈이다. 유럽 인구 대다수가 사는 북위 40° 이상 지역은 차이가 더 심하다. 반면 적도에 가까운 저위도 지역은 동지나 하지나 낮 길이가 12시간 내외로 거기서 거기다.

계절에 따른 낮과 밤 길이의 편차는 사람의 심신에 영향을 준다. 이

위도에 따른 소아마비 환자 월별 발생 건수를 보면 고위도로 갈수록 뚜렷한 계절성이 드러난다. 그런데 저위도 지역보다 온도가 훨씬 낮은 시기에는 저위도 지역과 빈도가 비슷한 반면 온도가 비슷해지는 여름에 오히려 환자가 훨씬 더 많다. 온도의 변화만으로는 감염병의 계절성을 설명할 수 없는 한 예다. (제공 『신종감염병』)

런 예 가운데 하나인 계절성우울증은 낮이 짧은 겨울에 주로 나타난다. 그런데 독일이나 북유럽처럼 위도가 높아 겨울에 낮이 유난히 짧은 지역일수록 계절성우울증을 호소하는 사람이 많고 증상도 심하다.

　면역계도 계절에 따른 낮의 길이 변화에 영향을 받는다는 연구결과가 나오고 있다. 예를 들어 같은 온도와 습도라도 낮의 길이를 길게 하면(인공조명으로) 면역력이 40% 올라간다는 동물실험결과가 있다. 사람도 면역계 관련 유전자 가운데 무려 4,000여 개의 발현 패턴이 계절에 따라 변하는 것으로 밝혀졌다.

　어쩌면 이런 변화가 병원체에 대한 반응성에 영향을 미칠지도 모른다. 낮이 길어질 때 독감바이러스나 코로나바이러스에 대해서는 저항성이 커지고 임질균이나 소아마비바이러스에는 취약성이 커지는 식으로 말이다. 실제 독감이나 소아마비의 유행 패턴을 보면 위도가 높아질수록 계절성이 커지는 현상이 나타난다.

　만일 코로나19에서도 이런 패턴이 보인다면 북반구 중위도가 봄에

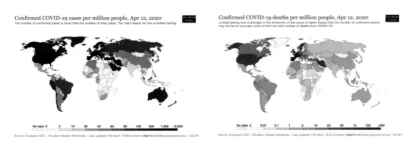

4월 12일 현재 인구 100만 명 당 코로나19 환자(왼쪽)와 사망자(오른쪽)를 보여주는 지도로 대다수가 북반구 중위도 지역에서 발생했음을 알 수 있다. 이 현상이 바이러스의 계절성 때문인지 이 지역(주로 유럽과 미국)의 활발한 인적교류(해외여행)와 개인주의의 결과인지는 아직 불확실하다. 앞으로 계절이 반대 방향으로 진행하는 북반구 중위도 지역과 남반구 중위도 지역의 코로나19 추세를 지켜보면 바이러스 전파력의 계절성 여부 또는 정도를 파악할 수 있을 것이다. (제공 위키피디아)

서 여름으로 넘어갈 때 지금 동남아 상황에서 예측한 것보다는 뚜렷한 계절성이 나타날 수 있지도 않을까. 아직까지는 유럽과 북미가 고전하고 있지만 4월에 확산세가 꺾인다면 최근 국내 발생 환자의 절반을 차지하고 있는 해외입국자 환자 수도 줄어들 것이고 5월부터는 사회적 거리두기도 완화될 수 있지 않을까.

설사 이렇게 되더라도 인구의 극히 일부만이 바이러스와 접한 상태이기 때문에 찬바람이 불면 십중팔구 북반구에서 코로나19 확산이 재현될 것이다. 그리고 2020-2021년 독감 시즌 내내 지금보다도 엄격한 사회적 거리두기를 하며 보내야 할지도 모르겠다. 그렇더라도 이건 나중 일이고 지금 당장은 코로나19바이러스가 뚜렷한 계절성을 보이기를 간절히 바랄 뿐이다.

코로나19 백신,
언제쯤 나올까

　코로나19 사태로 동양과 서양의 명암이 엇갈리고 있다. 바이러스의 근원지이자 주변인 동양은 나름 대처를 잘 하고 있는 반면 지금까지 과학을 이끌어 온 서양이 오히려 속수무책으로 당하며 큰 인명피해를 내고 있다.

　여기에는 문화적인 요소가 꽤 작용한 것 같다. 동양은 여전히 유교 전통이 남아있어 사람들 대다수가 보건당국의 권고를 잘 따른 반면 서양은 개인주의가 만연해 사람들이 바이러스 확산을 막는 데 별로 신경을 쓰지 않았던 것 아닐까. 서양 젊은이들이 자기들은 걸려도 멀쩡할 거라며 유명 관광지를 누비고 다닌다는 외신 보도도 여러 차례 나왔다. 결국 환자와 사망자가 기하급수적으로 늘어나며 위기감이 높아지자 서양의 나라들도 강제적인 이동제한 조치에 들어갔다.

　정치 지도자와 보건당국을 봐도 다른 분위기가 느껴진다. 동양의 나라들에서는 정치 지도자가 나타나면 보건 담당자들이 어려워하며 배석해 있다가 가끔 질문에 답하는 모습인 반면 서양은 보건 담당자들이 전혀 주눅들지 않은 채 전문가로서 할 말을 하고 오히려 정치 지도자가 옆에 어정쩡하게 서 있는 형국이다. 물론 그렇다고 해서 정치 지도자가 보건당국의 권고를 따르는 건 아니지만(그랬다면 이렇게까지 번지지는 않았을 것이다).

아무리 빨라도 1년은 걸려

미국의 도널드 트럼프 대통령과 미국 국립보건원 산하 국립알레르기·전염병 연구소 NIAID 앤서니 파우치 Anthony Fauci 소장이 그런 경우다. 두 사람은 종종 한 자리에 모습을 드러내는데 작은 체구의 파우치가 마스크 앞에서 얘기할 때 뒤에 서 있는 덩치 큰 트럼프가 눈을 멀뚱거리는 모습이 마치 깐깐한 선생님과 말썽꾸러기 학생처럼 보인다(파우치는 80세로 트럼프보다 6살 많다).

파우치는 코로나19와 관련된 트럼프의 말이 틀렸다고 생각하면 주저없이 정정하거나 심지어 반박하는데 백신 개발 전망도 예외가 아니었다. 지난 2월 제약업체 대표들과 회의하는 자리에서 트럼프가 "3~4개월 안에 백신이 나올 것"이라고 말하자 파우치는 "1년에서 1년 반은 걸릴 것"이라고 반박했다.

마땅한 치료제가 없는 상황에서 코로나19 사태를 종식할 사실상 유일한 희망인 백신이 언제 나오냐는 초미의 관심사다. 트럼프의 말에 2~3개월 보태 6개월 뒤 나온다면 2020~2021 독감 시즌이 시작되기 전인 올 가을 코로나19 백신을 맞을 수 있다. 반면 1년 뒤, 즉 내년 봄에나 나온다면 독감 시즌을 '2020~2021 코로나19 시즌'으로 바꿔 불

코로나19 관련 브리핑에서 트럼프 대통령과 국립알레르기·전염병 연구소 파우치 소장이 함께하고 있다. 코로나19에 대해 두 사람은 종종 엇갈린 의견을 내놓고 있다. 백신 개발 일정도 그런 경우로 트럼프는 3~4개월, 파우치는 1년~1년 반을 내다봤다. (제공 백악관)

러야 할 상황을 맞을 가능성이 높다.[18]

　　일각에서는 파우치의 언급조차 낙관적인 전망이라고 말한다. 심지어 코로나19 백신 개발에 실패할 수도 있다는 얘기도 나온다. 만일 그렇게 된다면 약효가 뛰어난 치료제가 개발되지 않는 한 인류는 오랫동안 코로나19의 수렁에서 허우적거릴 것이다(집단면역으로 정면돌파할 수는 없으므로). 지난 2009년 신종플루가 나타났을 때 불과 5개월 만에 백신을 내놓았던 과학자들이 왜 코로나19에 대해서는 이렇게 신중한 입장을 보이는 걸까.

---

18) 임상시험 결과를 토대로 긴급승인돼 2020년 12월 8일 영국에서 코로나19 백신(화이자)이 처음 접종됐다. 그럼에도 백신 접종자 수가 미미했던 2020~2021년 겨울 북반구는 코로나19 확산으로 큰 피해를 입었다.

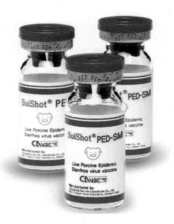

국내 동물백신기업인 중앙백신연구소에서 개발한 돼지유행성설사병(PED) 백신이다. 병원성을 약화시킨 코로나바이러스를 쓴 생백신이기 때문에 '건강한 돼지에게만 접종하라'고 권고하고 있다. 코로나19 백신을 생백신의 형태로 개발하는 건 자칫 대규모 감염을 초래할 수 있다. (제공 중앙백신연구소)

동물 코로나 백신은 개발됐지만…

20세기 100년을 지나며 인류의 수명이 두 배 이상 늘어난 데에는 백신이 큰 역할을 했다. 수많은 사람들(주로 어린이)의 목숨을 앗아간 홍역, 천연두, 소아마비는 백신 덕분에 사라지거나 기세가 미미해졌다. 독감도 매년 새로 만들어 접종해야 하지만 아무튼 백신 덕분에 안 걸리거나 걸려도 가볍게 앓고 지나간다. 반면 20세기 흑사병으로 불리는 에이즈는 세상에 모습을 드러낸 지 40년 가까이 됨에도 아직 백신 개발에 성공하지 못했다. 그렇다면 코로나19 백신은 어떤 길을 걷게 될까.

코로나바이러스가 감기의 10~15%를 차지하지만 감기 자체가 백신까지 맞아야 할 만큼 심각한 질환이 아니라 코로나감기 백신을 개발할 생각조차 하지 않았다. 사스와 메르스 역시 일회성 또는 간헐적 발생이라 백신 개발이 시도되다 흐지부지된 상태다. 반면 동물 코로나바이러스에 대한 백신은 오래전 개발돼 쓰이고 있다. 그럼에도 이 경험이

별 도움이 될 것 같지는 않다. 왜 그럴까.

사스가 등장하기 전까지 코로나바이러스는 사람에게 감기만 일으키는 대수롭지 않는 존재였지만 돼지에게는 무시무시한 저승사자다. 즉 새끼 돼지가 걸리면 거의 죽는 돼지유행성설사병^{PED}과 돼지감염성 위장염^{TGEV}을 일으키는 병원체가 바로 코로나바이러스이기 때문이다. 1970년대 TGEV 백신이 개발돼 꽤 효과를 봤고 PEDV 백신 역시 2000년대 개발돼 양돈 농가가 한시름 놓았다.

그럼에도 이 기술을 코로나19 백신에 적용하기는 쉽지 않다. 다들 생백신이기 때문이다. 생백신은 세포에 연속적으로 배양해 병원성을 낮춘, 살아있는 바이러스로 만든 백신이다. 따라서 만에 하나 백신에 쓰인 바이러스에서 변이가 일어나 병원성이 회복된다면 돌이킬 수 없는 사태가 벌어질 수 있다. 사람 코로나바이러스 백신을 처음 개발하는 상황에서는 너무 부담이 크다. 그럼에도 몇 군데서 생백신을 개발하고 있다.

그래서 주목받고 있는 코로나19 백신은 RNA백신과 DNA백신이고 현재 다섯 가지가 사람을 대상으로 1상 임상시험을 진행하고 있다. 원리는 비슷하므로 이 가운데 가장 먼저 임상시험을 시작한 미국 모더나^{Moderna}의 RNA백신을 대표로 소개한다.

이들은 코로나19바이러스의 게놈 정보를 바탕으로(중국 연구진이 해독해 1월 24일 공개했다) 바이러스 표면에 돌기처럼 튀어나와 있는 스파이크 단백질$^{spike\ protein}$의 유전자를 전령RNA ^{mRNA} 형태로 합성한 뒤 지질나노입자$^{lipid\ nanoparticle}$에 넣어 RNA백신을 만들었다. 이를 림프절이 몰려 있는 겨드랑이에 주사하면 지질나노입자가 항원전달세포 안으로 들어간다.

세포 안에서 입자가 해체되며 빠져나온 mRNA는 숙주의 리보솜에

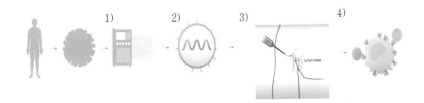

가장 먼저 임상시험에 들어간 모더나의 코로나19 백신 mRNA-1273의 개발 과정과 작동 메커니즘을 보여주는 도식이다. 1) 환자의 몸에서 분리한 코로나19바이러스의 게놈을 해독한다. 2) 게놈의 스파이크 단백질 유전자 부분을 합성해 mRNA 형태로 만든 뒤 지질나노입자에 넣어 백신을 만든다. 3) 백신을 림프절이 분포한 겨드랑이에 주사하면 항원전달세포 안으로 들어가 전사가 일어나 스파이크 단백질이 만들어진 뒤 세포 표면으로 이동한다. 4) T림프구와 B림프구가 항원전달세포 표면의 스파이크 단백질을 인식해 항체를 만들 수 있는 B림프구가 활성화되면 코로나19바이러스에 대한 면역력이 생긴다. (제공 모더나)

서 번역돼 스파이크 단백질이 만들어진다. 세포는 이물질인 이 단백질을 세포막 표면으로 내보낸다. 그러면 T림프구가 이를 인식해 활성화돼 사이토카인을 분비해 B림프구를 활성화시키고 이 가운데 스파이크 단백질에 대한 항체를 만드는 B림프구가 증식한다. 코로나19바이러스에 대한 면역력이 형성되는 것이다.

　물론 이것은 이상적인 시나리오일 뿐 실제 상황이 어떻게 전개될지는 알 수 없다. 현재 진행되고 있는 1상 임상시험은 백신의 안전성과 항체 형성 여부를 보는 단계다. 알레르기 반응 같은 예기치 못한 부작용이 생기거나 스파이크 단백질에 대한 항체가 잘 형성되지 않는다면 RNA백신 개발은 여기서 중단된다. 아마 상반기 중에 결과가 나올 것이다.

　다행히 특별한 부작용이 없고 항체도 잘 만들어진다면 백신의 효과를 보는 수십~수백 명을 대상으로 2상 임상시험이 진행되고 효과가 있다고 나오면 수천~수만 명을 대상으로 3상 임상시험이 진행돼 최종적으로 결론이 날 것이다. 다만 상황이 상황인지라 2상 임상은 건너뛰고 바로 3상 임상으로 넘어갈 가능성이 높다.

그런데 여기 또 고민이 있다. 백신의 효과를 보려면 코로나19바이러스에 감염됐을 때 백신을 맞은 집단(백신군)과 맞지 않은 집단(대조군)의 발병률과 병의 중증도를 비교해야 하는데 이게 쉬운 일이 아닐 뿐더러 시간이 많이 걸린다. 코로나19가 퍼지면 사람들이 사회적 거리두기에 들어가기 때문에 임상시험 참가자 가운데 감염된 사람의 비율이 얼마 되지 않을 것이기 때문이다. 따라서 아주 많은 사람들이 임상에 참여해야 하고 상당한 시간이 지난 뒤(해당 지역에 집단 발병하면 시간을 단축할 수 있겠지만) 백신군과 대조군을 비교해 백신의 효과를 평가해야 한다. 따라서 '인체유발시험'이 현실적인 대안이라는 주장이 힘을 얻고 있다.

인체유발시험 human challenge trial 이란 백신을 맞은 집단과 대조군에 병원체를 감염시켜 백신의 효과를 검증하는 방식이다. 물론 이런 연구는 참가자의 동의 아래 이뤄져야 하지만 대조군인 사람들(백신이 효과가 없거나 미미할 경우는 모두)은 자칫 치명적인 결과를 맞을 수 있어 비윤리적으로 보이기도 한다.

그러나 코로나19바이러스가 건강한 젊은이들을 심각한 상태로 몰고 갈 가능성은 낮기 때문에 수많은 사람들이 죽어가는 현실에서 '이타적인 젊은 자원자'를 모집해 2상 또는 3상 임상시험을 진행하는 시나리오를 진지하게 고민해야 한다는 목소리가 높다.[19]

이렇게 해서 올해 안에 백신의 효과가 검증돼 양산 체제를 구축하면 내년 초에는 백신이 보급돼 코로나19 사태가 수습되는 게 현재로서

---

19) 5월 5일 현재 코로나19 백신 개발을 후원하는 미국 의료시민단체의 인체유발시험 캠페인 '하루라도 빨리(1Day Sooner)'에 102개 나라에서 1만 4,000여 명이 자원했다.

는 최선의 시나리오 아닐까. 설사 이렇게 된다고 하더라도 상황이 완전히 종료된 게 아닐 수 있다. 스파이크 단백질 유전자에 변이가 일어난 변종 코로나19바이러스가 나타날 경우 백신으로 형성된 항체가 소용이 없거나 작용이 미미할 수 있기 때문이다. 매년 유행할 바이러스를 예측해 독감 백신을 만들듯이 코로나19 백신도 해마다 맞아야 할지도 모른다는 말이다. 만일 그렇게 된다면 독감 시즌이라는 말 대신 '독감/코로나19 시즌'이라는 용어가 쓰이지 않을까.

'최선을 기대하되 최악을 대비하자'라는 말이 문득 생각난다.

Part 2

핫 이슈

블랙홀 그림자
엿봤다

"천문학자들은 뜻밖의 결론을 내릴 수밖에 없다.
은하 중심에는 태양보다 100만 배나 무거운 블랙홀이 있다(아마도)."

킵 손

"우리는 시공간 끝에 있는 지옥의 문을 봤다."

하이노 팔케

2015년 9월 14일 두 블랙홀이 합쳐질 때 나오는 중력파를 관측하는 데 성공한 '라이고(LIGO) 프로젝트'를 주도해 2017년 노벨물리학상을 받은 미국 캘리포니아공대(칼텍)의 킵 손Kip Thorne 교수는 1994년 펴낸 책 『블랙홀과 시간굴절』 9장을 위와 같은 문장으로 시작했다.

2015년 관측된 중력파를 일으킨 두 블랙홀은 각각 태양 질량의 36배와 29배인 '항성질량stella mass 블랙홀'이다. 태양보다 수십 배 무거운 별이 늙어 초신성폭발을 하고 남은 천체로, 우리가 알고 있는 '평범한'

블랙홀이다.

항성질량 블랙홀의 개념은 1915년 알베르트 아인슈타인이 일반상대성이론을 발표한 이듬해 독일의 천문학자 카를 슈바르츠실트의 논문에 처음 등장한다. 그는 일반상대성이론으로 별의 외부와 내부의 시공간 곡률을 계산했는데, 그 결과 이상한 결론에 도달했다. 즉 태양 질량의 별이 수축해 반지름이 3km에 이르는 순간 중력이 어느 선을 넘어서면서 표면에서 시간은 무한대로 길어지고 빛조차 탈출할 수 없게 된다. 오늘날 이 지점을 '슈바르츠실트 반지름'이라고 부른다. 즉 블랙홀은 반지름이 슈바르츠실트 반지름인 구이고 그 표면을 '사건의 지평선event horizon'이라고 부른다.

우리은하 중심에 태양 질량 400만 배 블랙홀 존재

그런데 26년 전 킵 손이 책에서 언급한 블랙홀은 항성질량 블랙홀과는 규모가 달라 오늘날 '초대질량 블랙홀supermassive black hole'로 불리고 있다. 우리은하를 포함해 대다수 은하의 중심에는 초대질량 블랙홀이 존재하는 것으로 보이는데, 그 규모는 태양 질량의 100만~100억 배에 이른다. 킵 손은 책에서 겸손하게 질량을 추정한 셈이다.

초대질량 블랙홀이 어떻게 만들어졌는가는 여전히 미스터리이지만 크게 두 가지 메커니즘이 제안되고 있다. 하나는 태양 질량 수백 배인 아주 큰 별이 늙어 폭발한 뒤 태양 질량 100배가 넘는 커다란 항성질량 블랙홀이 만들어졌고 그 뒤 주변에서 물질이 유입되면서 초대질량 블랙홀로 성장했다는 시나리오다. 다른 하나는 초기우주에서 막대한 양의 가스가 급격히 수축하면서 바로 태양 질량 수만 배인 블랙홀이 만들어졌고 그 뒤 주변에서 물질이 유입되면서 초대질량 블랙홀로 자랐다는 시나리오다.

은하 중심 초대질량 블랙홀의 존재는 우주에서 오는 전파를 분석하는 과정에서 드러났다. 예를 들어 우리은하 중심인 궁수자리 A에서 강한 전파가 관측됐고 1990년대 중반 우리은하 중심 가까이 있는 별들의 움직임을 분석한 결과 중심에 태양 질량의 400만 배에 이르는 물질이 있어야 한다는 결론을 얻었다. 그런데 아무것도 관측되지 않았기 때문에 천문학자들은 이 자리에 초대질량 블랙홀이 존재한다고 결론 내리고 '궁수자리 A*'로 이름 지었다.

두 블랙홀에 주목

'보는 것이 믿는 것'이라는 말도 있듯이 블랙홀의 존재를 간접적으로 입증한 것과 직접 눈으로 본 것은 차원이 다른 얘기다. 그런데 블랙홀은 말 그대로 빛(정보)을 내보내지 않는 천체이고 따라서 블랙홀 자체를 볼 수는 없다. 그럼에도 블랙홀 주변에는 블랙홀을 향해 나선을 그리며 빨려 들어가는 천체나 가스, 먼지가 있고 이들이 빛에 가까운 속도로 움직일 때 전파를 내보낸다. 블랙홀 주변에서 나오는 전파를 포착하면 도넛 모양이 될 것이고 전파가 나오지 않는 중심이 바로 블랙홀일 것이다.

처음 존재가 밝혀진 블랙홀은 6000년 광년 떨어진 '백조자리 X-1'으로 불리는 항성질량 블랙홀로 질량이 태양의 15배에 반지름이 45km다. 이 블랙홀 주변에서 설사 물질 유입이 일어난다 하더라도 거기서 나오는 전파는 미미할 것이기 때문에 이를 관측해 블랙홀의 실루엣을 얻는다는 건 불가능하다.

엄청난 질량으로 주위에서 많은 가스와 먼지를 빨아들이는 초대질

우리은하 중심에는 태양 질량의 400
만 배에 이르는 초대질량 블랙홀 궁
수자리 A*가 존재한다. 찬드라X선
망원경으로 촬영한 우리은하 중심으
로 클로즈업한 사진에 빛나는 천체
내부에 블랙홀(궁수자리 A*)이 들어
있지만 해상도가 낮아 볼 수는 없다.
(제공 NASA)

량 블랙홀이 직접 관측 후보로 떠오른 이유다. 가장 유력한 후보는 물
론 우리은하 중심에 있는 궁수자리 A*로 지구에서 '불과' 2만 6,000광
년 떨어져 있다. 태양보다 400만 배 더 무거우므로 블랙홀의 사건의 지
평선이 태양의 약 20배나 된다.

또 다른 유력한 후보는 거대한 은하인 M87의 중심에 있는 초대질
량 블랙홀 M87*이다. 지구에서 거리는 궁수자리 A*에 비해 2,000배 이
상 더 먼 5,500만 광년에 이르지만 블랙홀의 질량이 태양의 65억 배로
사건의 지평선 안에 태양계가 들어갈 정도로 엄청난 크기다. 그 결과
지구에서 보면 궁수자리 A*와 M87*가 비슷한 크기로 보일 것이다. 태
양의 지름이 달의 400배나 되지만 거리가 400배 멀리 떨어져 있어 지
구에서 두 천체가 비슷한 크기로 보이는 것과 같은 맥락이다.

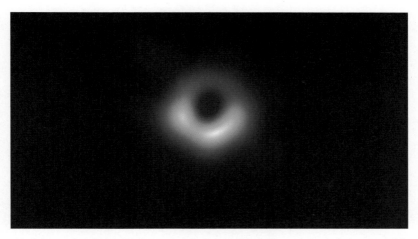

지구에서 5,500만 광년 떨어진 은하 M87 중심에 있는 초대질량 블랙홀 M87*의 모습이 최초로 포착됐다. 실제 관측한 건 도넛 모양의 빛의 고리로 가운데 검은 부분이 블랙홀이다. 태양계 전체가 블랙홀 안에 들어갈 정도로 거대한 규모다. (제공 ESO)

지구 크기의 가상 전파망원경 구축

2014년 네덜란드 래드버드대 하이노 팔케Heino Falcke 교수와 미국 하버드대 셉 돌먼 Sheperd Doeleman 교수를 중심으로 우리나라를 포함해 세계의 13개 연구팀 소속 200여 명의 과학자로 이뤄진 '사건의지평선 망원경 공동연구단' 프로젝트가 출범했다. 이들은 전파간섭계로 두 초대질량 블랙홀 주변에서 내보내는 전파를 관측해 블랙홀의 실루엣을 포착할 수 있다고 예상했다.

전파간섭계란 지구 곳곳에 있는 전파망원경으로 동시에 한 천체를 관측해 얻은 전파 데이터를 분석해 마치 지구 크기의 전파망원경에서 관측한 것 같은 수준의 해상력을 얻는 기술이다. 블랙홀(엄밀히 말하면 사건의 지평선)을 관측하는 게 목표이므로 이 가상의 전파망원경에 '사건의지평선망원경EHT'이라는 이름을 붙였다.

연구자들은 2017년 4월 2주 동안 남극, 안데스산맥 등 지구 곳곳의 전파망원경 8대를 쓸 수 있는 예약에 성공해 1주일은 궁수자리 A*, 1주일은 M87*를 관측했다. 파장 1.3㎜인 전파 데이터를 대략 살펴본 결과 궁수자리 A*의 데이터가 분석하기에 더 까다롭다는 사실을 발견했다. 우리은하의 중심이다 보니 은하수의 가스와 먼지가 전파를 가려 데이터를 지저분하게 하고 블랙홀이 작아(물론 상대적으로) 주변을 도는 물질이 더 빨리 변했기 때문이다. 따라서 성공 가능성이 높은 M87* 데이터 분석에 집중하기로 했다.

EHT공동연구단은 네 팀으로 나눠 각자 따로 데이터를 분석해 결과를 내기로 했다. 분석 과정에서 선입견이 개입되는 걸 막기 위해서다. 서로 독립적으로 얻은 결론이 같게 나온다면 그만큼 신뢰도가 높기 때문이다. 2년에 걸친 연구 끝에 2019년 초 각 팀이 결과를 공개했는데 다행히 모두 블랙홀의 '그림자'를 관측하는 데 성공했고 그 형태도 서로 비슷했다.

실제 블랙홀보다 크게 보여

여기서 블랙홀이 아니라 그림자를 관측했다고 표현한 것은 빛을 내보내지 않는 블랙홀이 원천적으로 관측할 수 없는 천체이기 때문이다. 데이터를 분석해 얻은 이미지는 백열등 불빛을 내는 고리로 마치 도넛처럼 보인다. 즉 밝은 도넛이 블랙홀의 그림자다. 고리 안쪽 빛과 어둠의 경계선이 사건의 지평선 일부다. 일종의 음화陰畫라고 할까.

여기서 백열등 불빛, 즉 가시광선처럼 처리한 빛은 실제 눈으로는 볼 수 없는 전파다. 즉 전파의 강도를 가시광선의 밝기로 표현해 시각

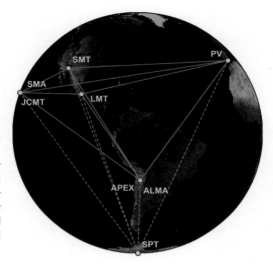

사건의지평선망원경(EHT)은 지구
곳곳에 설치된 전파망원경 8대에서
관측한 데이터를 분석해 마치 지구
크기의 전파망원경에서 관측한 것 같
은 수준의 해상력을 얻는 전파간섭계
기술로 구현한 가상의 망원경을 가리
킨다. (제공『천체물리학 저널』)

화한 것이다. 아무튼 엄청난 질량의 천체 주변에 이런 빛의 고리가 있
다는 사실은 중심의 천체가 블랙홀일 수밖에 없다는 증거다. 이 결과를
두고 '볼 수가 없는' 블랙홀을 최초로 관측했다고 말하는 이유다.

한편 관측된 블랙홀의 그림자는 실제보다 5배 정도 크게 보인다.
블랙홀의 엄청난 질량이 주변 공간을 왜곡해 빛(전파)의 경로를 휘어지
게 했기 때문이다. 탕 속에 잠긴 몸이 실제보다 커 보이는 것과 비슷한
현상이다.

2019년 4월 10일 세계 6곳에서 동시에 기자회견을 열어 블랙홀 관
측 결과를 공개한 EHT공동연구단의 논문 6편은 학술지『천체물리학
저널』에 같은 날에 맞춰 공개됐다. 2016년 2월 11일 중력파 관측 발표
에 이어 3년 만에 또다시 블랙홀이 스포트라이트를 받았다. 팔케 교수
는 벨기에 브뤼셀에서 열린 기자회견 자리에서 "우리는 시공간 끝에 있
는 지옥의 문을 봤다"는 시적인 문구로 이번 관측을 평가했다. 지옥의

문을 열고 지옥으로 들어가면, 즉 사건의 지평선을 넘어 블랙홀로 들어가면 시공간이 사라진다는 말이다.

학술지 『사이언스』는 매년 마지막 호에 '올해의 연구'를 선정하는데, 2016년에는 중력파 관측을 선정했고 2019년에는 블랙홀 관측을 선정했다. 2016년에는 합쳐진 두 항성질량 블랙홀이 주인공이었다면 2019년에는 태양계보다도 덩치가 큰 초대질량 블랙홀이 주인공인 셈이다. 중력파 관측을 이끈 연구자들이 2017년 노벨상을 받았듯이 블랙홀 관측을 주도한 연구자들도 조만간 노벨상을 받을지 궁금하다.

냉난방 에너지 절약,
스마트 창에 맡겨봐!

올여름도 지구촌은 무더위로 난리다. 50도에 육박하는 살인 더위에 시달리는 인도에서는 사람이 살 수 없는 땅이 늘어날 거라는 비관적인 전망까지 나오고 있다. 유럽에서도 스페인과 남프랑스가 40도를 훌쩍 넘었고 미국도 많은 지역이 40도 안팎의 더위에 시달리고 있다. 우리나라도 꽤 덥지만, 작년(2018년) 더위가 워낙 대단해서인지 이 정도면 견딜 만한 것 같다.

이처럼 지구온난화가 진행되면서 냉난방에 드는 에너지가 가파르게 증가하고 있다. 특히 건물 외벽에서 유리가 차지하는 비율이 높아져 보기에는 좋지만 에너지 면에서는 문제를 악화시키고 있다. 그 결과 오늘날 인류가 쓰는 에너지의 3분의 1이 건물 냉난방 유지에 들어간다.

유리는 가시광선을 통과시킬 뿐 아니라(따라서 투명하다) 햇빛에 포함된 근적외선도 뚫고 지나가게 놔둔다. 햇빛이 쨍쨍한 날 사방 벽이 유리인 건물 안에 있으면 꽤 더운데, 투과한 근적외선을 흡수한 실내 공기분자가 격렬히 진동하면서 온도가 올라가기 때문이다.

물론 커튼이나 블라인드가 있지만 치고 걷는 것도 번거롭고 늘 쳐두자니 실내가 어두워져 조명등을 켜야 한다. 따라서 과학자들은 창이 스스로 상황에 맞게 대응해 냉난방비를 줄이면서도 쾌적한 실내환경을 유지할 수 있는 방법을 모색하고 있다. 바로 '스마트 창smart window' 기술이다.

1분 만에 빛 94% 차단

스마트 창은 말 그대로 똑똑한 유리로 만든 창이다. 즉 상황에 따라 투과하는 빛의 양을 조절할 수 있는 창이다. 스마트 창을 만드는 기술이 몇 가지 개발됐는데, 전기변색 소재를 이용한 것이 대표적이다. 전기변색electrochromic 소재는 전압이 걸리면 빛을 흡수하거나 산란시켜 빛 투과도를 낮춘다. 배터리처럼 전압에 따라 금속 전하가 전극과 전해질을 오가며 구조가 바뀌면서 전기변색이 일어난다.

전기변색 소재를 이용한 스마트 창의 단점은 외부에서 전압을 걸어줘야 한다는 것이다. 따라서 외부와 연결할 수 있는 회로를 갖춰야 하기 때문에 다소 번거롭다. 지난 2017년 미국 프린스턴대 연구자들은 전기변색 창에 태양전지 코팅을 해 스스로 전기변색에 필요한 전압을 만들어 낼 수 있는 스마트 창을 개발했다.

연구자들은 햇빛에서 자외선 영역만 흡수하는 유기 태양전지 소재를 개발했다. 이때 나오는 전압은 1.6V로 전기변색 창을 작동시키기에 충분하다. 스위치를 끈 상태에서는 자외선만 차단되기 때문에 창은 무색투명하다. 스위치를 켜면 태양전지와 전기변색 창의 회로가 연결돼 가시광선과 근적외선이 차단되며 실내가 어두워진다. 다만 유기 태양전지 소재의 안정성이 떨어져 이 자체를 상용화하지는 못했다.

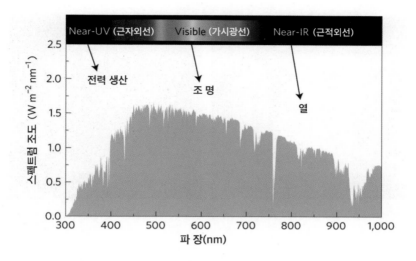

Near-UV (근자외선)　　Visible (가시광선)　　Near-IR (근적외선)

전력 생산

조 명

열

스펙트럼 조도 (W m^{-2} nm^{-1})

2.5

2.0

1.5

1.0

0.5

0.0

300　400　500　600　700　800　900　1,000

파 장(nm)

햇빛에는 가시광선뿐 아니라 근자외선과 근적외선도 꽤 포함돼 있다. 이 가운데 근적외선이 실내 온도를 올린다. 겨울에는 근적외선을 통과시키고 여름에는 차단하는 스마트 창이 필요한 이유다. 지난 2017년 미국 프린스턴대 연구자들은 근자외선을 흡수하는 태양전지 코팅을 해 스스로 전기변색에 필요한 전압을 공급할 수 있는 스마트 창을 만들었다. (제공 『네이처 에너지』)

　학술지 『네이처 에너지』 2019년 3월호에는 전압을 걸어주면 60초 이내에 빛을 94%나 차단할 수 있는 스마트 창을 만들었다는 연구결과가 실렸다. 기존 전기변색 창은 어두워지는 데 시간도 많이 걸리고 빛을 차단하는 정도도 파장에 따라 균일하지 않다는 문제가 있다.

　미국 네바다대 연구자들은 가역적인 금속 전착 기술로 전기변색 소재를 만들었다. 즉 전압이 걸리면 한쪽 전극에는 비스무트와 구리가, 다른 쪽 전극에는 리튬이온이 석출되면서 빛을 차단시킨다. 전압이 풀리면 전극에 전착된 금속이 녹으면서 다시 투명해진다. 이 사이클을 4,000회 이상 반복해도 성능이 유지됐다.

2019년 미국 네바다대 연구자들은 가역적인 금속 전착 기술로 전기변색 소재를 만들었다. 이 소재가 코팅된 유리는 평소 무색투명하지만(왼쪽) 2.5V 전압을 걸어주면 60초 이내에 빛을 94%나 차단할 수 있다(오른쪽). (제공 『네이처 에너지』)

적외선도 차단하고 공기정화도 하고

미국 MIT의 연구자들은 학술지 『줄^{Joule}』 2019년 1월호에 게재한 논문에서 열변색 특성을 지닌 고분자 젤을 만들었다고 밝혔다. 열변색 ^{thermochromic}은 온도에 따라 빛의 투과도가 바뀌는 현상이다. 유리 사이에 이 젤을 둔 이중창은 평범한 이중창에 비해 32도 이상의 고온에서 햇빛을 받았을 때 실내 온도 상승 폭이 작았다.

연구자들은 열변색 특성을 지니는 물질인 pNIPAm-AEMA로 젤을 만들었다. pNIPAm-AEMA는 온도에 따라 물을 함유하는 정도가 달라져 입자 크기가 변한다. 즉 25도에서는 물을 흠뻑 머금어 평균 크기가 1,388nm(나노미터. 1nm는 10억 분의 1m)에 이르지만 35도에서는 물이 많이 빠져나가 546nm로 쪼그라든다.

25도에서는 입자 크기가 커 햇빛 대부분이 통과한다. 그 결과 무색투명할 뿐 아니라 실내 온도가 올라가 난방 효과를 볼 수 있다. 그러나

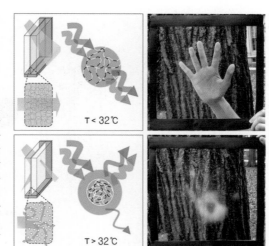

최근 미국 MIT의 연구자들은 열변색 특성을 지닌 고분자 젤을 만들었다. 32도 아래에서는 젤 입자가 가시광선(파란색)과 근적외선(빨간색)을 모두 투과시켜 창에 막 갖다 댄 손바닥이 잘 보인다(오른쪽 위). 그러나 한참 지나 손바닥을 떼면 32도가 넘은 지점의 젤 입자가 작아져 근적외선은 물론 가시광선도 산란시켜 희뿌옇게 보인다(오른쪽 아래). (제공 『줄』)

T < 32℃

T > 32℃

35도에서는 입자가 작아져 근적외선뿐 아니라 가시광선과 근자외선도 산란된다. 그 결과 근적외선의 24%만이 창을 통과하고 창은 희뿌옇게 된다.

이번에 개발한 열변색 젤은 저온과 고온 사이클을 1,000회 이상 반복해도 성능이 저하되지 않았고 영하의 온도로 동결돼도 물성이 영향을 받지 않았다. 따라서 상용화에 이르는 길이 어렵지 않다는 말이다. 다만 고온에서 가시광선도 산란되기 때문에 불투명해진다는 것이 구조적인 단점이 될 수도 있다.

한편 『줄』 2019년 10월호에는 열변색을 통한 근적외선 차단에 광촉매를 통한 공기정화 기능을 추가한 스마트 창을 개발했다는 논문이 실렸다. 스웨덴 웁살라대 연구자들은 바나듐산화물을 코팅한 창에 티타늄산화물을 추가로 코팅했다.

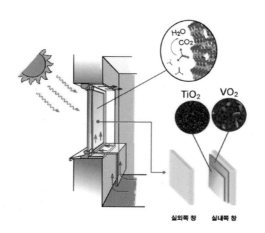

열변색과 광촉매 기능을 겸비한 스마트 창은 실내 쪽 창의 위와 아래에 틈을 둬 공기가 흐를 수 있게 만든 이중창 구조다. 햇빛이 들어오면 바나듐산화물이 적외선을 반사해 두 유리 사이 공간의 온도가 올라가면서 티타늄산화물의 오염물질 광촉매 효율이 거의 두 배나 높아진다. (제공 『줄』)

바나듐산화물(VO_2)은 68도를 전후해 결정구조가 바뀐다. 즉 68도 아래에서는 반도체 결정으로 근적외선을 투과시키는 반면 68도가 넘으면 금속 결정이 돼 근적외선을 반사시킨다. 티타늄산화물(TiO_2)은 표면에서 광촉매 작용으로 다양한 물질을 분해할 수 있다. 아울러 유리의 빛 반사를 낮춰 빛의 투과도를 높이는 효과도 있다.

이 스마트 창은 시공이 좀 까다롭다. 단순한 이중창이 아니라 실내 쪽 창은 위와 아래에 틈을 둬 공기가 흐를 수 있게 한다. 바깥쪽 창은 보통 유리로 된 창이고 실내 쪽에 이중코팅한 면이 두 유리 사이 공간에 놓이게 창을 배치한다.

햇빛이 들어오면 바나듐산화물 층이 적외선을 반사해 두 유리 사이 공간의 온도가 올라가면서 티타늄산화물의 광촉매 효율이 거의 두 배나 높아지는 것으로 밝혀졌다. 이런 효과는 바나듐산화물의 전이 온도인 68도보다 훨씬 낮은 25도에서도 관찰됐다. 반도체 결정 상태도 근적외선을 일부 반사하기 때문이다.

스마트 창은 이미 상용화됐다. 대표적인 예가 보잉 787 드림라이너의 창으로 버튼을 누르면 창이 서서히 어두워진다. 그러나 평범한 창에 비해 제작비가 훨씬 많이 들어 널리 쓰이지는 못하고 있다. 앞으로 스마트 창 기술이 더 발전해 건물의 에너지 효율을 높이는 데 기여하기를 바란다.

양자컴퓨터가
바꾸는 세상

2019년 10월 23일 미국의 IT 기업 구글은 현존 최고의 슈퍼컴퓨터가 1만 년 걸릴 일을 불과 '200초' 만에 해낸 양자컴퓨터 프로세서를 개발했다고 발표했다. 양자컴퓨터의 성능이 디지털컴퓨터를 압도하는 소위 '양자 우월성quantum supremacy'을 실제 구현하는 데 최초로 성공했다는 것이다. 다음날 저명한 과학 학술지 『네이처』에 이 과정을 정리한 논문이 실리며 발표에 힘을 보탰다.

기존 디지털컴퓨터와는 작동 방식이 전혀 다른 양자컴퓨터가 개발되고 있으며 만일 성공한다면 엄청난 파장을 불러일으킬 거라는 말이 흘러나온 지는 꽤 됐다. 그러나 많은 사람들이 이런 일이 현실이 되는 날은 아직 먼 미래의 일이라고 생각하고 있었다.

그런데 구글의 발표로 미래가 우리 코앞에 바짝 다가왔다. 양자 우월성이 입증됐다는 사실 알려지면서 암호화폐 기업의 주가가 폭락하기도 했다. 괜한 호들갑일 수도 있지만 만일 구글의 주장대로 양자컴퓨터 개발이 순조롭게 진행돼 널리 쓰이게 된다면 관련 업계뿐 아니라 사회

지난 10월 23일 구글은 자사가 개발한 54큐비트 양자계산 프로세서 시카모어(사진)가 난수 생성에서 양자 우월성을 달성했다고 발표했다. 시카모어는 최고 성능의 슈퍼컴퓨터로 1만 년 걸릴 과제를 불과 200초 만에 끝냈다고 한다. (제공 Erik Lucero / 구글)

시스템에 미치는 영향이 엄청날 것이다.

다만 이런 날이 불과 10년 뒤에 올지, 한 세대 또는 두 세대가 지난 뒤에 올지 아무도 모른다. 양자컴퓨터를 개발하는 사람들조차도 그 미래를 전혀 예측할 수 없다는 양자컴퓨터의 '기묘한' 세계를 들여다보자.

1980년대 초 개념 나와

오늘날 우리가 쓰고 있는 디지털컴퓨터(스마트폰에서 노트북, 슈퍼컴퓨터까지 다 여기에 속한다)는 전자기학이라는 고전 물리학 이론이 배경에 깔려있다. 반면 양자컴퓨터는 양자역학이라는 현대 물리학 이론에 기반해 작동하는 컴퓨터다.

양자역학에서 양자quantum 란 전자나 양성자 같은 어떤 입자의 이름이 아니라 에너지 같은 물리량의 최소 단위를 뜻하는 용어로 1900년 독일 물리학자 막스 플랑크Max Planck가 제안했다. 그런데 양자의 개념을 받아들여 원자 같은 미시 세계를 연구하자 상식으로는 도저히 이해할 수 없는 현상이 속출했다.

양자역학에 따르면 세계는 확률이 지배하는 불확실성에 기초한다. 주사위 던지기에 비유해 보자. 제대로 만든 주사위라면 각 면이 나올 확률이 6분의 1로 똑같다. 지금 내가 던진 주사위는 공중에 머물다 테이블 위에 떨어져 튕기고 구른 뒤 한 면이 위로 향한 채 멈췄다.

기존 물리학 이론에 따르면 우리가 주사위의 값을 예측하지 못하는 건 정보가 부족하기 때문이다. 즉 주사위를 던질 때 주사위 각 면의 방향, 손이 이동한 속도, 공기의 흐름, 테이블 면의 탄성 등 각종 물리량을 정확히 알 수 있다면 '원리적으로는' 어떤 면이 나올지 예측할 수 있다는 말이다. 그럴 것 같지 않은가.

반면 양자 이론에 따르면 우리는 던져진 주사위의 상태를 결코 알 수가 없다. 만일 이에 대한 정보를 얻으려고 뭔가(측정)를 하면 그 행위 자체가 결과에 영향을 미친다. 양자 세계에서는 주사위를 던졌을 때 나올 결과를 확률적으로 예측할 수 있을 뿐이라는 말이다.

1905년 빛에 광자photon 라는 양자 개념을 도입해 광전효과photoelectric effect를 설명하는 데 성공해 양자역학의 발전에 기여한 공로로 노벨상까지 받은 알베르트 아인슈타인조차 "나는 신이 주사위 놀이를 하지 않는다는 것을 확신한다"며 양자역학의 확률적 세계관을 거부했다.

놀랍게도 양자역학이 정립된 지 100년이 지났음에도 여전히 우리는 본질적으로 양자역학을 이해하지 못한 채 그저 받아들이고 있다. 수

1981년 물리학과 컴퓨터 시뮬레이션을 주제로 한 컨퍼런스에서 이론물리학자 리처드 파인만(왼쪽)은 양자컴퓨터의 개념을 제안했지만 큰 반향을 얻지는 못했다. 그러다가 1994년 응용수학자 피터 쇼어(오른쪽)가 큰 수를 인수분해하는 양자 알고리듬을 내놓자 양자컴퓨터가 본격적인 조명을 받기 시작했다. (제공 위키피디아 & MIT)

식으로 표현되는 양자역학의 이론이 미시 세계에서 관찰되는 비직관적인 현상을 정확히 설명하고 있기 때문이다.

1965년 노벨물리학상 수상자이자 20세기 후반 최고의 천재과학자로 불리는 미국의 이론물리학자 리처드 파인만Richard Feynman은 "양자역학을 처음 접하고 나서 충격을 받지 않은 사람은 아마도 양자역학을 이해하지 못해서일 것이다"라고 말하기도 했다. 이런 겸손함을 보인 파인만이 바로 양자역학 원리를 이용한 컴퓨터를 만들 수 있다는 기발한 아이디어를 처음 떠올린 사람이다.

이야기는 1981년 미국 MIT에서 개최된 '제1회 물리학과 계산에 관한 컨퍼런스' 현장으로 거슬러 올라간다. 파인만은 '컴퓨터를 이용한 물리학 시뮬레이션'이라는 제목의 강연에서 0 또는 1이라는 확정값을 기반으로 계산해 결과를 내는 고전적(디지털) 컴퓨터로는 불확실성에

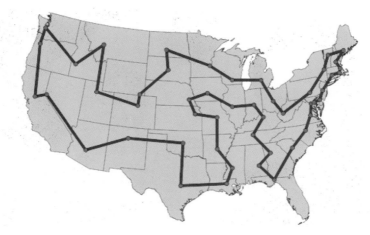

양자컴퓨터는 분자 시뮬레이션이나 최적화 문제 등 디지털컴퓨터가 약한 분야에 강점을 지니고 있다. 최적화 문제의 하나인 '순회 세일즈맨 문제'로 도시를 한 번씩 방문할 때 최단 경로를 찾아내야 하는데 도시가 늘어날수록 경우의 수가 지수적으로 늘기 때문에 디지털컴퓨터로는 한계에 봉착한다. 반면 큐비트의 중첩과 얽힘으로 여러 경로를 동시에 탐색할 수 있는 양자컴퓨터는 바로 답을 내놓을 수 있다. 위 경로는 미국 48개 주의 주도를 한 번씩 방문하는 최단 코스다. (제공 노스웨스턴대)

기반한 양자 세계를 제대로 시뮬레이션할 수 없다며 양자역학의 원리로 작동하는 컴퓨터를 만들어야 한다고 주장했다.

몇몇 이론물리학자와 수학자의 사고思考 실험에 머물던 양자컴퓨터는 1994년 미국 통신회사 AT&T의 컴퓨터과학자 피터 쇼어Peter Shor가 큰 수의 인수분해를 해낼 수 있는 양자계산 알고리듬을 개발하는 데 성공하면서 본격적으로 주목을 받기 시작했다.

오늘날 대표적인 암호체계인 RSA 암호는 두 큰 소수의 곱으로 이뤄진 수를 공개키로 쓰고 있다. 이런 수를 공개한다는 것 자체가 현존 컴퓨터로는 의미 있는 시간 내에 인수분해할 수 없다는 것을 전제하기 때문이다. 그런데 쇼어의 알고리듬이 실제 양자컴퓨터에서 구현돼 '200초' 만에 인수분해에 성공한다면 암호가 뚫리며 국가 보안이나 금융 시스템이 붕괴할 것이다.

그 뒤 양자컴퓨터가 물리학의 시뮬레이션 연구뿐 아니라 다른 분야에서도 디지털컴퓨터보다 뛰어난 성능을 낼 수 있을지도 모른다는 제안이 나왔다. 즉 차량의 효율적인 배차 같은 최적화 문제나 인공지능의 기계학습이나 패턴 인식, 신약이나 신소재 분자 설계 등에서 쓸모가 클 것이다.

2001년 미국 IT기업 IBM의 연구자들은 분자를 이루고 있는 원자 7개를 비트(컴퓨터의 연산 단위)로 써서 쇼어 알고리듬으로 15를 인수분해하는 데 성공했다(=3×5). 물론 초등학생도 풀 수 있는 간단한 문제이지만 양자컴퓨터가 실제로 구현될 수 있음을 보여줬다는 데 의의가 있다.

2011년 최초의 양자컴퓨터 나왔지만….

양자컴퓨터는 중첩과 얽힘이라는 현상을 이용한다. 중첩superposition이란 입자가 동시에 두 가지 이상의 특성을 지니는 현상으로 앞서 주사위의 경우 던져졌을 때 6가지 상태(1에서 6까지)가 중첩돼 있다. 양자컴퓨터에서는 전자의 '스핀'이라는 특성을 이용하는데 '업up'과 '다운down' 두 가지 상태가 있다.

업 스핀을 1, 다운 스핀을 0이라고 표시하면 전자 하나가 디지털컴퓨터의 1비트에 해당한다. 다만 디지털컴퓨터에서는 '0 또는 1'인 반면 양자컴퓨터의 비트는 중첩 때문에 '0과 1'이 동시에 존재한다. 그만큼 연산 공간이 절약된다는 말이다. 참고로 양자컴퓨터의 비트를 큐비트qubit 라고 부른다.

또 다른 중요한 현상인 얽힘entanglement은 큐비트가 서로 연동돼 있는 상태다. 이 경우 큐비트 하나의 상태가 바뀌면 그와 얽혀 있는 다른

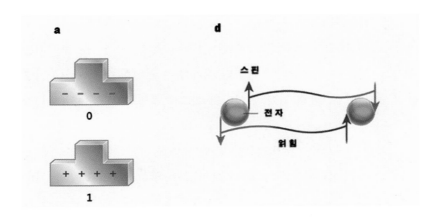

왼쪽(a)은 디지털컴퓨터 트랜지스터의 전자 비트로 게이트에 쌓인 전하에 따라 0 또는 1이 할당된다. 오른쪽(d)은 큐비트로 단일 전자의 두 스핀 상태가 동시에 존재하며(중첩) 옆 전자의 스핀 상태와 묶여 있다(얽힘). (제공 『네이처』)

큐비트의 상태도 바뀐다. 이상적인 양자컴퓨터에서는 모든 큐비트가 얽혀 있는 상태다.

  n개의 큐비트로 이뤄진 양자컴퓨터에서 중첩과 얽힘이 완벽하게 구현되면 2의 n승에 해당하는 연산이 한꺼번에 이뤄질 수 있다. 10큐비트라면 2의 10승(2^{10}), 즉 1,000개 정도이므로 노트북의 성능에도 한참 못 미치지만 50큐비트만 돼도 2의 50승(2^{50}), 즉 1,000조에 이르러 슈퍼컴퓨터를 능가한다.

  다만 큐비트는 주위 환경에 매우 민감해 조금만 교란을 받아도 중첩과 얽힘이 무너진다. 따라서 회로에 큐비트를 담고 있는 양자 프로세서는 절대온도 0.015도(섭씨 영하 273.135도다!)라는 극저온에서 진공 또는 초전도 회로에서 작동해야 오류가 최소화될 수 있다. 한편 양자 프로세서의 큐비트가 커질수록 무수한 연산 결과에서 정답을 골라 출

지난 2011년 캐나다의 디웨이브시스템즈는 세계 최초로 양자컴퓨터 '디웨이브원(D-Wave One)'를 내놓았다. 양자 프로세서가 열에 교란을 받지 않게 절대온도 0.02도(섭씨 -273.13도)의 극저온을 유지하기 위한 냉각장치를 설치해야 하기 때문에 컴퓨터 한 대의 크기가 방만하다. (제공 디웨이브시스템즈)

력하는 방법을 찾는 것도 난제다. 양자컴퓨터 개발자들도 미래를 예측할 수 없다는 말이 나오는 이유다.

2000년대 들어 양자컴퓨터를 실현할 수 있는 나노과학이나 저온물리학 등 기초 과학 및 기술이 갖춰지면서 몇몇 대학과 기업에서 본격적으로 양자컴퓨터 개발에 뛰어들었다. 그 결과 2011년 최초의 상용 양자컴퓨터 '디웨이브 원D-Wave One'이 나왔다.

캐나다 기업 디웨이브시스템즈가 개발한 128큐비트 프로세서가 탑재된 제품의 첫 고객은 미국의 군수품제조회사 록히드마틴으로 한 대 가격이 무려 1,000만 달러(약 120억 원)였다. 2013년 512큐비트짜리 디웨이브 2가 나왔고 구글이 1,500만 달러(약 180억 원)에 구매했다. 지난 2017년 출시된 4세대 '디웨이브 2000Q'는 2,048큐비트다.

이처럼 수천 큐비트 용량의 양자컴퓨터가 이미 시장에 나와있음

RSA-2048 = 2519590847565789349402718324004839857142928212620403202777713783604366202070
7595556264018525880784406918290641249515082189298559149176184502808489120072
8449926873928072877767359714183472702618963750149718246911650776133798590957
0009733045974880842840179742910064245869181719511874612151517265463228221686
9987549182422433637259085141865462043576798423387184774447920739934236584823
8242811981638150106748104516603773060562016196762561338441436038339044149526
3443219011465754445417842402092461651572335077870774981712577246796292638635
6373289912154831438167899885040445364023527381951378636564391212010397122822
120720357

무려 617자릿수인 RSA-2048로 두 소수의 곱이다. RSA-2048의 인수분해에 성공하는 연구팀에 20만 달러의 상금이 걸려 있지만 아직까지 난공불락이다. 양자컴퓨터가 인수분해에 성공해 '양자 우월성'이 입증된다면 엄청난 센세이션을 불러일으킬 것이다. (제공 위키피디아)

에도 '불과' 54개 큐비트로 이뤄진 구글의 양자 프로세서 '시커모어 Sycamore'가 가장 먼저 양자 우월성을 달성한 이유는 무엇일까. 디웨이브는 진정한 양자컴퓨터로 보기에는 무리가 있기 때문이다.

디웨이브는 큐비트 사이의 얽힘에 한계(7개)에 있어 잠재력을 제대로 발휘하지 못한다. 즉 2,048큐비트라도 실제로는 7큐비트로 이뤄진 세트를 300개 가까이 모아놓은 것일 뿐이다. 그 결과 최적화 문제 같은 제한된 연산을 하는 데 특화돼 있다.

미국 퍼듀대 연구자들은 지난해 학술지 『사이언티픽 리포트』에 실린 논문에서 디웨이브를 써서 94큐비트로 여섯자릿수인 '376289'를 인수분해하는 데 성공했다고 발표했다(=659×571). 논문에서 저자들은 이 방식으로 암호에 쓰는 크기의 수인 232자릿수인 RSA-768을 인수분해하려면 14만 7,456큐비트의 양자 프로세서가 개발돼야 한다고 추측했다. 참고로 지난 2009년 디지털컴퓨터가 2년 동안 작동한 끝에 이

수의 인수분해에 성공했다(암호를 풀었다).

다만 양자 컴퓨터도 작동 방식이 여러 가지라 가장 효율적인 시스템의 경우 대략 4,000큐비트로 이뤄진 프로세서가 개발되면 무려 617자릿수인 RSA-2048을 인수분해할 수 있을 것으로 보인다. 이 수를 인수분해하는 데 20만 달러의 상금이 걸려있지만 아직 답을 내놓은 컴퓨터는 없다.

구글이 개발한 양자 프로세서 시커모어는 54개 큐비트에 불과하지만 좀 더 높은 수준으로 얽힘이 구현돼 훨씬 좋은 성능을 보여줬다. 다만 양자컴퓨터가 RAS 암호에 쓰이는 큰 수를 인수분해해 보안과 금융 시스템을 붕괴시키는 날이 당장 올 것 같지는 않다.

수천 개의 큐비트가 서로 얽혀 있으면서 오류 없이 연산을 수행할 수 있는 '진정한' 양자 프로세서를 만드는 건 현재 기술로는 불가능하다. 그럼에도 이 분야의 발전이 워낙 빠르다 보니 이번 양자 우월성 발표에 암호화폐 기업의 주가가 크게 떨어진 것이다.

참고로 시커모어의 양자 우월성 입증은 난수 생성이라는 분야에서 이뤄졌다. '0 또는 1'이라는 경직된 틀에서 벗어나지 못하는 디지털컴퓨터로 난수(일정한 규칙 없이 임으로 나타나는 수)를 발생시키려면 많은 연산이 필요하다. 따라서 슈퍼컴퓨터로도 난수 100만 개를 수집하려면 1만 년이 걸린다. 그런데 양자역학의 불확실성이 작동원리인 시커모어 프로세서로 수집하자 불과 200초면 충분했던 것이다.

아직은 북미의 독주 체제이지만….

구글이 양자 우월성 달성을 발표하자 IBM이 이를 폄하하는 논평을 내 관심을 끌었다. IBM에 따르면 최근 난수 발생을 효율적으로 해

내는 기발한 알고리듬이 개발돼 디지털컴퓨터로 1만 년이 아니라 이틀 반이면 같은 결과를 낼 수 있다고 한다. '200초'와 '21만 6,000초(이틀 반)'도 엄청난 차이인 것 같지만, 양자 우월성이란 디지털컴퓨터로 사실상 불가능하거나 시간이 너무 걸려 의미가 없는(예를 들어 2년 만에 암호의 인수분해에 성공하는 경우) 계산을 양자컴퓨터가 해냈을 때를 가리키기 때문이다.

IBM이 이렇게 민감하게 반응한 건 오늘날 양자컴퓨터 개발을 이끄는 두 주역 가운데 하나이기 때문이다. 사실 이번 발표 전까지만 해도 IBM이 선두주자로 여겨졌다. 지난 1월 미국 라스베이거스에서 열린 CES에서 20큐비트 프로세서를 탑재한 양자컴퓨터 'IBM Q 시스템 원'을 공개해 주목을 받기도 했다. IBM은 뉴욕주 포킵시에 IBM Q 양자연산센터를 열어 클라우딩 서비스를 시작했다. 즉 양자컴퓨터를 보유하고 있지 않는 대학이나 기업에서 비용을 지불하고 IBM의 양자컴퓨터를 이용할 수 있다는 말이다.

지금까지는 앞에 소개한 세 기업(디웨이브시스템즈, 구글, IBM)이 앞서가고 있지만 지난 수년 사이 북미와 유럽을 중심으로 양자 컴퓨팅 관련 벤처가 우후죽순 생겨 50개에 이르고 있다. 2017년과 2018년 2년 동안 벤처캐피털이 이들 업체에 투자한 금액이 4억 5,000만 달러(약 5,500억 원)이 넘는다.

양자컴퓨터의 잠재력이 크고 국가 안보에도 큰 영향을 미칠 수 있어 미국 정부도 두 팔을 걷어붙이고 나섰다. 2018년 12월 미 의회는 향후 5년 동안 12억 달러(약 1조 4,000억 원)를 지원한다는 계획을 통과시켰다.

그런데 최근 중국의 움직임이 만만치 않다. 지난 10여 년 동안 중국 정부는 양자역학 관련 연구개발을 지원했고 많은 인재를 영입했다.

삼성전자 산하 삼성카탈리스트펀드는 2019년 10월 22일 아랍에미리트의 국부펀드 운용사와 함께 미국의 양자컴퓨터 스타트업 아이온큐에 5,500만 달러(약 650억 원)를 투자했다고 발표했다. 이 회사가 만든 양자컴퓨터 아이온큐(IonQ)의 내부 모습이다. (제공 MS)

2020년에 문을 열 예정으로 안후이성에 짓고 있는 양자연구소에는 무려 13조 원이 투입됐다고 한다. 양자 우월성에 처음 도달한 것은 미국이지만 인수분해나 AI처럼 실용적인 분야에서 양자 우월성을 가장 먼저 성취하는 나라는 중국이 될지도 모른다. 우주에 처음 인간을 보낸 건 소련이지만 달에 첫발을 내디딘 건 미국인이었던 것처럼 말이다.

물론 다른 나라들도 미국과 중국의 양자 패권 다툼을 지켜보고 있지만은 않다. 우리 정부도 2019년 1월 양자 컴퓨팅 연구에 향후 5년간 445억 원을 투자한다고 발표했다. 반도체와 스마트폰 분야에서 세계 선두권을 유지하고 있는 삼성전자도 양자컴퓨터 분야에 뛰어들고 있다. 삼성전자 산하 삼성카탈리스트펀드는 2019년 10월 22일 아랍에미리트의 국부펀드 운용사 무바달라캐피털과 함께 미국의 양자컴퓨터 스타트업 아이온큐^{IonQ}에 5,500만 달러(약 650억 원)를 투자했다고 발표했다.

아이온큐에서 개발한 양자컴퓨터는 극저온이 아닌 상온에서도 작동하는 새로운 방식이라 주목을 받고 있다. 즉 전하를 띤 원자, 즉 이온을 전기장으로 포획해 큐비트로 이용하는 방식이다. 아이온큐는 삼성이 반도체를 개발하면서 축적한 초소형화를 비롯한 다양한 기술을 접목한다면 구글이나 IBM을 제치고 양자컴퓨터의 대량 생산을 이뤄낼 수 있을 것으로 기대하고 있다.

21세기는 양자시대

양자역학은 1920년대 중반 정립됐지만 오랫동안 물리학이나 화학, 의료장비 등 특수분야에 적용되는 데 그쳤다. 심지어 다른 분야에서는 발전을 가로막는 요소로 인식되기도 했다. 예를 들어 반도체칩의 회로가 나노미터 수준으로 작아지면서 전자가 도선을 넘어가 버리는 터널링^{tunneling}이라는 양자역학적 현상(중첩의 일종이다)이 일어나 '0 또는 1'을 유지해야 하는 비트의 안정성이 무너진다.

그러나 1981년 천재물리학자 파인만은 발상을 전환해 양자역학적 현상을 이용해 컴퓨터를 만들어보자는 제안을 내놓았고 40년 가까이 지난 2019년 양자컴퓨터가 특수한 과제이기는 하지만 처음 디지털컴퓨터를 누르고 양자 우월성을 입증하는 데 성공했다.

이 논문을 실은 학술지 『네이처』는 같은 호 사설에서 이 업적을 1903년 라이트 형제의 최초 동력비행 성공에 비유하며 높이 평가했다. 당시 첫 동력비행은 12초 동안 36m를 날아간 데 불과했지만 훗날 수천km의 비행은 물론 지구를 벗어나는 우주탐사로 이어졌듯이 이번 첫 양자 우월성 달성은 양자컴퓨터 시대의 개막을 상징한다는 것이다.

　과연 21세기가 양자역학의 시대로 불리게 될까.

호주 산불,
한반도 면적이 불탔다

호주 산불에 대한 최근 예측은 산불 시즌이 더 일찍 시작하고
더 늦게 끝나면서 일반적으로 강도는 높아질 것임을 시사한다.
이런 영향은 시간이 지날수록 증가하겠지만
2020년 무렵에는 가시화될 것이다.

2008년 '가노트 기후변화리뷰'에서

화재가 지나간 뒤 숲에 가보면 죽은 것같이 고요하다.
사체를 뜯어먹는 까마귀와 때까치딱새 같은 청소부들 말고는
숲에 남아있는 게 별로 없다. 서늘한 광경이다.

마이클 클라크, 호주 라트로브대 생태학자

지난 2005년 식목일 전날 발행한 '양양·고성 산불'로 낙산사가 불
타던 장면이 지금도 눈에 선하다. 천년 고찰을 전소시킨 대형 산불로
여의도 면적의 네 배가 넘는 12㎢의 산림이 잿더미가 됐다. 14년이 지

2019~2020년 호주 산불은 한반도 면적에 맞먹는 규모의 숲을 불태웠고 , 발생한 지 약 5개월만인 2월 13
일에서야 진화되었다. (제공 Ninian Reid/Flicker)

난 2019년 역시 식목일 전날 발생한 '고성 · 속초 산불'은 이를 능가하
는 충격을 주며 13km^2의 숲을 삼켰다. 뉴스에서 대형 산불로 인한 참상
을 본 사람들이 미안한 마음에 해당 지역 여행을 꺼리자 현지 주민들
이 "와 주는 게 돕는 것"이라고 호소했고 한동안 강릉행 KTX 승차권을
50% 할인해주기도 했다.

그런데 고성 · 속초 산불은 반년 뒤 호주에서 일어난 산불에 비하
면 모닥불 수준이다. 2019년 9월 시작해 이듬해 2월까지 호주의 봄과
여름 내내(남반구이므로 계절이 우리와 반대다) 이어진 산불로 한반도 면
적(22만km^2)에 맞먹는 18만km^2가 넘는 숲이 불탔다. 이번 호주 산불로 죽
은 야생 동물의 수가 10억 마리가 넘을 거라고 하니 짐작하기도 어려
운 규모다.

호주의 식물들은 해마다 되풀이되는 산불에 적응해 진화했다. 화마로 불탄 유칼립투스 나무껍질 밑에서 가지가 나와 잎이 무성하다. 그러나 2019~2020년 산불은 기세가 너무 강해 많은 식물들이 회복력을 잃을 정도로 불탔다. (제공 위키피디아)

생태계가 감당할 수준 넘어

사실 호주에서 산불은 연례행사다. 건조한 봄과 여름 자연발화(주로 번개로 인한)로 이곳저곳에서 큰불이 나 광범위한 숲이 불타고 이듬해 회복되는 일이 반복되고 있다. 호주의 식물들은 산불에 적응해 진화했고 동물들도 운이 없는 녀석들이 희생될 뿐 종 자체가 위협을 받는 일은 없었다.

그러나 2000년대 들어 산불의 규모가 커지고 강도가 세지면서 호주 산불이 생태계의 자연스러운 과정이라는 범위를 벗어나고 있다. 특히 2019~2020년 산불은 호주뿐 아니라 세계에 충격을 줬을 정도로 규모와 강도 면에서 상상을 초월하는 수준이었다.

호주 산불로 발생한 연기가 퍼지면서 1,000km 이상 떨어져 있는 뉴질랜드(오른쪽 파란선)도 집어삼켰다. (제공 위키피디아)

9월부터 시작된 산불은 11월 들어 걷잡을 수 없이 번졌고 해를 넘겨 2월 초까지 호주 남동부의 뉴사우스웨일즈주(5만 4,000km^2)와 북부지방(6만 8,000km^2)을 비롯해 광범위한 지역을 불태웠다. 특히 뉴사우스웨일즈주에서는 동쪽 해안을 따라 호주 역사상 가장 긴 길이로 산불이 이어졌고 불길의 높이가 70m에 이르기도 했다. 다행히 2월 7일 폭우가 내려 많은 곳의 산불이 소멸되거나 약해졌고 소방당국이 남아있는 불길을 잡으며 역대 최악의 산불 시즌이 잠잠해졌다.

야생 동물에 비하면 사람의 피해는 적은 것 같지만 최소 34명이 희생됐고 건물 5,900여 채가 전소됐다. 그러나 이는 산불현장에서 사망한 숫자로 실제 인명피해는 이보다 훨씬 큰 것으로 밝혀졌다. 학술지 『호주의학저널』 2020년 3월 12일자에 발표된 논문에 따르면 연기를 마셔 사망한 사람이 400명이 넘는 것으로 보인다. 호주 태즈메이니아대 연구자들은 11월부터 이듬해 2월의 기간 동안 응급실 방문자와 입원환자, 사망자 수를 조사한 결과 예년에 비해 각각 1,305명, 3,151명, 417명 더 많았다고 밝혔다. 그리고 이번 산불 시즌에 호주 인구 2,500만 명 가운데 80%가 화재 연기를 들이마신 적이 있는 것으로 추정됐다.

피해는 호주에 그치지 않았다. 아직 정확한 평가는 나오지 않았지만 숲이 불타면서 나온 이산화탄소가 3억 톤이 넘는 것으로 추정된다. 참고로 우리나라의 1년 이산화탄소 배출량이 7억 톤이다. 숲이 불타며 발생한 연기로 호주 시드니의 초미세먼지(PM2.5) 수치는 $734\mu g/m^3$를 기록하기도 했다. 이는 담배 37개피를 태웠을 때에 해당하는 수치다. 화재로 발생한 연기는 뉴질랜드를 지나 남태평양을 가로질러 1만 1,000km 떨어진 칠레와 아르헨티나의 하늘을 덮기도 했다.

코알라 최대 서식지 초토화

이번 산불로 10억 마리가 넘는 야생 동물이 죽은 것으로 추정되는 가운데 여러 종이 멸종을 염려해야 할 지경에 이르렀다. 화마를 피해 살아남은 동물들도 먹이 부족과 주거지 상실, 천적의 위협으로 앞날이 어둡다.

'호주의 갈라파고스섬'으로 불리는 캥거루섬의 3분의 1이 불타면서 섬에 사는 코알라 5만 마리 가운데 절반이 넘는 3만 마리가 죽은 것으로 추정된다. 뉴사우스웨일즈주의 해안 서식지에서도 30%인 8,400마리가 화마에 희생된 것으로 보인다. 살아남은 코알라들도 집이자 먹이인 유칼립투스 나무가 큰 피해를 입어 앞으로 상당수가 추가로 희생될 것이다.

2019~2020년 호주 산불로 많은 개체가 죽고 서식지가 불타 사라지면서 몇몇 종들이 멸종될 위기에 몰렸다. 왼쪽 위부터 시계 방향으로 캥거루섬더너트, 쿼카, 광택유황앵무새, 호주꿀빨이새. (제공 Jody Gates/NESP. 위키피디아)

　　몇몇 종은 말 그대로 멸종의 위기에 몰렸다. 캥거루섬에서만 서식하는 캥거루섬더너트Kangaroo Island dunnart는 쥐처럼 생긴 유대류다. 화재 이전에도 개체 수가 500마리 미만으로 추정돼 절멸위급종Critically Endangered, CR 으로 분류됐다. 이번 화재로 적지 않은 수가 죽고 서식지가 파괴되면서 자칫 멸종할 수도 있다. 토끼만한 크기로 캥거루 새끼처럼 보이는 쿼카quokka는 멸종취약종Vulnerable, Vu 으로 약간의 여유는 있지만 역시 이번 산불로 많은 개체가 희생됐다. 서식지 파괴로 숨을 곳이 없는 상태에서는 여우나 고양이의 손쉬운 먹잇감이라 살아남은 녀석들도 앞날이 걱정된다.

　　호주 고유종인 광택유황앵무새glossy black cockatoo는 3개 아종이 있는데 그 가운데 하나가 캥거루섬에만 서식한다. 한때 158마리만 남아 사라질 위기에 처했으나 보호되면서 개체 수가 370마리까지 늘어났다. 그런데 이번 산불로 이 가운데 상당수가 희생됐을 것이고 서식지의 절반 이상이 잿더미가 되면서 다시 사라질 위기에 몰렸다. 개체 수가 400마리에 불과해 절멸위급종으로 분류된 호주꿀빨이새^{regent honeyeater} 역시 이번 산불로 서식지가 많이 파괴돼 앞날이 어둡다.

경제 논리로 위기 외면한 정부

호주 역사상 최악의 시즌으로 기록된 이번 산불의 원인으로 이상 고온과 가뭄을 들 수 있다. 특히 피해가 컸던 호주 동부의 경우 2016년 11월부터 2019년 10월까지 무려 36개월 동안 월 기온이 평균 기온을 넘어서는 이상 고온이 이어졌다. 게다가 이 지역의 강수량도 역대 최소를 기록해 가뭄이 극심했다. 그 결과 나무가 바싹 말라 '살아있는' 장작 상태였다.

문제는 이런 변화가 일시적인 게 아니라 구조적이라는 데 있다. 즉 이상 고온과 극심한 가뭄은 인류의 활동으로 유발된 기후변화가 배경에 있다는 말이다. 그리고 이미 여러 차례 기후변화로 인한 초대형 산불이 조만간 일어날 수 있다는 경고가 있었다. 지난 2008년 발표된 '가노트 기후변화리뷰^{Garnaut Climate Change Reivew}'에서는 이런 일이 2020년 무렵 가시화될 것이라는 '족집게' 예측까지 내놓았다.

지구를 위기로 몰아가고 있는 기후변화를 일으킨 건 인류의 활동이고 2019~2020년 호주 산불 역시 호주인들만의 탓이 아님에도 호주 정부가 큰 비난을 받고 있다. 학술지『네이처』1월 23일자는 기후변화를 막기 위해 호주 정부가 행동에 나서라는 사설을 실었을 정도다. 왜 그럴까.

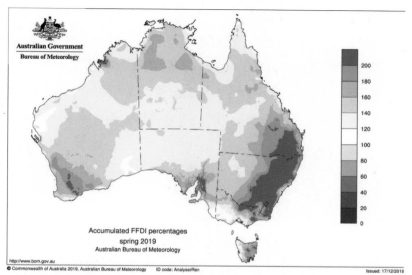

2019년 봄 호주기상청이 발표한 산불위험지수 지도. 뉴사우스웨일즈주(호주 동남부)를 비롯해 2019~2020년 호주 산불로 큰 피해를 입은 지역이 예상돼 있었음을 알 수 있다. (제공 호주기상청)

호주 전역이 불타고 있던 12월, 총리라는 사람이 몰래 하와이로 가족여행을 다녀온 것처럼 한심한 짓을 했으니 욕먹을 만도 하지만 그런 차원의 화풀이는 아니다. 기후변화로 초대형 산불이 일어난 위험성이 갈수록 높아지고 있으니 이를 낮추는 정책을 펴야 한다는 반복된 경고를 무시하고 오히려 위험성을 높이는 정책을 고수해 온 호주 정부에 대한 질책이다.

호주는 세계 최대의 석탄수출국이다. 석탄은 온실가스뿐 아니라 미세먼지도 많이 나오는 화석원료임에도 가격 경쟁력이 있어 여전히 널리 쓰이고 있다. 그동안 호주 정부와 의회는 석탄 업계의 입김에서 자유롭지 못했고 수많은 과학 연구의 증거에도 불구하고 '인류의 활동이 정말 기후변화를 일으키는가?' 같은 시대에 뒤처진 논쟁으로 세월을 보내며 현실을 외면했다.

『네이처』는 사설에서 "호주 같은 개별 국가에서 행동에 나선다고 지구온난화에 얼마나 영향을 미치겠느냐는 식의 얘기를 종종 듣는다"며 "그럼에도 각자가 행동에 나서 협응할 때 변화가 일어날 것"이라고 주장했다. 미국과 중국, 유럽과 마찬가지로 호주도 각자의 몫이 있다는 말이다.

해마다 호주 산불로 막대한 이산화탄소가 발생했지만 화재가 지난 뒤 빠른 속도로 식생이 회복되면서 그만큼의 이산화탄소가 재흡수돼 길게 보면 대기 중 이산화탄소 증가에 기여하지는 않았다는 게 지금까지의 이론이었다. 그러나 2019~2020년 산불은 그 규모와 강도가 극단적이었기 때문에 내놓은 이산화탄소를 다시 흡수하는 데 수십 년이 걸릴 것으로 보인다. 심한 가뭄이 지속될 경우 숲이 영영 회복하지 못할 수도 있다. 현재 호주 면적의 18%를 차지하는 사막이 더 넓어질 수 있다는 말이다.

호주 산불이 현재 진행되고 있는 지구의 기후변화를 상징하는 것 같아 마음이 무겁다.

Part 3

←——→

건강 · 의학

백내장과 녹내장은
왜 생기는 걸까

1979년 소니의 워크맨이 나오면서 음악감상의 공간적 제약이 사라졌다. 필자의 10대 시절 워크맨으로 음악을 들으며 걸어가는 모습은 젊은이들의 로망이었다. 그러나 휴대용 카세트 플레이어가 대중화되면서 신문 건강면에 청력 손상을 염려하는 기사가 자주 실렸다.

2007년 애플이 아이폰을 내놓으면서 손 안의 컴퓨터로 언제 어디서나 인터넷과 접속할 수 있는 시대가 열렸다. 우리나라에서는 2009년 출시됐으므로 고작 10년이 지났지만 이제 스마트폰 없는 일상은 상상할 수도 없다. 그런데 이번에는 신문에 시력 손상을 걱정하는 기사가 단골이 됐다. 하나를 얻으면 하나를 잃는 법인가 보다.

청각과 시각 모두 소중하지만 아무래도 시력을 잃는 게 더 두렵다. '몸이 1,000냥이라면 눈이 900냥'이라는 말도 있지 않은가. 그래서인지 3대 실명 질환이라는 녹내장, 황반변성, 당뇨망막병증에 대해 관심이 많다. 그런데 사실 의료인프라가 부실한 가난한 나라에서는 이 세 가지를 합친 만큼의 실명 질환이 백내장이다. 오늘날 지구촌에서 실명인 사람은 3,900만 명으로 추정되는데, 이 가운데 절반이 백내장 때문이다.

도대체 실명 질환은 왜 생기는 걸까. 최근 백내장의 원인을 밝힌 논문이 나온 걸 계기로 백내장과 녹내장에 대해서 알아보자.

아밀로이드 베타-병풍 구조 확인

백내장은 수정체가 뿌옇게 돼 빛이 망막까지 제대로 이르지 못해 실명에 이르는 질환이다. 카메라로 비유하면 렌즈가 탁해진 것이다(영어로 수정체가 lens다). 수정체는 홍채(조리개에 해당)를 지지할 뿐 아니라 말랑말랑해 둘레 근육(모양체근)의 작용으로 곡률이 바뀌면서 초점 거리를 맞추는 역할을 한다. 렌즈를 두 개 이상 써서 거리를 달리하며 초점을 맞추는 줌렌즈보다 공학적으로 한 수 위다.

수정체에 생기는 문제는 크게 두 가지다. 하나는 렌즈가 점점 딱딱해져 복원력이 떨어지는 현상(마치 고무줄이 늘어나듯이)으로 바로 노안이다. 이 문제는 돋보기를 써서 수정체로 들어오는 빛의 경로를 조정해 해결할 수 있다.

다음으로 수정체가 탁해져 빛이 투과하지 못하고 산란하는 현상, 즉 백내장이다. 수정체는 섬유세포가 양파처럼 겹겹이 쌓여있는 볼록렌즈다. 섬유세포의 내부에는 세포핵 같은 소기관이 퇴화해 없고 크리스탈린crystallin이라는 수용성 단백질이 잔뜩 들어있어 빛이 투과된다.

그런데 자외선이나 산화스트레스, 당화반응 등 여러 요인으로 크리스탈린 단백질에 변성이 생겨 서로 뭉치고 침전되면 빛이 부딪쳐 산란한다. 동태찌개를 먹다가 명태 대가리의 눈알에서 하얀 구슬 같은 걸 본 적이 있을 텐데, 조리과정에서 열로 크리스탈린 단백질이 완전히 변성돼 백탁이 된 수정체다. 그러나 단백질이 어떻게 변성돼 덩어리를 만

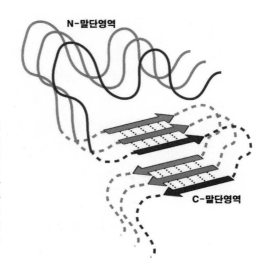

N-말단영역

C-말단영역

수정체에 존재하는 크리스탈린 단백질이 자외선 등의 작용으로 변성이 일어나 아밀로이드 베타-병풍 구조(아래 나란한 화살표로 묘사)가 생기면서 서로 뭉쳐 덩어리를 이룬다는 사실이 밝혀졌다. 그 결과 빛을 산란시켜 백내장이 된다. 단백질 세 개(빨강 녹색 파랑)가 베타-병풍 구조를 통해 뭉친 상태를 도식화한 그림이다. (제공 『미국립과학원회보』)

드는가에 대해서는 논의가 분분하다.

학술지 『미국립과학원회보』 2019년 4월 2일자에는 백내장인 수정체의 단백질에서 아밀로이드 베타-병풍 구조를 확인했다는 연구결과가 실렸다. 미국 매디슨 위스콘신대 화학과 마틴 잔니Martain Zanni 교수팀은 사망한 청소년 세 명과 성인 일곱 명의 수정체를 기증받았다. 청소년 세 명과 성인 네 명의 눈은 건강한 상태였고 나머지 성인 세 명의 눈은 백내장이었다.

연구자들은 2차원 적외선 분광기로 단백질의 구조를 분석했고 그 결과 건강한 성인과 백내장 성인에서 아밀로이드 베타-병풍 구조인 단백질이 존재한다는 사실을 발견했다. 반면 건강한 청소년에서는 존재하지 않았다.

아밀로이드 베타-병풍 구조amyloid β-sheet structure는 알츠하이머병을 일으키는 아밀로이드 베타 단백질이 변성될 때 나타나는 바로 그 구조다. 아밀로이드는 특정 단백질의 이름이 아니라 이런 구조를 지니며 서로 뭉쳐 섬유처럼 되는 단백질 덩어리를 가리키는 말이다. 뉴런에서 아밀로이드 베타 단백질이 뭉치면 알츠하이머병에 걸리고 알파-시누클레인 단백질이 쌓이면 파킨슨병이 생긴다.

현재 아밀로이드 질환의 목록이 계속 늘고 있는데, 이번에 백내장도 이름을 올린 셈이다. 정상 성인의 수정체에도 아밀로이드가 존재한다는 발견 역시 아밀로이드 질환의 전형적인 패턴이다. 알츠하이머병이나 파킨슨병도 아밀로이드 침착이 생기기 시작하고 한참 뒤에야 증상이 나타난다.

즉 노화가 진행됨에 따라 아밀로이드 침착이 생기기 마련인데 그 속도가 빨라 양이 많아진 사람은 발병하는 것이다. 이번 연구에서도 백내장인 사람의 수정체 단백질에서 아밀로이드 구조 비율이 평균 6.4%였다. 반면 건강한 성인은 훨씬 낮고 편차도 컸다. 한편 자외선을 쬐게 하면 수정체 단백질에서 아밀로이드 비율이 커져 자외선이 백내장의 가장 큰 위험요인이라는 사실을 뒷받침했다. 연구자들은 이번 발견이 백내장 치료제를 설계하는 데 도움이 될 것이라고 기대했다.

뭉친 단백질 녹여낼 수 있어

흥미롭게도 지난 2015년 백내장 증상을 개선하는 물질을 발견했다는 논문이 두 편 발표됐다. 즉 스테롤sterol 계열의 분자가 수정체에 침착된 단백질 덩어리를 녹여낼 수 있다는 것이다. 정확한 메커니즘은 밝혀지지 않았지만, 스테롤이 수정체 세포에 있는 샤프롱 단백질을 활성화시켜 단백질 덩어리를 녹여내는 것으로 보인다.

'샤프롱chaperone'은 다른 단백질들이 올바로 접히게 도와주거나 잘 못 접혔을 때 바로 잡아주는 단백질이다. 수정체에 있는 크리스탈린 단

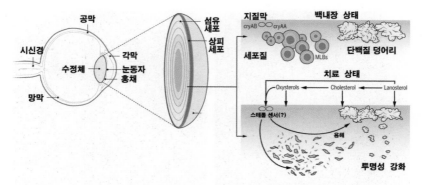

왼쪽은 눈의 구조로 수정체를 확대해보면 섬유세포가 양파처럼 쌓여있다. 오른쪽 위는 백내장 상태로 세포 안에 뭇층판소체(MLB)와 단백질 덩어리가 있어 빛을 산란시킨다. 오른쪽 아래는 스테롤이 열충격단백질 cryAA와 cryAB를 자극해 덩어리를 녹여내 수정체의 투명도를 회복시킨다는 메커니즘을 보여준다. (제공 P. Huey/『사이언스』)

백질은 여러 종류가 있는데 이 가운데 알파-크리스탈린 두 가지(cryAA와 cryAB)가 샤프롱 단백질로 전체의 40%나 차지한다. 즉 cryAA와 cryAB가 다른 크리스탈린 단백질의 품질관리를 하고 스테롤 분자가 이 활동을 촉진한다는 말이다.

학술지『네이처』에 실린 논문을 보면 라노스테롤lanosterol을 함유한 안약을 백내장이 진행되고 있는 개의 눈에 넣어주자 증상이 꽤 개선됐다. 라노스테롤은 우리 몸도 만드는 분자라서 바로 써도 문제가 없을 것 같은데 아직 의약품으로 나온 것 같지는 않다. 백내장의 진행을 10년만 늦춰도 수술 건수를 절반 수준으로 낮출 수 있다고 한다.

박테리아 단백질 인식하는 T세포가 자가면역 일으켜

그래도 백내장은 플라스틱 수정체로 바꾸는 수술을 하면 실명을 면할 수 있지만, 망막에 문제가 생긴 세 질환은 아직 현대의학도 어쩌

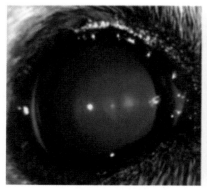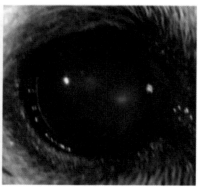

백내장이 진행되고 있는 개의 눈(왼쪽)에 란노스테롤을 함유한 안약을 넣어주자 투명도가 꽤 나아졌다(오른쪽). (제공 『네이처』)

지 못해 말 그대로 실명 질환이다. 망막은 광수용체세포(카메라의 CCD에 해당)와 신경절세포(CCD와 SSD메모리를 연결하는 칩에 해당), 모세혈관으로 이뤄져 있다. 광수용체세포에 영양을 공급하는 망막색소상피세포에 문제가 생기면 황반변성, 신경절세포가 파괴되면 녹내장, 모세혈관이 망가지면 당뇨망막병증이 생긴다.

　　신경절세포(시신경)가 파괴돼 광수용체세포가 받은 빛(광자) 자극(정보)이 뇌로 전달되지 못해 실명하는 게 녹내장이다. 즉 알츠하이머병이나 파킨슨병과 마찬가지로 신경퇴행성질환이다.

　　눈 속의 방수가 제대로 배출되지 못해 안압이 올라가는 게 녹내장의 원인이라고 하지만 과연 그럴까 싶다. 서울대병원 의학정보를 보면 "안압 상승으로 시신경이 눌려 손상된다는 것과, 시신경으로의 혈류에 장애가 생겨 시신경의 손상이 진행된다는 두 가지 기전으로 설명하고 있다"며 "그러나 아직까지 병을 일으키는 정확한 원인은 밝혀져 있지 않다"고 나와 있다.

실제 안압을 정상으로 낮추는 치료를 해도 녹내장이 계속 진행되는 경우가 많다고 한다. 즉 안압 상승 자체가 신경절세포를 파괴하는 게 아니라 그런 길로 가는 문을 열어주는 과정일지도 모른다.

　　2018년 8월 학술지 『네이처 커뮤니케이션스』에는 이 가설을 입증한 중국 중난대 등 다국적 공동연구팀의 논문이 실렸다. 이에 따르면 안압 상승이 면역세포인 T세포를 망막으로 끌어들이고 T세포가 신경절세포를 파괴하는 것으로 밝혀졌다. 즉 녹내장은 자가면역질환이라는 말이다. 그렇다면 면역계가 왜 자신의 조직(시신경)을 망치는 어이없는 짓을 할까.

　　원래 망막은 혈액망막장벽 blood-retinal barrier 이 있어 면역세포가 잘 들어오지 못한다. 그런데 안압이 올라가면 장벽에 틈이 생겨 출입이 쉬워진다. 한편 안압 상승은 신경절세포에서 열충격단백질(사람은 HSP27과 HSP60)의 발현을 유도한다. 앞에도 나왔지만 열충격단백질은 열뿐 아니라 자외선, 산화, 변형력(압력) 등 각종 스트레스로 불안정해지는 단백질을 보호하는 역할을 한다.

　　그런데 문제는 열충격단백질이 진화적으로 아주 오래됐다는 사실이다. 박테리아와 식물, 동물 등 모든 생명체에 열충격단백질이 있고 오래전에 갈라졌음에도 구조가 비슷하다. 즉 박테리아의 열충격단백질을 항원으로 인식하는 면역세포가 망막으로 들어오면 신경절세포 표면의 열충격단백질을 보고 착각해 공격을 개시한다는 말이다.

　　연구자들은 두 가지 실험을 통해 이 가설을 뒷받침했다. 먼저 몸에 장내미생물을 비롯해 박테리아가 전혀 없는 무균생쥐를 대상으로 안압 상승을 유도했을 때 녹내장 발생 여부를 관찰했다. 이들의 면역세포는 박테리아의 열충격단백질을 접한 적이 없기 때문에 망막으로 들어와도 신경절세포의 열충격단백질을 인식하지 못할 것이다. 실험결과 무균생쥐는 정말 거의 발생하지 않은 반면 대조군인 보통 생쥐는 전형적인 비율로 발생했다. 장내미생물이 없는 사람은 없으므로 누구나 녹내장이 발생할 가능성이 있다.

다음으로 녹내장 환자의 망막 검사 결과 각각 HSP27과 HSP60을 인식하는 T세포의 수치가 같은 나이대의 건강한 망막에 비해 5배가 넘었고 HSP27과 HSP60에 대한 항체(IgG) 수치도 두 배였다. 연구자들은 이번 발견이 새로운 녹내장 치료법 개발에 영감을 줄 것으로 기대했다.

비타민B3 섭취하면 예방에 도움 될 듯

한편 2017년 학술지『사이언스』에는 녹내장에 대한 다소 희망적인 연구결과가 실렸다. 즉 비타민B3를 꾸준히 챙겨 먹으면 녹내장을 예방하거나 적어도 진행을 늦출 수 있을 거라는 내용이다.

잭슨연구소를 비롯한 미국의 공동연구팀은 녹내장이 일어날 때 신경절세포를 자세히 들여다봤고 미토콘드리아 내막이 부실하다는 사실을 발견했다. 미토콘드리아는 세포호흡으로 에너지 분자인 ATP를 만드는 세포소기관이다.

이들은 신경절세포 미토콘드리아에 NAD^+라는 물질이 부족한 게 원인이라고 보고 그 전구체인 비타민B3(니코틴아마이드)를 투여하거나 유전자치료로 NAD^+를 만드는데 관여하는 효소인 Nmant1의 유전자를 넣어줬다. 그 결과 늙은 생쥐에서 녹내장 발생률이 낮아졌고 아울러 안압도 떨어졌다. 유전자치료는 시기상조이므로 비타민B3를 꾸준히 복용하는 게 현실적인 녹내장 예방책이라는 말이다.

최근 수년 사이 백내장과 망막 3대 질환의 환자 수가 크게 늘었다. 이들 질환의 가장 큰 원인이 노화이므로 고령화가 빠르게 진행되고 있

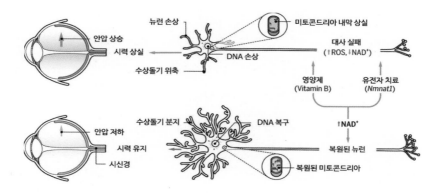

안압 상승으로 신경절세포(시신경)가 손상되면 광수용세포가 받은 빛 정보를 뇌로 전달하지 못해 실명이 된다. 세포 내 미토콘드리아가 부실해지면서 시신경이 손상되는데, 지난해 발표된 논문에 따르면 면역세포가 염증을 일으킬 때 생긴 활성산소(ROS)를 처리하느라 NAD^+가 고갈된 결과일 수 있다(위). NAD^+의 전구체인 비타민B3를 섭취하거나 유전자치료로 생합성 유전자를 넣어주면 세포 내 NAD^+ 농도가 올라가면서 미토콘드리아가 활성을 되찾아 신경절세포도 회복되고 아울러 안압도 떨어진다. (제공 G. GRULLÓN/『사이언스』)

는 우리 사회에서 당연한 현상일지도 모르지만 이를 감안해도 증가세가 너무 가파르고 발생 연령대가 점점 낮아진다고 한다. 스마트폰에 혐의를 두는 배경이다.

　원래 사람 눈은 가까운 대상을 오랫동안 보도록 진화하지 않았다. 그리고 반사되는 빛으로 보지 광원을 직접 바라보는 일은 거의 없다. 그러니 매일 코앞의 스마트폰을 몇 시간씩 뚫어져라 처다봐야 하는 노동에 눈이 조로早老하는 건 당연한 결과 아닐까.

　2019년 4월 3일 우리나라는 '세계 최초'로 5G 서비스를 상용화했다. 아직은 부실하지만 2, 3년 지나면 스마트폰의 지배력이 한층 강화될 것이다. 주 52시간 근무제도 시행되는 마당에 눈은 갈수록 노동 강도가 세지고 있으니 참 딱한 노릇이다.

액상 전자담배,
제2의 가습기살균제 되나

전자담배 증기에 지속적으로 노출되면 담배 연기와는 달리 기도airway 말
단의 지질 관련 대사 및 면역 과정이 변화된다.

매슈 매디슨 외, 학술지 『임상연구저널』 2019년 9월 9일자에 실린 논문에서

얼마 전 오랜만에 만난 친구와 저녁을 했다. 둘 다 오십 줄에 들어
서다 보니 어느새 건강이 대화의 주제가 됐다. 담배는 끊었냐는 물음에
친구는 "차마 끊지는 못하고 전자담배로 바꿨다"며 멋쩍게 웃었다. 전
자담배로 갈아타기만 해도 흡연의 유해성은 크게 준다고 하니 잘 했다
고 말하다가 문득 늘 궁금했던 게 떠올라 물어봤다.

"전자담배는 향이 너무 강하던데 왜 그렇게 만들지? 역효과 아닌
가…."

언제부터인가 필자가 사는 아파트의 2층과 3층 사이 복도에서 누
군가가 전자담배를 피우기 시작했는데 그 향이 1층 현관까지 퍼져 한
참을 머무른다. 바닐라 계열의 과일향임에도 너무 독해 머리가 아플 지

최근 수년 사이 전자담배를 피우는 사람이 크게 늘었다. 전자담배 연기(엄밀히는 증기)의 주성분은 물(수증기)이 아니라 용매인 글리세롤이나 PG로 기체분자가 응결된 에어로졸(미세한 방울)이 빛을 난반사해 하얗게 보인다. (제공 위키피디아)

경이다. 그러니 직접 피우는 사람은 오죽 강하게 느껴질까.

"모르는 소리. 그 재미로 피우는데…."

이렇게 말하며 친구는 주머니에서 만년필처럼 생긴 전자담배를 꺼내 분해한 뒤 카트리지를 건네줬다. 성냥갑 4분의 1만한 크기의 카트리지 안에는 노란 액체가 들어있었다. 그런데 카트리지 겉에 내용물이 조금 흘러나와 건네받은 필자의 엄지와 검지까지 묻었다.

"글리세롤이 들어있나보네…."

"그런 것 같아."(둘 다 대학에서 화학을 전공했고 화장품 업계에서 종사한 경력이 있다)

글리세롤glycerol은 탄소원자 세 개가 뼈대를 이루고 각각에 수산기-OH가 하나씩 붙어있는 분자로 화장품과 식품에 널리 쓰인다. 필자가 손에 묻은 액체에서 글리세롤의 존재를 추측한 건 특유의 끈적끈적한 촉감과 함께 그 존재 이유를 바로 떠올릴 수 있었기 때문이다. 글리세롤은 향기 분자를 녹이고 휘발 속도를 늦추는 역할을 한다.

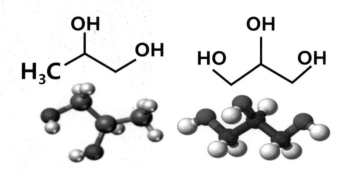

액상 전자담배의 용매로 쓰이는 프로필렌 글리콜(PG. 왼쪽)과 글리세롤(오른쪽. 글리세린(glycerin)이라고도 부른다)의 분자구조. 탄소원자는 회색, 수소원자는 흰색, 산소원자는 빨간색이다. (제공 위키피디아)

미국에서 사망자 여럿 나와

말이 나온 김에 친구는 전자담배에 대해 여러 얘기를 들려줬는데 나름 흥미로웠다. 궐련 대신 플라스틱 용기 끝을 빠는 액상 전자담배는 영 피울 맛이 안 날 것 같았는데 의외로 만족도가 높다고 한다. 앞서 언급했듯이 향을 바꿔가며 피우는 재미도 쏠쏠하고 무엇보다도 니코틴이 농축돼 있어 그 효과가 즉각적으로 나타난다.

이렇게 액상 전자담배 피우는 재미에 푹 빠지다 보니 새로운 걱정도 생겼다. 먼저 중독성으로 기존 담배에 뒤지지 않는다고 한다. 그래서인지 점점 고농축을 꿈꾸게 된단다. 참고로 액체의 니코틴 함량 상한선은 한국이 1%인 반면 미국은 5%나 된다.

다음으로 건강문제인데, 알려진 것과는 달리 기존 담배와 마찬가지로 폐에 안 좋은 것 같다고 한다. 수개월 동안 전자담배를 피운 10대 미국 소년의 폐가 70대 노인의 폐처럼 바뀌었다는 얘기도 들려줬다. 기존

담배만큼 중독성이 있다는 말은 수긍이 되는데(어차피 니코틴 흡입이므로) 폐 건강에도 그만큼 안 좋다는 건 이해가 안 됐다.

그런데 친구를 만난 다음 날 아침 신문을 보니 미국 뉴욕주와 미시건주에서 액상 전자담배 판매를 금지하고 미 질병관리본부CDC도 전자담배의 유해성을 경고했다는 기사가 실렸다. 38개 주에서 액상 전자담배가 원인으로 추정되는 폐질환 환자가 530여 명 발생했고 사망자도 6명이나 된다는 것이다.[20]

평소 같았으면 그러려니 하고 넘어갔겠지만(담배를 안 피우는 필자에게는 남의 얘기다) 전날 전자담배 얘기를 한참 듣고 난 뒤라 관심이 갔다. 기사에 따르면 아직 발병 메커니즘을 모른다고 한다.

폐포에도 계면활성제가 있다?

'액상 전자담배가 왜 폐질환을 일으킬까. 니코틴이 원인은 아닐 것 같은데….'

이렇게 머리를 굴리다 문득 가습기살균제가 떠올랐다. 가습기살균제에서 많은 사람의 목숨을 빼앗은 폐질환을 일으킨 건 살균제가 아니라 살균제를 물에 분산시키는 역할을 한 계면활성제다.[21] 그렇다면 액상 전자담배 역시 니코틴이 아니라 니코틴을 액체에 녹이기 위해 쓴 계면활성제가 폐질환의 원인 아닐까.

구글 창에 'electronic tobacco & surfactant'를 넣고 검색해봤다(나중에 보니 전자담배는 electronic cigarette이다). 아무튼 결과가 나오는 데

---

20) 2020년 2월 18일 현재 누적 환자 수가 2,807명, 사망자 수가 68명에 이른다.

21) 자세한 내용은 『과학을 취하다 과학에 취하다』 29쪽 '가습기살균제, 좋은 의도가 악몽으로 이어진 비극' 참조.

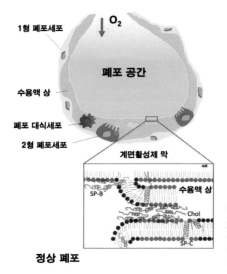

1형 폐포세포

O₂

폐포 공간

수용액 상

폐포 대식세포

2형 폐포세포

계면활성제 막

SP-B

수용액 상

Chol

SP-C

정상 폐포

폐포(alveolus)의 구조로 1형 폐포세포(type Ⅰ pneumocyte)로 둘러싸인 풍선이다. 간혹 보이는 2형 폐포세포(type Ⅱ pnemocyte)가 만들어 분비하는 계면활성제가 물층으로 덮인 안쪽 면을 코팅해 표면장력을 줄인다. (제공 『BBA』)

는 문제가 안 됐고 윗줄에서 필자의 추측과 비슷한 맥락인 최근 논문을 발견했다. 9월 9일 학술지 『임상연구저널』 사이트에 발표된 미국 베일러의대 연구진의 논문으로, 니코틴이 아니라 용매가 폐질환을 일으킬 수 있음을 보여주는 동물실험결과다.

필자의 추측과는 달리 계면활성제surfactant가 아니라 용매solvent가 원인일 수 있다는 논문임에도 '전자담배 & 계면활성제' 검색에서 서너 번째로 걸린 이유는 뭘까. 논문의 키워드 가운데 하나가 계면활성제이기 때문이다. 단 여기서는 액상 전자담배 원료로서가 아니라 생체 성분으로서의 계면활성제다.

알고 보니 액상 전자담배 처방에는 물과 계면활성제가 없다. 즉 글리세롤이나 프로필렌글리콜propylene glycol, PG에 니코틴과 향료를 섞은 상태다. PG는 글리세롤과 마찬가지로 탄소원자 세 개가 골격인 분자로 수산기만 하나 적다. 그 결과 끈적거림이 덜하고 기름과 좀 더 잘 섞인다.

그렇다면 생체 성분 계면활성제는 무엇을 뜻하고 이게 액상 전자 담배의 용매와 어떤 연관이 있는 것일까. 먼저 폐의 구조에 대해 잠깐 알아보자.

인체는 그 자체가 경이로움이지만 폐는 아름답다고 할 수 있을 정도로 정말 놀라운 기관이다. 나무를 거꾸로 세웠을 때 기둥이 기관trachea 이고 양쪽으로 갈라진 큰 가지가 기관지bronchi 다. 기관지는 반복적으로 갈라져(프랙탈 구조) 수많은 작은 기관지로 되고 그 말단에 포도송이 같은 폐포(허파꽈리)가 있다. 숨을 들이쉬었을 때 부풀어 오른 폐포의 표면적을 다 합치면 테니스 코트만하다.

폐포는 두 가지 유형의 세포로 이뤄져 있다. 먼저 표면적 대부분을 차지하는 1형 폐포세포는 두께가 얇고 넓적하다. 폐포 안으로 들어온 공기 중 산소는 1형 폐포세포를 투과해 모세혈관으로 들어간다. 다음으로 2형 폐포세포는 계면활성제를 만들어 폐포 안쪽 면으로 분비한다. 그 결과 폐포 안쪽 면은 계면활성제로 덮여 있다.

계면활성제는 표면장력을 줄여주는 물질로 분자 한쪽은 물과 친한 부분이, 다른 한쪽에는 기름(또는 공기)과 친한 부분이 있다. 비누거품 놀이를 할 때 커다란 거품을 쉽게 만들 수 있는 것도 물에 포함된 계면활성제 덕분이다. 표면장력, 즉 표면이 늘릴 때 들어가는 힘을 크게 줄여주기 때문이다.

대표적인 생체 성분 계면활성제는 인지질로 폐포 계면활성제의 80%를 차지한다. 인지질은 '글리세롤' 골격에 기름과 친한 지방산 두 개와 물과 친한 포스파티디콜린 같은, 인(P)을 함유한 분자가 하나 붙어 있는 구조다. 세포막이 바로 인지질이 이중으로 배열된 구조다. 참고로 글리세롤 골격에 지방산 세 개가 붙어있는 게 중성지방triglyceride 이다.

숨을 들이쉴 때도 폐포의 표면적이 늘어나야 하므로 힘이 든다. 실제 정적인 상태일 때 소모하는 에너지의 3~5%가 숨 쉬는 데 쓰인다. 그런데 만일 폐포 안쪽 면에 계면활성제 층이 없다면 표면장력이 커서 폐포를 늘리는 데 훨씬 더 큰 힘이 들어가야 한다(풍선을 불 때처럼). 에 너지 측면은 물론이고 숨 한 번 제대로 쉬는 것도 고역일 것이다.

조산아의 생명을 위협하는 가장 큰 문제가 바로 폐포 계면활성제 결핍으로 인한 호흡곤란이다. 태아는 태반을 통해 산소를 공급받으므 로 임신 25주차가 돼서야 계면활성제를 만드는 체계가 발달하고 분만 을 불과 6주 앞둔 34주차에야 폐포에 충분한 양이 코팅된다. 따라서 이 체계가 완성되기 전에 태어나 폐 호흡을 하게 되면 치명적인 결과로 이 어지는 것이다.

지질 항상성 무너져

이제 본격적으로 논문을 살펴보자. 연구자들은 생쥐를 네 그룹으로 나눴다. 먼저 비교군은 맑은 공기를 마시게 했고 기존 담배군(이하 담배 군)은 담배 연기에, 액상 전자담배 용매군(이하 용매군)은 니코틴이 없 이 용매(PG 60%, 글리세롤 40%)로만 이뤄진 증기에, 액상 전자담배 니 코틴군(이하 니코틴군)은 니코틴이 3.3% 포함된 용매 증기에 노출시켰 다. 이렇게 넉 달을 보낸 뒤 폐를 조사했다.

그 결과 담배군에서만 폐 염증과 폐기종 증상이 관찰됐다. 폐기종 은 폐포 벽이 파괴돼 표면적이 줄어든 상태로 가벼우면 무증상이지만 심하면 호흡곤란에 이를 수 있다. 반면 용매군과 니코틴군은 비교군과 별 차이가 없었다. 이것만 보면 전자담배가 유해성이 덜하다는 말이 맞 는 것 같다.

그런데 기관지폐포세척액^{BAL fluid}에 딸려 나온 폐포대식세포와 2형

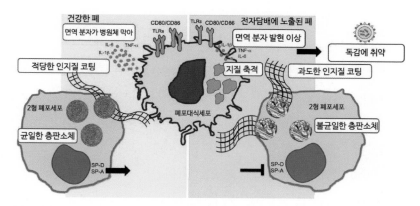

건강한 폐

면역 분자가 병원체 막아

적당한 인지질 코팅

2형 폐포세포

균일한 층판소체

SP-D SP-A

CD80/CD86

TLRs

IL-6 TNF-α

IL-1β

폐포대식세포

전자담배에 노출된 폐

면역 분자 발현 이상

지질 축적

과도한 인지질 코팅

독감에 취약

2형 폐포세포

불균일한 층판소체

SP-D SP-A

생쥐를 대상으로 한 동물실험결과 액상 전자담배 용매(PG 60%, 글리세롤 40%) 증기에 지속적으로 노출되면 폐포의 지질 항상성이 무너지는 것으로 밝혀졌다. 왼쪽은 건강한 폐로 폐포대식세포(alveolar macrophage)가 정상적인 면역반응을 하고 2형 폐포세포(alveolar type II cell) 내부의 층판소체(lamellar body)도 균일하다. 오른쪽은 전자담배에 노출된 폐로 폐포대식세포 안에 지질 덩어리가 축적돼 있고 바이러스 침투 시 제대로 대응하지 못한다. 2형 폐포세포의 층판소체도 형태가 무너졌다. (제공 『임상연구저널』)

폐포세포를 현미경으로 들여다보자 이번엔 용매군과 니코틴군에서만 비정상적인 형태인 것으로 밝혀졌다. 기관지폐포세척은 기관지를 통해 폐포에 식염수를 주입한 뒤, 이를 회수해 성분을 분석하는 방법이다. 폐포대식세포alveolar macrophage는 폐포 안쪽 면에 상주하며 노폐물을 처리하거나 침입한 병원체를 잡아먹는 면역세포다.

비교군과 담배군의 폐포대식세포와는 달리 용매군과 니코틴군의 폐포대식세포의 세포질에는 지질 덩어리가 가득 차 있었다. 즉 전자담배 용액에 들어있는 니코틴이 아니라 용매(PG 60%, 글리세롤 40%)가 이런 비정상적 형태의 원인이라는 말이다.

한편 계면활성제를 합성해 공급하는 2형 폐포세포도 용매군과 니코틴군에서만 이상 형태가 관찰됐다. 즉 합성한 계면활성제를 저장하는 소기관인 층판소체lamellar body는 양파처럼 생겼는데 용매군과 니코틴군의 경우 형태가 무너져 있었다.

실제 기관지폐포세척액에서 얻은 세포의 지질 함량을 조사한 결과 용매군과 니코틴군에서 인지질이 크게 늘어난 반면 중성지방은 별 차이가 없었다. 연구자들은 폐포대식세포가 산화되거나 변형된 계면활성제(주로 인지질)를 제대로 처리하지 못해 축적된 결과라고 해석했다. 즉 전자담배의 용매가 폐포대식세포와 2형 폐포세포의 활동에 영향을 미쳐 폐포의 지질 항상성이 무너졌다는 말이다.

이번 연구는 향의 영향을 평가하지 않았지만 액상 전자담배에 향이 5% 이상 들어가기 때문에 무시할 수는 없다. 지용성인 향기 분자가 폐포 계면활성제 층에 녹아 들어가 물리화학적 특성을 바꾸거나 폐포에 존재하는 면역세포를 자극해 이상 반응을 일으킬 수도 있기 때문이다.

2012년 첫 환자 검사 결과와 비슷

지난 2012년 학술지 『흉부Chest』에는 전자담배로 인한 폐질환의 첫 임상사례를 보고한 논문이 실렸다. 당시 미국 포트랜드의 한 병원에 호흡곤란과 기침, 발열 증상을 보인 42세 여성이 입원했다. 환자는 7개월 전부터 이런 증상이 나타났다고 말했는데 공교롭게도 전자담배를 피우기 시작한 때였다.

환자의 기관지폐포세척액에서 분리한 폐포대식세포는 지질이 가득 들어있었다. 이는 이번 동물실험에서 관찰된 현상과 매우 비슷하다. 당시 논문의 저자들은 환자의 병명을 '외인성 지질성 폐렴'이라고 진단하고 "전자담배 증기의 글리세롤에 반복 노출된 게 원인"이라고 추정했다. 의료진은 환자에게 전자담배를 끊으라고 권고했고 이를 따른 환자는 곧 회복됐다.

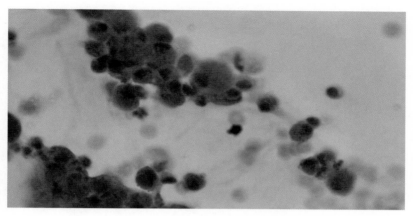

2012년 보고된 전자담배 관련 첫 번째 폐질환 환자의 기관지폐포세척액에 존재하는 세포들의 현미경 사진이다. 지질에 염색되는 붉은색 색소(Oil-Red-O)를 처리한 결과로 대식세포에 지질이 잔뜩 들어있음을 알 수 있다. (제공 『흉부』)

한편 미 질병관리본부CDC는 2020년 2월 18일 업데이트한 페이지에서 대마초(마리화나)의 주성분인 THC와 산화방지제로 쓰이는 비타민E아세테이트를 유력한 원인 물질로 꼽았다. CDC는 "대다수 환자는 THC를 함유한 전자담배 제품을 흡연한 이력이 있다"며 "환자들이 쓴 제품과 환자들의 폐 검체에서 비타민E아세테이트가 검출됐다"고 언급했다. 그럼에도 다른 물질이 원인일 가능성을 배제할 수 없다고 덧붙였다.

THC가 원인이라면 대마초가 불법인 우리나라에서는 액상 전자담배로 인한 폐질환의 위험성을 걱정할 필요가 없다는 뜻이지만 만일 비타민E아세테이트나 용매, 향의 특정 성분이 원인이라면 남의 나라 얘기가 아니다. 전자담배를 피우는 사람들도 확실한 원인이 규명되기 전까지는 흡연을 자제하는 게 안전하지 않을까.

명상이 장수에도
도움이 될까

구슬이 서 말이라도 꿰어야 보배라는 말이 있다. 오늘날 빅데이터 시대에 더 와닿는 표현 아닐까. 데이터 더미에서 의미 있는 패턴을 찾아낼 수 있는 능력이 과학자의 성공 여부를 가르기 때문이다. 학술지 『네이처』 2019년 10월 17일자에는 이 일을 기막히게 해낸 과학자들의 놀라운 연구결과를 담은 논문이 실렸다.

미국 하버드대 의대 유전학과 브루스 양크너 Bruce Yankner 교수팀은 뇌에서 발현되는 유전자 가운데 수명과 관련된 종류를 찾는 프로젝트를 진행했다. 연구자들은 치매 같은 인지 장애 없이 사망한 노인들의 뇌 전두엽의 전사체(발현된 유전자 전체) 데이터를 나이대별로 살펴봤다(사망 직후 시료를 얻어 분석했다).

85세 이상인 장수 그룹과 80세 이하인 단명 그룹(노인 기준)으로 나눈 뒤 비교한 결과 신경 활동과 시냅스 기능에 관여하는 유전자들에서 뚜렷한 차이가 보였다. 장수 그룹에서 이들 유전자의 발현량이 현저히 낮았다. 반면 면역 기능에 관여하는 유전자의 발현량은 더 높았다.

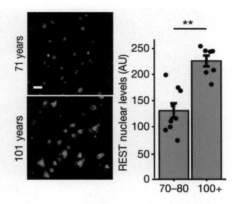

인지 장애가 없는 상태에서 사망한 노인의 뇌 조직을 분석한 결과 장수한 사람들에서 신경 활동을 억제하는 REST 단백질 수치가 높았다. 왼쪽 위는 71세, 아래는 101세에 사망한 사람의 전전두피질 이미지로 녹색 점이 표지된 REST 단백질이다. 오른쪽은 70~80세 사망 그룹과 100세 이상 사망 그룹의 평균 수치를 나타낸 그래프다. (제공 『네이처』)

면역력이 강해서 장수했다는 건 당연해 보이지만 신경계의 전반적인 활성이 떨어진 게 오히려 장수의 비결이라는 건 선뜻 이해가 되지 않는다.

흥분성 뉴런만 억제

사실 양크너 교수는 치매 분야의 대가로 지난 2014년 『네이처』에 알츠하이머병의 원인을 규명한 논문을 발표해 주목을 받은 바 있다. 노화에 따라 뇌의 조직에 유해한 자극이 늘어나면 우리 몸은 이에 대처하기 위해 REST(레스트)라는 단백질을 늘려 신경계를 보호한다는 것이다. 그런데 알츠하이머병인 사람들의 뉴런(신경세포)에는 REST 단백질의 수치가 낮았다. 흥미롭게도 알츠하이머병 초기에는 신경 활성이 오히려 높다.

연구자들은 수명에 따른 신경 활성 차이가 REST와 관련이 있을지도 모른다고 가정하고 알아봤다. 그 결과 장수 그룹의 뇌세포의 REST 수치가 단명 그룹보다 높다는 사실을 발견했다. REST 단백질은 다른 유전자의 발현을 조절하는 전사인자Transcription Factor, TF 로, REST 수치

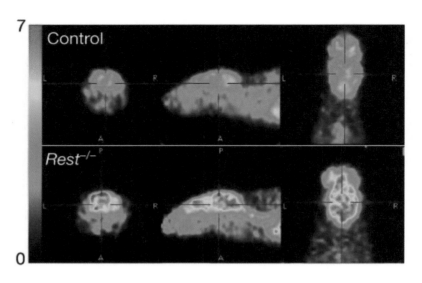

Rest 유전자가 고장난 생쥐(아래)는 정상 생쥐(위)에 비해 뇌의 전반적인 신경 활동이 더 활발하다. REST
가 있어야 신경 활동이 통제를 받는다는 말이다. 빨간색으로 갈수록 활동이 크고 파란색으로 갈수록 작다.
(제공 『네이처』)

가 높을수록 신경 활동과 시냅스 기능에 관련된 유전자의 발현이 더 많
이 억제됐다고 볼 수 있다.

실제 정상 생쥐와 REST의 유전자(Rest로 표기)가 고장난 생쥐의 뇌
활동 이미지를 비교해보면 후자의 신경 활동이 훨씬 더 크다. REST가
없어 억제를 받지 않기 때문이다.

특이한 사실은 흥분성 뉴런만이 REST의 영향을 받고 억제성 뉴런
은 영향을 받지 않는다는 점이다. 흥분성 뉴런은 신경 신호를 증폭시키
고 억제성 뉴런은 신경 신호를 약화시킨다. REST는 흥분성 뉴런을 억
제해 전반적인 신경 활동을 줄이는 것이다.

결국 Rest는 소위 '장수 유전자'의 하나인 셈이다. 실제 100세가 넘
어 사망한 사람들의 전두엽 REST 수치는 70대에 사망한 사람들의 수

치보다 두 배 가까이 됐다. 그렇다면 REST와 신경 활동성이 어떻게 수명에 영향을 미치는 것일까.

연구자들은 사람과 가까운 생쥐 대신 예쁜꼬마선충을 동물 모델로 써서 그 답을 찾기로 했다. 신경계의 구조가 단순해 분석하기가 훨씬 쉽기 때문이다. 실험결과 과도한 신경 활동이 DAF-16 단백질의 발현을 억제하는 것이 수명을 단축시키는 주요 경로로 밝혀졌다. 포유류에서는 FOXO(폭소)1이 선충의 DAF-16에 해당한다.

연구자들은 장수 그룹과 단명 그룹의 FOXO1 수치를 알아봤고 전자에서 FOXO1 수치가 더 높다는 사실을 발견했다. REST는 신경 활동을 억제하고 신경 활동은 FOXO1을 억제하므로 결국 REST가 FOXO1의 발현을 촉진하는 셈이다. 실제 Rest 유전자가 고장난 생쥐의 경우 노년기(18개월)의 FOXO1 수치가 정상 생쥐의 3분의 1로 밝혀졌다.

FOXO1 역시 전사인자로 대사 관련 유전자의 발현을 조절한다고 알려져 있다. 수명을 늘리는 대표적인 방법인 칼로리 제한 섭식을 한 생쥐에서 FOXO1 수치가 높아졌다는 연구결과도 있다.

항경련제가 수명 늘려

신경 활성이 낮아야 오래 산다면 이런 작용을 하는 약물, 즉 항경련제가 수명 연장제로 쓰일 수 있지 않을까. 실제 논문에는 항경련제를 예쁜꼬마선충에게 투여하자 수명이 늘어났다는 2005년 연구결과가 소개돼 있다.

연구자들도 예쁜꼬마선충에 흥분성 뉴런의 활동을 억제하는 네마디핀nemadipine를 투여해 정말 수명이 늘어나는지 알아봤다. 그 결과 20일이 채 안 되던 평균 수명이 25일 늘어났다. 2005년 항경련제 투여 실험과 비슷한 결과다.

연구자들은 "REST를 활성화하고 흥분성 신경 활동을 줄이면 노화를 늦출 수 있을 것"이라고 제안하며 논문을 마무리했다. 그런데 왜 항경련제를 노화 억제제로 쓰는 가능성은 언급하지 않은 걸까. 심혈관질환 위험성을 낮추기 위해 아스피린을 저용량(기존 알약의 5분의 1인 100 mg)으로 장기간 복용하듯이 노화를 늦추기 위해 항경련제를 저용량으로 쓸 수는 없는 걸까.

그러고 보면 2005년 항경련제가 예쁜꼬마선충의 수명을 늘린다는 놀라운 연구결과가 발표된 뒤 생쥐를 대상으로 효과를 본 실험을 했을 것 같은데 어떻게 된 건지 검색해봐도 나오지 않는다. 생쥐가 사람에 비해 수명이 훨씬 짧다지만 그래도 4~5년은 잡아야 할 연구라 진행할 엄두가 나지 않은 걸까. 어쩌면 지금 양크너 교수팀이 이 실험을 진행하고 있을지도 모르겠다.

설사 이 실험을 통해서 항경련제가 생쥐의 수명을 늘리는 효과가 있는 걸로 나온다고 해도 사람에 적용하기는 쉽지 않을 거란 생각이 든다. 항경련제가 부작용이 만만치 않은 약물이라 용량을 줄인다고 해도 장기간 복용할 경우 예상치 못한 결과가 나올 수 있기 때문이다.

명상이 신경 활동 정리해줘

그렇다면 일상생활에서 신경 활동을 줄이는 방법이 있을까. 얼핏 생각하면 일하는 시간을 줄이고 '멍때리는' 시간을 늘리면 될 것 같다. 그러나 우리가 깨어있는 이상 뇌는 활동을 하기 마련이고 이를 디폴트 모드 네트워크Default Mode Network. DMN라고 부른다. 멍때리고 있을 때도 우리 몸이 쓰는 전체 에너지의 20%가 뇌에서 소모되는 이유다.

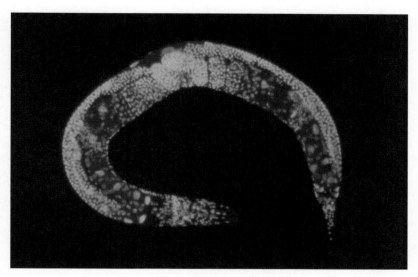

지난 2005년 미국 워싱턴대 케리 콘펠드 교수팀은 시판되는 여러 약을 예쁜꼬마선충(사진)에 투여해 수명에 미치는 영향을 조사한 결과 항경련제 에토숙시마이드(ethosuximide)가 수명을 17% 늘린다는 사실을 발견했다. (제공 미 국립인간게놈연구소)

특별한 일이 없음에도 뇌의 상당 부분이 켜져 있는 이유에 대해서는 예상치 못한 상황이 일어났을 때 빠르게 대응하기 위한 '예열' 상태라는 설명에서 자아성찰이나 창의성을 지원하는 회로라는 설명까지 다양하다. 아무튼 우리가 '나'라는 정체성을 갖고 살아가는 건 DMN이 작동하기 때문이라고 한다.

흥미롭게도 우리가 어떤 일을 하면 해당 네크워크가 켜지면서 DMN의 활동은 크게 떨어진다. 단순히 머리를 쓰느냐 안 쓰느냐로 뇌의 전반적인 활동도를 평가할 수는 없다는 말이다. 실제 에너지 소모량도 별 차이가 없다. 물론 한꺼번에 여러 가지 일을 하면(멀티테스킹) 뇌에 과부하가 걸릴 것이다.

학술지 『신경 가소성 Neural Plasticity』 2019년 4월 2일자에는 'DMN

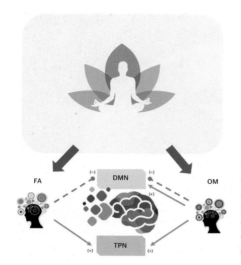

명상은 마음의 조절 능력을 높이는 정신 훈련이다. 명상은 여러 형태가 있는데 특히 집중명상(FA)과 마음챙김명상(OM)이 디폴트 모드 네트워크(DMN)를 억제하고 과제 관련 네트워크(TPN)를 활성화시켜 신경 활동이 안정적이고 효율적으로 이뤄질 수 있게 만들어준다. (제공 『신경 가소성』)

과 명상, 나이 관련 뇌 변화'라는 제목의 리뷰논문이 실렸다. 나이가 듦에 따라 DMN에 이상이 생길 가능성이 커지고 그 결과 신경퇴행성질환이나 정신질환이 발생할 위험성도 높아지는데 명상이 이런 경향을 막는 효과적인 방법이라는 내용이다.

앞서 언급했듯이 DMN은 자기정체성을 유지하는 데 꼭 필요하지만 부정적인 면도 있다. 예를 들어 내면에 몰입해 자전적 기억을 반추하는 DMN의 활동이 지나치면 우울증 같은 증상을 유발할 수 있다. 또 쉬고 있다가 어떤 과제를 시작하면 DMN이 꺼지고 일 관련 회로가 켜지는 전환이 일어나야 하는데 이게 제대로 되지 않을 경우 작업의 효율이 뚝 떨어진다.

그런데 나이가 들수록 DMN에 대한 통제력이 약화되는 경향이 있다. 그 결과 일을 해도 DMN의 활동이 일종의 잡음으로 계속 남아있다. 나이가 들수록 일을 할 때 집중하기가 점점 더 어려워지는 이유다.

수천 년 아시아에서 발명된 명상은 주의력이나 감정조절 같은 마음의 능력을 고양시키는 정신 훈련의 한 형태다. 최근 연구에 따르면 명상을 하면 뇌의 전반적인 신경 활동이 낮아지는데, 주로 DMN의 활동을 억제한 결과다. 특히 명상의 기초인 집중명상(호흡이나 신체 부위, 감각자극 등에 의식을 집중하는 명상법)은 DMN을 통제하는 데 탁월하다.

리뷰논문에서 저자들은 명상을 꾸준히 수행해 DMN의 활동을 억제할 수 있게 되면 일(목표지향과제)을 좀 더 효율적으로 할 수 있게 되고 우울증 같은 정신질환을 완화시키는 데도 도움이 될 것이라고 설명했다.

'REST의 신경 활동 억제를 통한 수명 연장' 논문에서는 '명상'이라는 단어가 한 번도 나오지 않지만 전반적인 신경 활동(주로 DMN)을 억제하는 명상이 수명을 늘리는 데에도 꽤 효과가 있을 것 같다는 생각이 든다. 물론 이를 증명한다는 것은 사실상 불가능하다. 동물실험을 전혀 할 수 없고(생쥐에게 명상을 가르칠 수는 없다!) 실험참가자를 명상 유무로 나눠 수십 년에 걸친 추적연구를 한다는 것도 현실성이 없기 때문이다.

그럼에도 이번 연구는 명상에 관심이 많지만 아직 해볼 결심을 하지 못한 사람들에게 강력한 동기부여가 되지 않을까.

고혈압 예방에 유산소운동이 좋은
진화론적 이유

이제 2019년도 보름이 채 안 남았다. 필자는 지인들과 점심을 하는 약식 송년 모임을 주로 갖는데 지난주 금요일에도 나이 지긋한 네 사람이 만났다. 그런데 내년에 환갑인 한 분이 최근 고혈압 진단을 받았다며 말을 꺼냈다.

수축기 혈압이 140mmHg로 고혈압 단계에 들어서 의사가 약을 복용하라고 권했다는 것이다. 이분은 생활습관을 개선해 낮춰보겠다고 했고 3개월을 지켜본 뒤 내려가지 않으면 복용하는 걸로 타협을 봤다. 그 뒤 운동을 하고 식사량과 소금 섭취를 줄이고 좋아하는 커피도 하루 한 잔으로 참았더니 다행히 혈압이 130 초반까지 내려갔다고 한다.

갈치조림이 너무 맛있어서 자기도 모르게 밥 한 그릇을 다 비웠다며 계면쩍게 웃더니 카페에서는 늘 마시던 아메리카노 대신 녹차를 시켰다. 부디 이런 변화가 이어져 이분 바람대로 내년에도 혈압약을 복용하지 않길 바란다며 다들 덕담을 나눴다.

사실 이 분의 경우는 전형적인 사례라고 할 정도로 나이가 들면서 고혈압이 되는 사람들이 많다. 최근에는 30~40대 청장년층에서도 고혈압인 사람들이 늘고 있다고 한다. 그 결과 우리나라 30대 이상 사람들 가운데 3분의 1이 고혈압이라고 한다.

모임을 마치고 집으로 가는 길에 문득 얼마 전 본 한 논문이 생각났다. 심장과 혈압의 관계를 진화의 관점에서 밝힌 연구결과로, 재미있을 것 같아 시간 날 때 읽어보려고 다운로드했는데 잊고 있었다. 귀가해 프린트해 읽으면서 그 심오함에 감탄했다.『미국립과학원회보』10월 1일자에 발표된 이 논문의 이론이 맞다면 오늘날 고혈압의 만연은 인간 심장이 침팬지화된 결과이기 때문이다. 이게 무슨 소리인가.

인간은 독특한 유인원

대형유인원(사람과科)의 진화 과정을 보면 공통조상에서 오랑우탄이 먼저 떨어져 나가고 그다음에 고릴라와 인간/침팬지 공통조상이 갈라졌다. 즉 인간은 오랑우탄은 물론 고릴라보다도 침팬지에 더 가깝다. 게놈서열 비교에 따르면 그렇다.

그럼에도 우리가 전혀 그렇게 생각하지 않는 건 불과 수백만 년 동안 인류가 독특한 진화를 겪었기 때문이다. 즉 다른 유인원들과는 달리 숲에서 벗어나 사바나를 돌아다니는 수렵채취 생활을 잘 할 수 있게 몸이 바뀌었기 때문이다.

유인원은 정적인 존재다. 예를 들어 침팬지는 하루에 걷는 거리가 4km가 안 되고 대부분의 시간을 먹거나 쉬면서 보낸다. 그럼에도 종종 엄청난 힘을 쓰는 행동을 한다. 나무를 오르거나 싸울 때다. 다 자란 침팬지는 장정 셋이 달라붙어도 쩔쩔맬 정도로 근력이 엄청나다.

반면 인간은 동적인 존재'였다'. 수렵채취인은 하루에 9~15km를

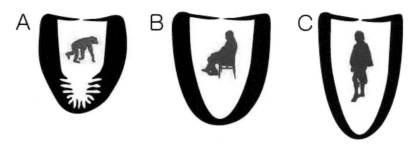

침팬지(왼쪽)와 사람(오른쪽)은 심장(좌심실) 구조가 꽤 다르다. 이는 인류의 조상이 수렵채취인이라는 새로운 생활양식을 선택한 결과다. 그러나 정적인 생활을 하는 사람은 심장이 침팬지화 돼 벽이 두꺼워지고 용량이 줄어든다(가운데). 침팬지 좌심실 아래에 비대해진 근육이 섬유화된 조직인 육주가 묘사돼 있다. (제공 『미국립과학원회보』)

이동해야 했는데 2~4시간은 걷거나 땅을 파는(뿌리를 캐기 위해) 중간 강도의 지구력 활동을 했고 20~72분은 뛰는 고강도의 지구력 활동을 했다. 또 하루 3~6시간은 식사를 준비하는 것 같은 저강도의 지구력 활동을 했다. 한마디로 늘 분주해야 먹고 살 수 있었다. 농사를 짓게 된 뒤에도 인구 대부분에서 상황은 그다지 변하지 않았다.

　그러나 산업화가 진행되면서 오늘날은 소수의 사람만이 이런 생활을 하고 있고 다수는 침팬지 이상으로 정적인 삶을 살고 있다. 나무를 탈 일은 없으니 말이다(물론 오를 수도 없지만).

　아무튼 몸은 수백만 년에 걸쳐 열대지역 수렵채취인의 삶에 맞게 적응했고 그 결과는 근육과 털, 땀샘에서 쉽게 볼 수 있다. 즉 순간적으로 큰 힘이 필요한 유인원은 속근fast muscle 위주인 반면 지구력이 필요한 인간은 지근slow muscle 의 비율이 높다. 또 지속적인 활동으로 발생하는 열을 효율적으로 발산하기 위해 털이 사라지고 전신에 땀샘이 고밀도로 분포한다. 반면 유인원은 털북숭이에 땀샘의 밀도도 낮다. 침팬지가 수렵채취 동물로 살려다간 얼마 못 가 체온조절에 실패해 사경을 헤맨다는 말이다.

좌심실 길쭉하고 벽 두께 얇아져

브리티시컬럼비아대를 비롯한 캐나다와 미국, 영국, 콩고의 공동연구자들은 인간의 심장도 독특한 행동에 맞춰 다른 유인원의 심장과는 다르게 진화했는지 알아보기로 했다. 그리고 최근 100여 년 사이 유인원보다도 더 정적인 생활을 하게 된 변화가 심장에 어떤 영향을 미쳤는지도 살펴봤다.

연구자들은 젊고 건강한 침팬지 43마리(평균 21살)와 사람 164명(평균 25살)을 대상으로 심장의 구조와 기능에 관한 데이터를 얻어 분석했다. 사람은 생활양식에 따라 네 그룹으로 나뉜다. 즉 수백만 년에 걸친 진화에 맞게 살아가는 자급자족(생필품을 스스로 조달하는) 농민 그룹(멕시코 타라우마라 Tarahumara 족 42명)과 정적인 생활을 하는 그룹(미국인 40명. 이하 도시인), 90일 동안 강도 높은 장거리 달리기 훈련을 받은 그룹(42명)과 미식축구 수비수 linemen 훈련을 받은 그룹(40명)이다.

평균 수축기 혈압은 침팬지가 138이고 사람이 116으로 꽤 차이가 났다. 사람을 그룹별로 보면 자급자족 농민이 113, 도시인이 115, 장거리 선수가 110으로 비슷했고 미식축구선수만 127로 다소 높았다.

미식축구 수비수는 돌진하는 상대 공격수에 맞서 순간적인 힘을 내 온몸으로 막아내는 역할을 하므로 훈련도 저항(근력)운동 위주다. 한마디로 침팬지의 행동 양식에 가깝다. 따라서 혈압도 침팬지화됐다고 볼 수 있다. 반면 정적이면서 힘쓸 일이 없는 도시인은 혈압이 높지 않다. 아마도 실험참가자들이 건강한 젊은이(평균나이가 27세)이기 때문일 것이다.

그런데 심장의 구조를 살펴보자 자급자족 농민과 도시인 사이에 뚜렷한 차이가 드러났다. 먼저 심장의 구조를 잠깐 들여다보자. 포유류의 심장은 네 개의 구획으로 나뉘는데, 혈액이 들어오는 곳은 심방이고 내보내는 곳은 심실이다. 이를 혈액의 흐름에 따라 살펴보자.

몸을 돌며 산소를 내놓고 이산화탄소를 실은 정맥혈이 우심방으로 들어온 뒤 우심실로 건너가 폐로 이동한다. 기체 교환을 통해 산소를 머금은 동맥혈로 바뀌어 좌심방으로 들어오고 좌심실로 건너가 다시 온몸으로 이동한다. 이때 좌심실은 피를 내보내기 위해 강하게 수축해야 하고 그 진동이 동맥 전체로 퍼진다. 한의사가 심장이 아닌 손목으로도 맥을 짚을 수 있는 이유다.

동맥혈은 좌심실에서 동맥, 세동맥을 거쳐 모세혈관에 이르러 주변 조직에 산소를 내놓고 이산화탄소를 흡수해 정맥혈로 바뀌어 세정맥, 정맥을 거쳐 우심방으로 들어가 위의 주기가 반복된다.

흔히 심장을 펌프에 비유하므로 심장의 주인공은 좌심실인 셈이다. 흥미롭게도 침팬지와 사람(진화에 맞는 삶을 사는)은 좌심실의 구조가 꽤 다르다. 침팬지의 좌심실은 용적이 작은 대신 벽이 두껍다. 그리고 육주apical trabeculation 라고 부르는, 근육이 비대해져 섬유화된 조직이 보인다. 반면 사람의 좌심실은 용적이 큰 대신 벽이 얇고 위아래로 약간 길쭉하다.

이런 차이는 좌심실이 낼 수 있는 압력과 혈류량의 차이로 이어진다. 즉 침팬지는 높은 압력으로 수축할 수 있지만 한 번에 내보내는 피의 양은 적은 반면 사람은 압력이 좀 떨어져도 한 번에 내보내는 양은 많다. 고릴라의 심장 구조가 침팬지와 비슷하므로 이런 차이는 침팬지와 사람의 공통조상이 사람으로 진화하는 과정에서 심장 구조가 바뀐 결과라고 볼 수 있다.

침팬지의 좌심실이 고압 저용량인 건 피를 보내야 하는 동맥의 압력이 높기 때문이다. 즉 순간적인 힘을 낼 때 세동맥이 좁아지면서 치솟는 동맥의 압력 이상의 압력을 내지 못하면 피를 내보낼 수 없다. 좌심실이 수축할 때 들어가는 힘(벽의 장력)은 압력과 내부 공간의 반지름의 곱에 비례하므로 압력이 높아지려면 용량이 줄어들 수밖에 없다.

반면 사람은 오랜 시간 육체적 활동을 해야 하므로 혈류량(1회 분출량에 심박수를 곱한 값)이 커야 지속적으로 다량의 산소를 공급할 수 있다. 그 결과 좌심실이 내는 힘에서 압력을 희생하는, 즉 벽이 얇아지는 쪽으로 진화했다. 그리고 이에 맞춰 동맥의 압력도 낮게 조정됐고 대신 근육이 왜소해졌다.

우리가 측정하는 혈압은 동맥의 압력 변화다. 혈압을 결정하는 주된 요인은 전체 혈액량과 혈류저항이다. 순대에 속을 꽉 채우면 탱탱해지듯이 혈액량이 많아지면 혈관의 압력이 높아질 수밖에 없다. 짜게 먹는 게 고혈압을 유발하는 이유다(삼투압 때문에 물이 유입돼 혈액량이 늘어나므로).

한편 좌심실에서 동맥으로 들어온 피가 제때 빠져나가지 않으면 동맥에 피가 늘어나 역시 혈압이 높아진다. 이를 혈류저항이라고 부르는데 세동맥, 즉 가는 동맥의 영향이 60%를 차지한다. 어떤 이유로 세동맥이 좁아지면 고혈압이 된다.

정적인 생활하면 심장 구조 달라져

그렇다면 문명 이전에는 존재하지 않은 삶을 사는 도시 젊은이의 심장 구조는 어떨까. 이들의 혈압은 아직 자급자족 농민과 차이가 없지만 심장의 구조는 자급자족 농민과 침팬지의 중간 형태였다. 즉 침팬지의 좌심실 벽 두께가 3.76mm이고 수렵채취인의 벽 두께가 2.64mm인 반면 도시인은 3.23mm였다.

한편 19~20세 청년 82명 가운데 90일 동안 고강도로 장거리 육상(수렵채취인 생활양식) 훈련을 받은 그룹은 좌심실 두께가 2.74mm로 자급자족 농민과 비슷했지만 미식축구 수비수(침팬지 생활양식) 훈련을 받은 그룹은 두께가 3.72mm로 도시인을 넘어 침팬지에 육박했다.

이에 대해 연구자들은 사람의 심장은 유전자뿐 아니라 환경에 따라 구조가 결정되는 유연한 장기라고 설명했다. 이를 '표현형 가소성 phenotype plasticity'이라고 부른다. 즉 느긋하다가도 종종 큰 힘을 쓰는 침팬지처럼 살면 침팬지의 좌심실에 가까운 구조가 되고 평소 몸을 쓰며 살면 사람 본연(수렵채취인)의 구조가 되고 정적으로 살면(도시인) 그 중간이 된다는 것이다.

한편 근육이 순간적으로 큰 힘을 쓰는 일이 반복될수록 심장뿐 아니라 혈관(동맥)도 높은 압력에 견딜 수 있게 점점 딱딱해지면서 혈압이 더 높아지는 악순환이 일어난다. 그 결과 나이가 들수록 고혈압이 심해진다. 정적인 생활 역시 혈관의 퇴행을 불러와 혈압이 높아진다.

반면 평소 몸을 움직이는, 즉 유산소운동을 많이 하는 사람에서는 이런 일이 일어나지 않는다. 꾸준한 유산소운동은 세동맥의 성장을 촉진하고 탄력성을 유지해 혈류저항이 커지지 않게 한다.

실제 구성원 대다수가 농사를 짓는 타라우마라족 103명(14~94세)과 대다수가 정적인 생활을 하는 미국인 3,495명(8~80세)의 나이에 따른 혈압 분포를 보면 타라우마라족은 차이가 거의 없는 반면 미국인은 나이가 들수록 혈압이 높아지는데 50대에 침팬지(젊은 성체) 수준에 이른다.

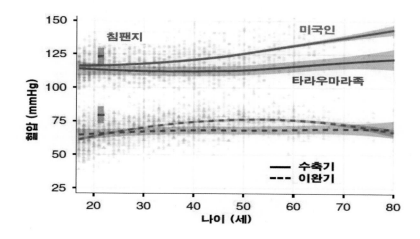

평생 몸을 쓰며 살아가는 자급자족 농민인 타라우마라족 사람들은 나이가 들어도 수축기 혈압이 거의 높아지지 않는다(파란 선). 반면 다수가 정적인 생활을 하는 미국인들은 50대에 젊은 침팬지 수준(왼쪽 빨간색)이 되고 그 뒤로도 상승세가 이어진다(녹색 선). (제공 『미국립과학원회보』)

사람이 침팬지보다 오래 사는 이유

논문 말미에서 연구자들은 흥미로운 가설을 하나 내놓았다. 사람이 침팬지보다 수명이 긴 주된 이유가 심장 구조와 혈압의 변화라는 것이다. 즉 순환계가 지구력이 필요한 삶에 적응하면서(물론 수렵채취인 얘기다) 혈압이 다소 떨어졌고 나이가 들어도 높아지지 않게 되면서 심장이나 혈관 문제로 죽을 위험성이 크게 줄었다. 반면 침팬지를 포함해 대다수 포유동물은 원래 다소 높았던 혈압이 나이가 들수록 더 높아지면서 심혈관계에 문제가 생겨 일찍 죽는다고 한다.

영장류는 덩치가 비슷한 다른 포유류보다 50%쯤 더 오래 살고 유인원은 다른 영장류, 즉 원숭이보다 역시 50% 정도 더 오래 산다. 그리고 인간은 다른 유인원보다 또 50%를 더 산다. 공통조상에서 침팬지와 갈라진 게 약 600만 년 전이므로 이 사이에 이런 차이가 생겼다고 볼

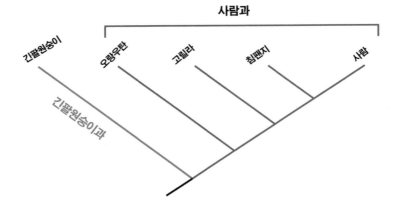

유인원의 계통수. 먼저 소형유인원인 긴팔원숭이과(hylobatids)와 대형유인원인 사람과(hominids)로 갈라진 뒤 사람과의 공통조상에서 오랑우탄(Pongo), 고릴라 계열이 나뉜 뒤 약 600만 년 전 침팬지(Pan)와 사람(Homo)이 결별했다. 그럼에도 유독 사람만 50%가량 더 오래 사는 건 독특한 생활방식에 맞춰 심장과 혈압이 진화한 결과의 부수적인 효과라는 해석이 최근 나왔다. (제공 『네이처 교육지식』)

수 있는데, 그 주된 원인이 심장과 혈압의 변화라는 것이다.

지속적인 중간 강도의 지구력 신체 활동, 즉 유산소운동이 심장의 구조에 영향을 주고 혈압을 안정적으로 낮게 유지할 수 있게 해 그 결과 수명이 늘어났다는 시나리오다.

이번 연구로 밝혀진 심장 구조의 표현형 가소성은 이런 진화의 역사를 반영한다. 이전까지는 심장이 두꺼워지는 게 동맥의 혈압이 높아지는 데 대한 대응이라고 여겨졌다. 그런데 아직은 정상 혈압인, 정적인 생활을 하는 젊은이의 심장이 이미 침팬지화가 진행된 것으로 드러났기 때문이다.

필자가 지난주 금요일에 만난 지인처럼 처음 고혈압으로 진단돼 약을 먹으라는 권고를 받으면 많은 사람들이 주저하기 마련이다. 심지어 평생 약을 먹게 해 돈을 벌려는 제약업계의 음모라며 강한 거부감

수컷 고릴라로는 처음 수화를 할 줄 알았던 마이클(Michael, 사진)은 지난 2000년 27살 한창 나이에 비대성 심근증으로 죽었다. 마이클의 단짝이자 수화를 유창하게 구사했던 암컷 고릴라 코코(Koko)는 47살인 2018년 자다가 죽었다(자세한 설명은 없으나 심장마비로 보임). 사람을 제외한 포유류는 굶주림이나 천적을 피해 용케 살아남아도 몸이 노쇠하기 전에 심혈관계질환으로 죽을 가능성이 높다. (제공 고릴라재단)

을 보이기도 한다. 물론 고혈압 입구에 막 들어선 상태에서 생활습관을 바꿔 다시 혈압을 낮췄다면 약을 먹을 이유는 없다. 그러나 지속적으로 140을 넘는다면 약을 먹는 게 나을 것이다.

미국 텍사스대 디 언그로브 실버톤Dee Unglaub Silverthorn 교수가 쓴 대학 교재 『생리학』을 보면 수축기 혈압이 20 높아질 때마다 심혈관계질환이 생길 위험성이 2배 높아진다고 한다. 즉 135이면 이미 115의 2배라는 말이다. 만일 175라면 115의 8배가 된다. 이때 혈압약을 복용해 135까지만 낮춰도 위험성을 4분의 1로 뚝 떨어뜨릴 수 있다는 말이다.

의사 출신인 조선일보 김철중 의학전문기자는 지난 2013년 출간한 책 『내망현』에서 오늘날 인류의 수명이 늘어난 데는 혈압약을 비롯한 약물이 큰 기여를 했다고 평가했다. 즉 정적인 생활과 칼로리 및 소금 과다섭취로 침팬지화된 심장과 혈압 패턴으로 들어간 사람들이 약물의 힘으로 어느 정도 수렵채취인에 가깝게 되돌릴 수 있었고 그 결과 장수하게 된 것이다.

물론 가장 좋은 방법은 어릴 때부터 수렵채취인과 비슷한 삶을 살아가는 것이다. 유감스럽게도 우리나라 교육풍토에서는 어려운 일이다. 따로 운동할 시간을 내기 어려운 사람들은 가까운 거리는 걸어 다니고 저층일 경우 계단을 오르내리는 습관을 들이는 게 어떨까. 그리고 심장과 혈압을 생각한다면 헬스장에서도 저항(근력)운동보다 유산소운동에 좀 더 신경을 쓰는 게 좋을 것이다.

몸이 게을러지려고 할 때마다 내 왼쪽 가슴에 침팬지의 심장이 뛰고 있다고 상상해 보라는 건 좀 잔인한 제안일까.

Part 4

신경과학 · 심리학

침과 맛

초중고에서 대학원까지 그 많은 수업을 들었음에도 특별히 기억에 남는 장면이 없다. 지적인 깨달음의 순간이 한 번도 없었던 것일까. 그런데 가끔 선생님들이 딴 길로 새서 들려준, 수업과 무관한 이야기들 가운데 몇 가지는 지금도 생생하게 기억에 남아있다.

대학교 2학년 때 들은 분석화학 시간도 그런 경우로 교수님의 강의 내용은 하나도 생각이 나지 않지만, 어느 날 들려준 얘기가 깊은 인상을 남겼다. 교수님이 짜장면을 드시면 어느 순간 그릇의 짜장 소스가 녹아 국물이 된다는 것이다. 교수님은 "내 침에는 아밀라아제가 많은 것 같다"며 "짜장면을 먹다가 흘러 들어간 침에 들어있는 아밀라아제가 소스를 걸쭉하게 만들어주기 위해 넣은 전분(녹말)을 분해해 점도를 떨어뜨려 물처럼 된 것"이라고 설명했다.

이 분이 워낙 실감나게 얘길 하셔서 듣는 동안 그 상황이 그려지다 보니 비위가 꽤 상했다. 그러면서도 '과연 그럴까?'라고 반신반의했다. 중국집에서 식사를 하다 보면 문득 이 얘기가 떠오를 때가 있는데, 그러면 나도 모르게 주위에서 짜장면을 먹고 있는 사람들의 그릇을 슬쩍 훔쳐보곤 했다.

침 속 아밀라아제 활성 차이 수백 배

지난 2010년 학술지 『플로스 원』에는 침 속 아밀라아제의 양과 입안 음식의 녹말 지각에 대한 연구결과가 실렸다. 결론부터 말하면 분석화학 교수님이 들려준 짜장면 에피소드는 사실일 가능성이 높다.

침에는 녹말을 소화하는 효소인 아밀라아제가 들어있는데 사람에 따라 농도 차이가 크다고 한다. 여기에는 두 가지 요인이 있다. 먼저 아밀라아제 유전자^{AMY1}의 복제수 차이로, 적게는 게놈에 2개뿐인 사람에서 많게는 15개까지 지닌 사람도 있다. 다음으로 유전자 발현의 차이다. 평소 녹말이 풍부한 음식을 즐겨 먹으면 아밀라아제 유전자의 발현이 높아진다.

그 결과 개인에 따라 침 속 아밀라아제 효소의 활성은 수백 배까지 차이가 난다. 논문에서 실험참가자를 조사한 결과를 보면 평균 93U(단위)로, 최저 1에서 최고 371에 이른다.

이처럼 효소 활성 차이가 크다 보니 똑같은 음식을 씹어도 느낌이 크게 다르다. 즉 침 속 아밀라아제의 활성이 큰 사람들은 탄수화물이 풍부한 음식을 입에 넣고 씹는 순간부터 급격하게 녹말이 분해돼 점도가 빠르게 떨어지면서 음식이 더 맛있게 느껴지고 더 많이 먹게 된다. 입안에서 음식이 녹아내려 점도가 떨어지는 현상은 다른 음식에서도 선호도를 높인다. 대표적인 예가 초콜릿과 아이스크림이다.

이처럼 음식의 맛은 단순히 혀의 미뢰에 분포한 미각수용체의 작용에 의해서만 결정되는 건 아니다. 미각수용체의 분포밀도나 유전형

침 속 아밀라아제 농도는 개인차가 수백 배에 이
른다. 아밀라아제 농도가 높은 사람들이 짜장면을
먹다 보면 그릇에 남아있는 소스가 물처럼 될 수
도 있다. (제공 아사달/공유마당)

차이로 미각의 민감도에 개인차가 있듯이 침 속 소화효소의 차이도 음
식 맛에 큰 영향을 미칠 수 있다(위의 경우는 촉각을 통해). 그런데 최근
에는 침이 더 다양한 방식으로 맛의 지각에 관여한다는 연구결과들이
잇달아 나오고 있다. 심지어 침의 조성이 미각에 대한 민감도까지 영향
을 미치는 것으로 밝혀졌다.

커피가 별로 쓰게 느껴지지 않는 이유

학술지 『화학감각』 2019년 6월호에는 쓴맛에 자주 노출될 경우 쓴
맛에 둔감해지는 현상이 침의 단백질 조성변화 때문이라는 연구결과가
실렸다.

술이나 커피를 처음 맛본 사람(보통 어린이)은 쓴맛에 얼굴을 찡그
린다. 그런데 몇 번 먹다 보면 어느새 쓴맛은 잘 못 느끼고 맛있다고 느
낀다. 필자 역시 커피를 안 마셨을 때는 설탕을 넣지 않고 마시는 사람

맥주에는 타닌산을 비롯해 쓴맛을 내는 성분이 꽤 들어있지만 자주 마시다 보면 어느새 쓴맛에 둔감해진다. 타닌산과 결합하는 침단백질의 농도가 높아지기 때문이다. (제공 김순식/공유마당)

을 보면 '저 쓴 걸 왜 마시지?'라며 의아해했지만, 지금은 커피를 내릴 때도 원두를 더 많이 갈아 점점 진하게 마시는 경향이 있다(물론 설탕은 넣지 않고).

이런 현상에 대해 필자는 커피를 마신 뒤의 보상, 즉 카페인의 각성효과가 커피 쓴맛의 불쾌함을 잊게 하는 심리적 효과라고 생각하고 있었다. 그런데 막상 쓴맛 민감도를 실험해보니 쓴맛에 자주 노출되면 쓴맛에 대한 역치가 올라가는, 즉 둔감해지는 것으로 밝혀졌다. 심리적인 현상이 아니라 생리적인 현상이라는 말이다.

미국 버팔로대 심리학과 앤-마리 토레그로사[Ann-Marie Torregrossa] 교수팀은 그 이유가 침의 조성변화에 있을지도 모른다고 가정하고 이를 확인해보기로 했다. 연구자들은 쥐의 먹이에 쓴맛이 나는 분자인 타닌산(3%)과 퀴닌(0.375%)을 섞어 제공했다. 다른 먹을 게 없었기 때문에

쥐들은 참고 먹을 수밖에 없다.

이렇게 2주를 먹인 뒤 두 분자에 대한 쓴맛 민감도를 조사하자 예상대로 먹이를 먹기 전보다 훨씬 둔감해졌다. 연구자들은 식이 실험을 시작하기 전에 채취한 침과 끝낸 뒤 얻은 침을 분석해 조성을 비교했다. 그 결과 특정 침단백질 농도가 달라졌다. 침에는 아말라아제 같은 소화효소뿐 아니라 수백 가지 단백질이 존재하는데 이를 아울러 침단백질 salivary protein 이라고 부른다.

침을 분석한 결과 7가지 침단백질의 농도가 높아졌다. 침단백질의 조성이 쓴맛에 대한 민감도와 관련돼 있다는 몇몇 연구결과가 있었지만 동일한 개체에서 쓴맛에 한동안 노출된 전후 침단백질의 조성이 바뀐다는 결과는 처음이다. 그렇다면 침단백질은 어떻게 쓴맛 민감도에 영향을 주는 걸까.

2018년 연구자들은 침단백질이 고삭신경의 활성에 영향을 미친다는 사실을 발견했다. 고삭신경 chorda tympani nerve 은 미각을 전달하는 안면 신경이다. 즉 퀴닌 용액에 침단백질을 넣은 뒤 혀에 떨어뜨리면 고삭신경의 반응이 약해졌다. 쓴맛에 대한 민감도가 떨어졌다는 말이다.

그런데 왜 쓴맛에 자주 노출되면 쓴맛에 둔감해지는 걸까. 진화생물학에 따르면 쓴맛은 먹이에 독이 들어있을 수 있다는 경고인데 말이다.

연구자들은 쓴맛에 자주 노출될 때 발현이 증가하는 침단백질의 역할 가운데 하나가 쓴맛 분자와 결합해 소화 과정에서 흡수되는 걸 방해하는 것으로 추정했다. 실제 여러 식물성 음식(맥주, 와인, 녹차, 견과류 등)에 들어있는 타닌산은 침단백질과 결합된 상태로 소화기에서 흡수되지 않고 빠져나간다.

즉 우리 몸은 음식에 들어있는 독소를 어느 수준까지는 침의 조성을 바꿈으로써 처리할 수 있다는 말이다. 이런 음식을 반복적으로 먹게 되면 특정 침단백질 유전자의 발현량이 늘어나고 해독 능력이 늘어남과 동시에 쓴맛에 둔감해지는 것이다.

연구자들은 이번 결과가 비만의 만연을 유발한 현대사회의 잘못된 식생활을 개선하는 데 도움이 되기를 희망했다. 채소를 많이 먹으면 건강에 좋다는 것은 잘 알지만 제대로 실천하지 못하는 이유 가운데 하나는 맛이 쓰다는 것인데, 며칠 꾹 참고 먹다 보면 어느새 쓴맛이 덜 느껴지게 될 수 있기 때문이다.

모쪼록 이번 실험결과가 건강 식단으로 바꾸려는 사람들에게 심리적인 도움이 되길 바란다.

에디슨이 4시간만 자도
버틸 수 있었던 이유

개인적으로 난 하루에 18시간 정도 일하는 걸 즐긴다.
밤에 평균 4~5시간을 자고 잠깐 낮잠을 잔다.

토머스 에디슨

밤잠을 설치게 하던 무더위도 지나가고 이제 아침저녁으로 제법 선선하다. 앞으로 두 달은 1년 가운데 잠자기 가장 좋은 때다. 그럼에도 많은 사람들이 이런저런 이유로 계절의 혜택을 누리지 못하고 여전히 수면 부족에 시달릴 것이다.

이는 우리나라만의 현상이 아니다. 미국의 경우 1942년 성인의 평균 수면 시간이 7시간 55분이었지만 두 세대가 지난 오늘날은 6시간 31분에 불과하다. 일본은 6시간 22분으로 약간 더 짧다.

만성 수면 부족은 다양한 부작용을 낳는다. 노화 가속이나 대사질환 위험성 증가 같은 건강문제에서 졸음운전 같은 사고 발생 증가, 생산성 저하 같은 경제 손실까지 한마디로 우리의 몸과 활동 전반이 전날 수면의 양에 영향을 받는 셈이다.

예를 들어 수면 시간과 교통사고 발생률의 관계를 보면 놀라울 정도다. 4~5시간밖에 못 잔 상태에서 운전을 하면 푹 잤을 때보다 사고 위험성이 4배로 늘어난다. 수면 시간이 4시간 미만일 때는 무려 11배로 급증한다. 밤새운 뒤에는 운전대를 잡아서는 안 된다는 말이다.

적정 수면 시간 개인차 커

따라서 오늘날 건강 지침은 하루 7~8시간은 잠을 자는 데 할애하라고 권하고 있다. 그럼에도 적정 수면 시간에 대한 한 가지 중요한 측면은 간과하고 있는 것 같다. 바로 개인차다. 즉 어떤 사람은 5~6시간이면 충분한 반면 어떤 사람은 9시간은 자야 몸이 거뜬하다. 이건 일회성이 아니라 지속적인 현상이다.

실제 사람들을 충분히 자게 한 뒤 다음날 각종 생리 수치나 수행 능력 평가를 해보면 수면 시간과 결과 사이에 별 관계가 없다. 즉 6시간을 잔 뒤 푹 잤다고 느낀 사람은 정말 충분히 잤다는 말이다.

잠의 기능이라는 관점에서 이런 개인차는 놀라운 현상이다. 즉 잠은 낮의 경험을 기억과 망각으로 편집해 정리하고 활동으로 쌓인 노폐물을 청소하는 시간인데 누구는 6시간이면 충분하고 누구는 9시간이나 필요하다는 말이기 때문이다.

똑같이 80년을 살 경우 하루 6시간을 자도 되는 사람은 평생 잠으로 보내는 시간이 20년인 반면(물론 어릴 때는 더 자겠지만 여기서는 무시한다), 9시간은 자야 하는 사람은 30년을 할애해야 피곤하지 않은 삶을 살 수 있다. 80년 인생에서 10년이면 꽤 큰 차이다.

개인의 적정 수면 시간 역시 다른 많은 기질 및 생리 특성과 마찬

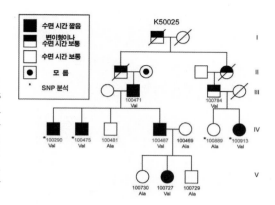

적정 수면 시간이 꽤 짧은 구성원이 포함된 가계 가운데 하나인 K50025를 분석한 결과 수면 시간이 평균보다 두 시간 정도 짧은 사람들(검은색)은 β1-아드레날린수용체 단백질의 187번째 아미노산이 발린(Val)인 변이형으로 밝혀졌다. 네모는 남성, 동그라미는 여성이고 빗금은 사망자다. (제공『뉴런』)

가지로 유전적 영향이 큰 것으로 알려져 있다. 즉 부모가 잠을 덜 자는 편이라면 자녀도 그럴 가능성이 높다는 말이다. 오늘날처럼 할 일도 많고 놀 것도 많은 세상에서 이런 유전형인 부모를 만나는 것도 행운 아닐까.

수면 시간 2시간 줄인 유전자 변이 찾아

학술지『뉴런Neuron』 2019년 8월 28일자 온라인판에는 적정 수면 시간을 평균보다 두 시간이나 짧게 만든 유전자 변이를 찾았다는 논문이 실렸다. 미국 샌프란시스코 캘리포니아대 연구자들은 하루 4~6시간만 자도 푹 잤다고 느끼는 사람들이 포함된 가계들을 조사해 수면 유전자를 찾는 작업을 십수 년째 진행하고 있다.

그 결과 최근 한 가계에서 수면 시간이 짧은 사람들이 베타원-아드레날린수용체β1-adrenergic receptor 유전자의 특정 변이를 지니고 있음을 밝혀냈다. 10년 전 찾아낸 DEC2 유전자 변이에 이어 두 번째 발견이다.

이 변이로 유전자 발현 산물인 수용체 단백질의 187번째 아미노산이 알라닌Alanine, A에서 발린Valine, V으로 바뀌었다(이하 A187V로 표기). 이처럼 아미노산이 하나 바뀌면 단백질의 구조도 변하고 따라서 기능도 영향을 받는다. 그 결과 적정 수면 시간이 바뀌었다는 말이다.

물론 이 수용체의 변이와 짧아진 적정 수면 시간이 우연의 일치일 수도 있다. 연구자들은 이를 확인하기 위해 유전자편집 기술로 생쥐의 수용체 단백질을 A187V로 바꿨다(참고로 생쥐뿐 아니라 많은 포유류에서 해당 위치의 아미노산은 알라닌이다). 그 결과 변이 생쥐 역시 잠자는 시간이 한 시간 정도 짧아졌다. 둘의 관계가 우연의 일치는 아니라는 말이다. 그렇다면 수면과 관련된 β1-아드레날린수용체의 역할은 무엇일까.

아드레날린수용체는 카테콜아민 계열의 신경전달물질(아드레날린도 그 가운데 하나다)을 인식해 그 신호를 전달한다. 우리 몸에는 다섯 가지 아드레날린수용체(알파원α1, α2, β1, β2, β3)가 있다. β1-아드레날린수용체는 심장에 주로 존재해 심근의 수축력 증가를 유도하는 것으로 알려져 있다.

그런데 적정 수면 시간이 평균보다 두 시간이나 짧은 사람에서 이 수용체 유전자의 변이가 발견됐기 때문에 연구자들은 뇌에서 유전자 발현 패턴을 알아봤다. 그 결과 수면을 조절하는 부위인 뇌교pons에 있는 신경세포(뉴런)에 β1-아드레날린수용체 밀도가 높다는 사실을 발견했다. 따라서 이 수용체의 변이형을 지닌 사람은 카테콜아민의 신호에 다르게 반응해 그 결과 적정 수면 시간이 두 시간 정도 짧아졌다고 해석할 수 있다.

생쥐 뇌교의 β1-아드레날린수용체 뉴런의 활성을 조사하자 깨어 있을 때와 렘수면일 때는 활발했지만 비렘수면일 때는 조용했다. 렘수면REM은 잠을 잘 때 안구가 빠르게 움직이는 상태로 보통 꿈을 꿀 때다. 비렘수면NREM은 안구의 움직임이 없는 잠으로 1~4단계로 나뉘는

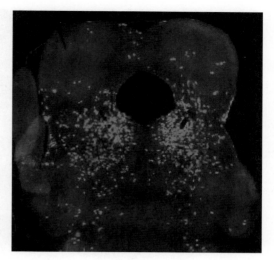

세포막에 β1-아드레날린수용체
가 있는 뉴런의 분포를 보여주는 뇌
의 단면으로 등쪽 뇌교(dorsal pons)
(빨간 점선)에 집중돼 있음을 알 수
있다. 뇌교는 잠의 조절과 관련된 부
위다. (제공 『뉴런』)

데 3, 4단계는 깊은 잠이다.

　β1-아드레날린수용체 변이형은 이 뉴런의 활성을 더 높이는 것으
로 밝혀졌다. 그 결과 적정 수면 시간이 짧아진 것으로 보인다.

10만 명에 겨우 네 명

　2009년에 이어 이번에 또 수면 시간 관련 유전자 변이가 밝혀졌지
만 두 유전자의 변이로 적정 수면 시간의 개인차를 설명하기에는 역부
족이다. 두 유전자 모두 변이형을 지닌 사람들이 드물기 때문이다.

　2009년 밝혀진 DEC2 유전자의 변이형은 한 가계에서 두 명만이
확인됐을 뿐 비교군으로 분석한 250명이 넘는 사람들 가운데 변이형을
지닌 사람이 한 명도 없었다. 이번에 발견한 β1-아드레날린수용체 유
전자 변이도 데이터베이스를 검색한 결과 10만 명에 네 명꼴인 것으로
밝혀졌다.

하루 18시간을 실험실에서 보내는 일중독자였던 토머스 에디슨의 눈에는 대다수 사람들이 게으름뱅이로 보였을지도 모른다. 그가 평생 초인적인 생활을 유지하며 1,000여 가지 발명을 할 수 있었던 건 짧은 수면 으로도 피로가 회복되는 체질 때문이 아니었을까. 여기에 실험대 위에서 잠깐씩 눈을 붙이는 습관도 도움 이 됐을 것이다. 1911년 64세 때의 모습이다.

그리고 지금까지 조사한, 적정 수면 시간이 짧은 구성원이 포함된 수백 가계 가운데 두 유전자의 변이를 공유한 곳은 없다. 즉 이들은 아 직 모르는 또 다른 이유로 수면 시간이 짧아진 것이다. 적정 수면 시간 연구는 이제부터가 시작 아닐까.

잠의 과학을 다룬 문헌에서 단골로 등장해 비난을 받는 사람이 발명 왕 토머스 에디슨이다. 전구를 발명해 인류가 만성 수면 부족으로 가는 길을 비췄을 뿐 아니라 잠을 충분히 자는 게 시간 낭비라는 그릇된 인식 을 심어줬기 때문이다. 실제 에디슨은 하루 4~5시간만 잤다고 한다.

그런데 그가 이렇게 자고도(물론 잠깐 낮잠을 자는 것으로 보충을 했 지만) 평생 왕성한 발명 활동을 했다는 건 하루 4~5시간 수면이면 충분한 유전형을 지녔기 때문 아닐까 하는 생각이 든다. 즉 적정 수면 시간의 개인차가 꽤 크다는 사실을 몰랐을 에디슨의 눈에 하루 8시간씩 자는 주변 사람들이 게을러 보였을 것이라는 말이다.

　　에디슨이 남긴 또 다른 말은 그가 수면 자체에 대해 부정적인 관점을 지니지 않았음을 보여준다. 이제 수면의 과학을 연구하는 사람들도 논문이나 책에서 에디슨을 비난하는 관행을 버려야 하지 않을까.

　　　　"내 최고의 아이디어들은 잠을 푹 잔 뒤에 나왔다."

LSD의 르네상스를
꿈꾸는 사람들

(사이키델릭을 통한) 신비로운 경험은 이중의 가치를 지닌다. 먼저 나 자신과 세계에 대해 더 잘 이해할 수 있게 해주고 또 하나는 자기중심적인 태도에서 벗어나 좀 더 창조적인 삶을 살 수 있게 도와주기 때문이다.

올더스 헉슬리

난 LSD를 통해 심오한 체험을 했어요. 정말 제 인생에서 중요한 경험이었지요. 사물에 숨어있는 새로운 면들을 봤거든요. (중략) 이제는 단순히 돈을 버는 것보다 좀 더 인간의 의식과 역사에 의미 있는 것들을 창조하는 작업을 하고 싶어요.

스티브 잡스

지난주 TV 뉴스를 보다 좀 놀랐다. 얼마 전 국내로 마약을 들여오다 걸린 전직 국회의원의 딸이 징역 5년을 구형받았다는 내용이다. 판사의 선고가 아니라 검사의 구형이므로 형이 확정된 건 아니지만 초범에 미성년자임을 감안하면 상당한 중형이다.[22] 대마초뿐 아니라 여러 마약을 들여왔고 특히 '강력한 환각제로 알려진' LSD가 포함돼 있는 게 결정적인 요인 같다.

작년(2018년) 여름 '그 책'을 읽지 않았다면 '별일이다'라며 혀를 차고 지나갔을 것이다. 필자 역시 LSD는 대마초와는 '급이 다른' 마약이라고 막연히 생각하고 있었기 때문이다. 그런데 그 책을 읽으며 깊은 충격을 받았고 어느 날 대학 학과 선배와 점심을 하다 책 내용을 얘기한 뒤 "과학카페에 서평 형식으로 소개하면 어떨까요?"라고 말했다가 "자제하는 게 낫지 않을까?"라는 조언을 듣고 접었다.

그런데 지난달 약학자 박성규 박사가 펴낸 책 『약국에 없는 약 이야기』를 읽다가 5장 '각성과 환각 그리고 행복'에서 LSD를 꽤 자세히 다루고 있는 걸 발견했다. 사실 작년 여름 필자가 읽은 책도 워낙 유명한 사람이 쓴 거라 작년 연말쯤이면 번역서가 나올 줄 알았는데 어찌 된 영문인지 아직도 소식이 없다.

책의 내용은 한마디로 '무시무시한 마약으로만 알고 있는 LSD가 재평가되고 있어 머지않아 명예(LSD는 등장 당시 기적의 치료제로 칭송받았다!)를 회복할 것이다'로 요약할 수 있다. 마약으로만 알고 있던 대마초의 추출물이 지난해 뇌전증(간질) 치료제로 미국식품의약국[FDA]의 승인을 받았다는 소식에 어리둥절했던 일이 조만간 LSD에서도 일어날 가능성이 높기 때문이다. 이번 구형을 계기로 우리나라 사람들이 입에 담기도 꺼리는 약물 'LSD'의 파란만장한 삶을 들여다보자.

---

22) 2019년 12월 10일 열린 재판에서 징역 2년 6개월에 집행유예 3년을 선고받았다.

환각제라는 표현 잘 안 써

지난해 봄 학술지 『사이언스』의 서평에 표지가 독특한 책이 소개됐다. 빛이 들어오지 않는 지하창고 안에서 위에 뚫린 창을 통해 파란 하늘을 바라보는 각도다. 그런데 제목만 봐서는 무슨 내용인지 짐작하기 어려워 페이지를 넘기려다 저자가 마이클 폴란^{Michael Pollan}인 걸 알고 멈췄다. 폴란은 과학과 꽤 관련이 있는 주제로 여러 책을 내 명성을 얻은 논픽션 작가다. 지난 2001년 펴낸 『욕망하는 식물』로 주목을 받았고 2006년 출간한 『잡식동물의 딜레마』가 대표작이다. 국내에 번역된 책만 8종이다.

주문한 책이 와서 좀 읽어보니 환각제의 과학을 다룬 이 책의 제목 『How to change your mind』에서 'mind'는 단순히 '마음'이나 '정신'으로 번역하는 것보다 '마음가짐' 또는 '인생관'이나 '세계관'으로 옮겨야 자연스러울 것 같다. 즉 환각제가 우리의 인생관을 바꿀 수 있는 이유를 과학으로 설명하고 본인의 체험을 포함한 다수의 임상 사례를 소개한 책이다.[23]

본격적으로 내용에 들어가기 전에 먼저 환각제라는 용어부터 정리해야겠다. 복용했을 때 지각과 의식을 변화시키는 LSD 같은 약물은 영어로 세 가지 이름으로 불린다. 즉 hallucinogen과 psychedelic, entheogen이다. 이 가운데 hallucinogen의 번역어가 환각제인데, 뜻밖에도 과학 문헌에서는 거의 쓰이지 않는다. 환각이 이런 약물의 작용 포인트가 아니라는 말이다.

entheogen은 '내면의 신^{entheos}'과 '일어나다^{genesthe}'의 합성어로 '영신제^{迎神劑}'로 번역된다. 박성규 박사는 책에서 이 용어를 채택했는데

---

23) 2021년 5월 『마음을 바꾸는 방법』이라는 제목으로 한글판이 나왔다.

미국 작가 마이클 폴란은 2018년 출간한 『How to change your mind』에서 환각제의 과학을 흥미진진하게 다뤘다. 2019년 10월 출간된 약학자 박성규 박사의 책 『약국에 없는 약 이야기』도 환각제를 비중 있게 다뤘다. (제공 강석기)

"내면의 무의식 속에 내재된 영적인 면모를 의식 표면 위로 일어나게 해주는 약"이기 때문이라고 설명했다.

　psychedelic은 폴란의 책과 대부분의 과학 논문에서 채택한 용어로, 그리스어 '정신psyche'과 '발현하다deloun'의 합성어다. 이런 약물에 관여한 과학이 화학과 신경과학, 심리학, 정신의학이므로 적절한 선택으로 보인다. psychedelic을 환각제로 번역하는 건 맥락을 벗어나는 것 같고 마땅한 번역어도 없어 그냥 '사이키델릭'이라고 부르겠다.

　폴란은 세 가지 일을 계기로 사이키델릭에 관심을 갖게 됐다. 베스트셀러 작가와 교수(버클리 캘리포니아대 언론학과)로 명성과 지위를 얻었지만(인세로 돈도 꽤 벌었을 것이다) 50대 중반을 지나면서부터 의욕을 잃고 매너리즘에 빠졌다. 우리 식으로 말하면 '남성 갱년기'다. 삶의 의미를 되찾아줄 무언가가 필요했다.

　그런데 어느 날 한 저녁 파티에 초대를 받았고 이 자리에서 뜻밖의 얘기를 듣는다. 저명한 심리학자인 또래의 여성이 "최근 LSD 여행(투약을 이렇게 표현한다)을 했다"며 "지적으로 자극을 받았고 연구에도 도움이 됐다"고 말했다. 즉 편견이나 기존 경험에서 자유로운 어린이의 마음을 체험했다는 것이다. 이 사람은 책 뒤에 나오는 버클리 캘리포니아대의 발달심리학자이자 철학자인 앨리슨 고프닉 Alison Gopnik 교수가 아닐까 한다(1955년 생으로 폴란과 동갑이다!).

그리고 문득 수년 전 받은 한 이메일이 떠올랐다. 아마도 『욕망하는 식물』을 읽은 사람이 폴란이 관심을 가질 것 같아 자기 논문을 보낸 것이다. 참고로 『욕망하는 식물』은 식물 네 종과 인간과의 공진화를 다룬 책으로 그 가운데 하나가 대마초다(나머지는 사과, 튤립, 감자).

당시 바빠 열어보지 않았는데 생각해보니 사이키델릭 실로시빈 psilocybin 에 관한 논문이었다. 휴지통에서 이 메일을 찾아 논문을 읽은 폴란은 깊은 인상을 받고 결국 사이키델릭의 과학을 주제로 책을 써야겠다고 결심한다.

우연히 효과 발견

이야기는 1938년 스위스의 제약회사 산도스의 연구실에서 시작한다. 이곳의 화학자 알베르트 호프만 Albert Hofmann은 맥각의 유효성분인 리세르그산(LSD는 원래 이 분자를 가리키는 약자다)의 구조를 변형한 일련의 화합물을 합성하는 연구를 진행했다. 리세르그산은 분만 후 출혈을 멎게 하는 효과가 있지만 독성이 컸기 때문이다.

호프만이 25번째로 만든 분자LSD-25 는 동물실험에서 탈락했다. 그런데 5년이 지난 1943년 4월 어느 날 호프만은 LSD-25의 구조가 떠오르며 이토록 아름다운 분자에는 뭔가가 있을 거란 예감에 다시 합성했다.

퇴근해 집 소파에 앉은 호프만은 환상적인 이미지가 만화경처럼 펼쳐지는 꿈 같은 상태를 경험한다. 실험을 하다 피부에 묻은 LSD-25가 흡수돼 이런 현상이 일어났을지도 모른다고 생각한 호프만은 다음

1938년 스위스의 화학자 알베르트 호프만이 LSD-25를 합성하면서 사이키델릭의 시대를 열었다. 호프만은 LSD를 '나의 말썽꾸러기 아이(my problem child)'라고 부르며, 1960년대 히피들이 LSD를 선택하면서 LSD가 몰락하게 된 과정을 아쉬워했다. 지난 2006년 그의 100세 생일을 기념해 스위스 바젤에서 열린 심포지엄에 참석했을 때의 모습이다. 호프만은 2년 뒤 102세에 사망했다. (제공 위키피디아)

날 자신을 대상으로 동물실험을 했다(당시 과학자들은 종종 이랬다).

치명적인 부작용이 있을지도 모르기 때문에 투여량을 차츰 늘린다는 계획을 짠 호프만은 1차로 보통 약물의 1000분의 1 수준인 250 μg (마이크로그램. 1 μg은 100만분의 1g)을 물 한 잔에 녹여 마셨다. LSD의 전형적인 투여량이 100 μg이므로 지금 생각하면 꽤 과량이다.

몸에 이상을 느낀 호프만은 조퇴하고 자전거를 타고 집으로 가는 길에 쓰러졌다. 의사가 다녀가고 몸이 회복돼 정원을 산책하던 호프만은 만물이 빛나고 세상이 새로 창조되는 듯한 놀라운 체험을 하면서 LSD-25가 마음에 심대한 영향을 미친다는 사실을 발견했고 정신의학 분야에서 무한한 잠재력이 있음을 예감했다.

1947년 산도스는 LSD-25를 '델리시드 Delysid'라는 상품명으로 내놓으며 요청하는 연구자와 의사들에게 나눠줬다. 1950년대와 60년대 세계 여러 곳에서 LSD(LSD-25가 유명해지면서 약자 LSD의 자리를 빼앗았다) 임상시험이 이어졌다. LSD는 각종 약물 중독, 우울증 등 다양한 정신질환에 탁월한 효과를 보이며 '기적의 신약'으로 불리게 된다.

한편 멕시코의 마자텍^{Mazatec} 인디언은 도취 상태에서 샤먼 의식을 치르는데, 1950년대 이들이 의식에 앞서 광대버섯의 일종인 실로시브 ^{Psilocybe} 버섯을 먹는다는 사실이 알려졌다. 수집가에게서 버섯을 받은 호프만은 1958년 유효성분을 분리하는 데 성공해 실로시빈^{psilocybin} 이라고 명명했다. 흥미롭게도 실로시빈의 구조는 LSD와 꽤 비슷했다.

22년 만에 임상연구 재개

그러나 영광은 잠시였다. 통제된 환경에서 의료인들이 치료제로 사용한 유럽에서와는 달리 미국에서 일반인들이 여흥으로 쓰면서 $^{recreational\ use}$ 응급실에 실려 가거나(호프만이 쓰러진 것처럼) 미친 사람처럼 행동하는 등 부작용이 속출하자 언론이 비판에 나섰다. 어차피 큰 돈도 안 되는(1회 투여량이 극소량이어서) LSD에 부담을 느낀 산도스는 1965년 미국에 공급하지 않겠다고 발표했고 이듬해에는 아예 생산을 중단했다.

여기에 미국의 베트남전 개입이 결정타가 됐다. 당시 베트남전 반대를 이끌던 히피들을 쓸어버릴 묘안을 찾고 있던 정부는 히피들이 반문화$^{counter\ culture}$의 상징으로, '의식을 좀 더 높은 단계로 확장하기 위해' 복용하는 LSD를 표적으로 삼았다.

LSD 불법화를 위해 CIA가 개입했고 LSD를 둘러싼 온갖 루머가 돌기 시작했다. 특히 LSD가 염색체 손상을 일으키고 복용한 임산부는

우리가 광대버섯이라고 부르는 독버섯에
는 환각제 성분이 들어있을 가능성이 높
다. 1958년 알베르트 호프만은 멕시코에
자생하는 광대버섯인 실로시브(사진)에서
유효성분을 분리해 실로시빈(psilocybin)
이라고 명명했다. (제공 위키피디아)

기형아를 낳을 위험성이 높아진다는 연구결과가 치명타가 됐다(물론
둘 다 조작된 결과다). 미국 정부는 1970년 LSD와 실로시빈을 1급 마약
으로 지정했고 이듬해 UN도 이를 지지하자 많은 나라들이 따랐다.

　　1977년 임상시험을 끝으로 미국에서 사이키델릭은 완전히 자취를
감췄다. 그럼에도 사이키델릭의 놀라운 효과를 경험한 심리학자와 의
사들은 이를 포기하지 않고 지하로 들어가 치료행위를 이어나가며 때
를 기다렸다.

　　그리고 마침내 1999년 존스홉킨스대의 연구자들은 실로시빈이 정
신에 미치는 영향을 알아보는 임상시험의 허가를 받아내는 데 성공했
다. 22년 동안의 암흑상태에서 한줄기 빛이 비춰진 것이다. 참고로 실
로시빈을 택한 건 세 글자를 보는 것만으로도 사람들에게 경기를 일으
키는 LSD를 쓸 경우 신청이 탈락할 가능성이 높기 때문이다.

　　2006년 폴란에게 온 이메일은 바로 이 연구에 참여한 치료사 로버

트 제시가 보낸 것으로, 결과를 담은 논문을 첨부했다. 연구자들은 일생일대의 기회를 놓치지 않기 위해 세심하게 연구를 설계해 진행하느라 시간이 꽤 걸렸다.

연구결과는 성공적이었고 사이키델릭의 치료제 가능성을 인정한 미국 보건당국은 환자를 대상으로 한 임상을 하나둘 승인했고 역시 긍정적인 결과가 나오자 2010년대 들어 본격적으로 여러 임상이 진행되고 있다. 특히 2018년 FDA가 기존 치료제가 듣지 않는 우울증 환자를 대상으로 한 실로시빈 요법을 지원하기로 해 주목을 받았다. 바야흐로 사이키델릭 요법의 르네상스가 시작되고 있는 셈이다. 그렇다면 사이키델릭은 뇌에서 어떻게 작용해 효과를 낼까.

뇌의 엔트로피를 높여줘

LSD와 실로시빈 분자의 구조를 보면 서로 꽤 닮았을 뿐 아니라 신경전달물질인 세로토닌의 구조와도 겹친다. 우리 몸에는 세로토닌의 신호를 받아들이는 수용체가 10가지나 되므로 그 작용도 다양하다.

LSD와 실로시빈은 주로 세로토닌 2A 수용체에 달라붙는 것으로 밝혀졌는데, 특히 LSD는 한번 붙으면 좀처럼 떨어지지 않는다. 실로시빈의 수백분의 1의 양으로도 비슷한 효과를 내는 이유다. 다만 이들 분자가 세로토닌 2A 수용체를 통해 어떻게 사이키델릭의 작용을 보이는가는 제대로 설명하지 못하고 있다.

영국 런던대 연구자들은 기능성자기공명영상fMRI 으로 실로시빈이 뇌 활동에 미치는 영향을 조사했다. 그 결과 실로시빈이 디폴트 모드 네트워크Default Mode Network, DMN 의 활동을 떨어뜨린다는 사실을 발견했다. DMN은 우리가 아무 일도 하지 않을 때 활성화된 영역으로 자아

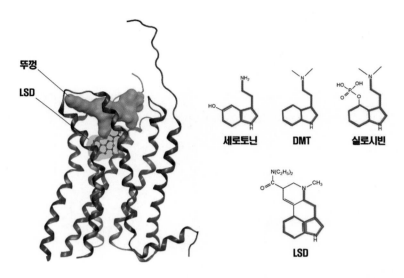

신경전달물질인 세로토닌과 사이키델릭 분자들의 구조에는 공통된 부분(굵은 붉은 선)이 있다. 그 결과 사이키델릭 분자들은 세로토닌 2A 수용체(왼쪽)에 달라붙어 작용한다. 특히 LSD는 수용체에 달라붙으면 잘 안 떨어져 극소량으로도 효과를 낸다. DMT는 디메틸트립타민으로 몇몇 식물과 버섯에서 발견되는 사이키델릭 분자다. (제공 박성규/MID)

정체성을 유지하는 역할을 한다.

인간의 뇌에서 가장 고도로 발달한 DMN은 흥미롭게도 아동 발달 후기에서야 본격적으로 작동한다. 뇌가 점점 복잡해짐에 따라 중심을 잡고 이를 총괄할 네트워크를 구축하는 쪽으로 진화한 것이다. 인간 성인의 뇌는 강력한 중앙 집권 국가인 셈이다. 그러나 이런 위계체계가 정립되면서 우리는 점점 자신의 내면에 몰두하게 됐고 그 결과 자연에서 분리되는 소외감을 느끼게 됐다.

그런데 실로시빈 같은 사이키델릭이 DMN을 약화시킴에 따라 자아가 해체되는 느낌과 함께 억눌려 있던 뇌의 다양한 영역들이 깨어나 외부 자극에 대한 감수성이 극도로 높아지면서 환각 현상이 일어나는 것이다. 사이키델릭의 투여량을 늘릴수록 진화를 거슬러 올라가 과거

먼 조상의 뇌 상태로 회귀한다고 볼 수도 있다.

연구자들은 2014년 학술지 『인간 신경과학의 경계』에 '엔트로피 뇌entropic brain'라는 흥미로운 개념을 제안했다. 엔트로피는 무질서도 degree of disorder를 나타내는 물리학 용어로, 연구자들은 뇌의 활동 패턴에 적용했다. 즉 DMN의 지배력이 클수록 뇌의 엔트로피가 낮아지고 그 극단이 우울증과 중독, 강박이라는 것이다. 반면 DMN의 영향력이 약화돼 뇌의 엔트로피가 높은 상태의 극단이 사이키델릭을 복용했을 때다.

사이키델릭이 우울증이나 중독에 효과가 탁월한 이유도 엔트로피 뇌 가설로 쉽게 설명할 수 있다. 그렇다면 실제 임상에서 얼마나 효과가 있을까. 폴란은 책 6장에서 세 분야로 나눠 소개하고 있는데 여기서는 순서를 바꿔 중독부터 설명한다.

약물 중독 치료에 효과 탁월

강력한 마약이라는 LSD는 중독성도 대단할 것 같은데 놀랍게도 중독성이 없고 오히려 다양한 약물 중독에 대한 탁월한 치료제임이 밝혀졌다. 중독이란 뇌가 특정 대상에 올인해 굳어진 상태로 자기파괴적인 증상이다. 이때 사이키델릭을 복용하면 뇌의 시야가 넓어지면서 중독된 대상에 절대적인 가치를 부여했던 기존 인식이 무너진다. 그 결과 중독 대상에 흥미를 잃게 돼 어렵지 않게 중독에서 벗어날 수 있다.

이런저런 시도를 했지만 금연에 성공하지 못한 15명을 대상으로 한 임상을 보면 실로시빈을 한 차례 투여하고 6개월이 지난 뒤에도 80%가 금연을 유지했고 1년 뒤에도 67%(10명)가 담배에 다시 손을 대지 않았다.

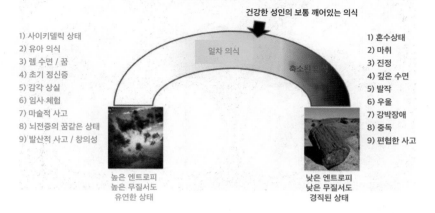

엔트로피 뇌 가설

건강한 성인의 보통 깨어있는 의식

일차 의식

축소된 의식

1) 사이키델릭 상태
2) 유아 의식
3) 렘 수면 / 꿈
4) 초기 정신증
5) 감각 상실
6) 임사 체험
7) 마술적 사고
8) 뇌전증의 꿈같은 상태
9) 발산적 사고 / 창의성

1) 혼수상태
2) 마취
3) 진정
4) 깊은 수면
5) 발작
6) 우울
7) 강박장애
8) 중독
9) 편협한 사고

높은 엔트로피
높은 무질서도
유연한 상태

낮은 엔트로피
낮은 무질서도
경직된 상태

2014년 영국 런던대의 로빈 카허트-해리스 박사와 동료들은 학술지『인간 신경과학 저널』에 발표한 논문에서 '엔트로피 뇌 가설'을 발표했다. 이에 따르면 사이키델릭 요법은 뇌의 엔트로피가 극단적으로 낮은 상태인 우울증이나 강박장애(OCD), 중독 환자들의 엔트로피를 끌어올림으로써 치료 효과를 낸다. (제공 『인간 신경과학 저널』)

2012년 학술지『정신약리학 저널Journal of Psychopharmacology』에는 1960~1970년대 수행된, 알코올의존증 환자를 대상으로 한 LSD의 효과를 본 논문들에 대한 메타분석 논문이 실렸다. 많은 환자에서 단 한 차례 투약(LSD 여행)만으로도 6개월까지 금주효과가 지속됐다. 연구자들은 논문에서 "알코올의존증에 대한 LSD의 유익한 효과에 대한 증거를 보면서 왜 그동안 이 치료법이 무시돼 왔는지가 궁금하다"고 묻고 있다. 물론 정말 그 이유를 몰라서 이런 표현을 쓴 건 아닐 것이다.

우울증 역시 사이키델릭에 대한 기대가 큰 분야다. 1980년대 혜성처럼 등장한 세로토닌 재흡수억제제SSRI 항우울제의 효과가 거품이었고 부작용이 크다는 사실이 점점 명확해지면서 우울증의 심각성이 갈수록 커지고 있다. 유럽의 경우 우울증 환자가 4,000만 명에 이르고 이 가운

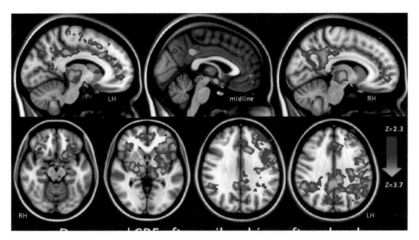

실로시빈을 투여한 사람의 fMRI 데이터로 디폴트 모드 네트워크(DMN)의 혈류량이 크게 줄었음을 알 수 있다(파란색). 그 결과 뇌의 엄격한 통제 시스템이 느슨해지며 감각의 확장과 함께 자아가 해체되는 경험을 하게 되는 것으로 보인다. (제공 『PNAS』)

데 20%인 800만 명은 기존의 약이 듣지 않는다.

　이런 사람들에게 실로시빈을 투여하자 모두(남녀 각각 6명씩) 증상이 개선됐고 3분의 2는 우울증에서 벗어났다. 20명을 대상으로 한 추가 임상 결과 6개월이 지난 뒤에도 6명은 건강했고 나머지 재발한 사람들도 대체로 증상이 이전보다 약했다. 따라서 6개월이나 1년 간격으로 몇 차례 사이키델릭 요법을 실시하면 꽤 효과적인 치료법이 될 수 있을 것이다.

　끝으로 실존적 고통을 겪고 있는 사람들에 대한 효과다. 실존적 고통existential distress 이란 자신의 죽음을 예감했을 때 겪는 감정 상태다. 사고나 심장마비로 죽지 않는 이상 실존적 고통은 우리 모두 피할 수 없는 과정이지만 말기암 환자 같은 경우는 더욱 처절하게 겪어야 한다.

죽음에 대한 두려움은 우리가 자아를 자연에서 분리하면서 갖게 된 불가피한 감정이다. 사이키델릭을 투여하면 자아가 해체되는 경험을 하면서 내가 자연의 일부라는 느낌이 강하게 몰려와 실존적 고통을 완화하는 데 큰 도움이 되는 것으로 밝혀졌다. 이는 선승들이 오랜 수행을 통해 깨달은 해탈의 경지와 비슷한 마음의 상태라고 볼 수 있다.

폴란은 뉴욕대에서 진행한 실로시빈 임상에 참여한 말기암 환자들과 만나 나눈 대화를 기록하고 있는데, 착잡하면서도 감동적인 뭔가가 느껴지며 사이키델릭 요법이 하루라도 빨리 의료 제도권으로 들어왔으면 하는 바람이 간절해졌다.

이 책의 백미는 5장 '여행기'로 폴란이 몸소 사이키델릭 여행을 떠나는 장면을 그리고 있다. 물론 불법으로, 책에 등장하는 가이드의 이름은 가명이고 장소도 공개하지 않았다. 먼저 폴란은 900달러(약 100만 원)를 내고 3일 일정의 'LSD 여행'을 했는데, 예상보다 극적 효과가 덜해 다소 실망한다. 그럼에도 이 경험으로 좀 더 열린 마음을 갖게 됐고 현재에 더 집중하게 되는 긍정적인 변화를 가져왔다고 자평한다.

이어지는 '실로시빈 여행'에서 폴란은 좀 더 확실한 효과를 보기 위해 투여량을 늘렸고(LSD 300μg에 해당) 정말 자아가 해체되는 경험을 하면서 앞서 실로시빈 여행을 한 암 환자들이 보인, 평정심을 갖고 죽음을 바라보는 태도에 온몸으로 공감하게 된다. 폴란은 이런 느낌을 글로 표현하는 데 한계가 있다며 당시 자아가 해체된 느낌의 자신을 표현하기 위해 완전히 새로운 1인칭 대명사가 필요하다고 쓰고 있다.

미국에서 여전히 LSD가 1급 마약인데 이런 불법행위를 버젓이 쓴다는 게 한편으로는 놀랍다. 작가의 체험 취재는 처벌 예외라서 그런 걸까 아니면 현장에서 걸리지 않는 이상 수사를 하지는 않는 걸까.

구더기 무서워 장 못 담가서야

폴란은 책에서 사이키델릭의 부활 현장을 생생하게 그렸지만 LSD 를 마약 목록에서 빼야 한다고 주장하지는 않았다. 사이키델릭 복용, 즉 여행은 적절한 환경과 전문가(가이드)의 존재 아래 진행돼야 긍정적인 효과를 볼 수 있기 때문이다. 필자도 같은 생각이다.

오랜 관행을 꺾지 못해 합법화된 약물인 에탄올(술)과 니코틴(담배)으로 인한 인적, 물적 손실만 해도 감당하기 어려운데(음주운전 사고로 우리나라에서만 매년 수백 명이 목숨을 잃거나 불구가 되는 어처구니없는 일이 일어나는 게 현실이다!) "에탄올이나 니코틴보다 더 해로운 약물은 아니다"는 논리로 풀어줘야 한다고 주장하는 건 무리다.

다만 정치적인 목적으로 폐해가 터무니없이 과장돼 치료제로서의 엄청난 잠재력까지 매몰된 LSD의 역사는 되새겨볼 필요가 있다. 역사에는 만일이 없다지만 미국이 월남전에 참전하지 않았거나 참전을 반대한 히피들이 LSD를 선택하지 않았다면 설사 마약으로 지정됐더라도 의약품으로 등록돼 많은 사람들에게 도움을 주고 있을지도 모른다.

"줬다 뺏는 건 나쁜 것"이라는 영화 속 대사가 떠오른다. 만일 보건당국이 "그동안 의료계에서 마약인 모르핀을 써온 건 모순"이라며 퇴출시키려 한다면 엄청난 반발을 불러일으킬 것이다. 견디기 어려운 통증으로 고통받고 있는 사람들에게 모르핀 없는 삶은 떠올리기도 싫다. 단지 마약이라는 이유로 탁월한 효과를 보이는 진통제를 더이상 쓰지 못하고 효과가 떨어지는 약물로 대체해야 한다면 분통이 터지지 않겠는가.

1950~60년대 LSD와 실로시빈의 놀라운 효과를 경험했던 의사들에게 이들 약물이 1급 마약으로 지정되며 치료에 적용하는 연구조차 할 수 없게 됐을 때의 심정이 이랬을 것이다. 다만 당시 대중이나 언론은 그들이 거의 받았다가 다시 뺏긴 게 뭔지 깨닫지 못했기 때문에 그

소설 『멋진 신세계』로 유명한 영국 작가 올더스 헉슬리는 평생 사이키델릭에 심취해 『지각의 문(The doors of perception)』을 비롯해 관련 주제로 책을 여러 권 쓰기도 했다. 말년에 후두암으로 말을 할 수 없었던 헉슬리는 죽음을 예감하자 아내에게 'LSD 100 ㎍, 근육주사로'라는 메모를 건넸다. 1963년 11월 22일 오전 11시 20분 LSD가 투여됐고 오후 5시 20분 헉슬리는 69세로 영면했다. (제공 위키피디아)

리 아쉬워하지 않았던 것 아닐까.

1970년대 이후 한 세대 동안 임상연구를 하는 것조차 금지됐던 사이코델릭이 2000년대 들어 과학의 힘을 빌어 무대로 돌아오고 있다. 폴란이 『욕망하는 식물』에서 대마초를 다루고 17년이 흐른 2018년 FDA는 대마초 의약품을 승인했다. 2018년 『How to change your mind』 출간 뒤 사이키델릭 의약품이 나올 때까지 걸릴 시간은 이보다 짧지 않을까.

며칠 전 우연히 『진중권의 서양미술사: 모더니즘 편』이라는 책을 읽다가 흥미로운 구절을 발견했다. 앞의 '현대예술' 자리에 'LSD 여행'을 넣는다면 이 글의 맺음말로도 어울리지 않을까.

"현대예술의 목표가 '감성적 쾌감'이 아니라 '지성적 충격'을
주는 데 있다면, 그 의도된 효과를 제대로 체험한
이들이야말로 그것의 본질을 제대로 간파했다고 할 수 있지 않을까?"

후각망울이 없는
여성들

2019년 한 해도 이제 몇 시간 남지 않았다. 오늘은 한 해의 마지막 날일 뿐 아니라 2010년대의 마지막 날이기도 하다. 2010년 여름 '과학 카페' 연재를 시작해 10년 동안 매주 한 편씩 에세이를 쓰다 보니 어느새 453회에 이르렀다.

2010년대의 마지막을 멋진 글로 마무리하기 위해 미리 준비했어야 했는데, 유감스럽게도 이 글을 쓰기 전까지 이런 생각조차 하지 못했다. 대신 필자가 좋아하는 주제인 후각 관련 연구결과 두 편을 소개하는 것으로 만족해야겠다. 10년을 마무리하는 글로는 무게감이 좀 떨어지는 것 같지만 나름 흥미로운 구석은 있다.

왼손잡이 여성 20명 가운데 한 명꼴

먼저 학술지 『뉴런』 2020년 1월 8일자에 실릴 논문으로(지난 11월 6일 학술지 사이트에 미리 공개됐다) 정상적인 후각을 지닌 여성의 0.6%

여성의 0.6%가 후각망울 없이도 전혀 문제 없이 냄새를 잘 맡을 수 있다는 사실이 최근 발견됐다. 한편 생쥐의 페로몬 감지 메커니즘도 최근 명쾌히 규명됐다. 참고로 사진 속의 설치류는 생쥐(mouse)가 아니라 쥐(rat)다. (제공 『사이언스』)

에서 후각망울(후구)이 없다는 뜻밖의 연구결과다. 먼저 후각 정보가 전달되는 경로를 잠깐 살펴보자.

좁은 동굴 입구를 들어가면 넓은 공간이 나오듯이 양 콧구멍을 지나 안쪽에도 '비강'으로 불리는 꽤 널찍한 공간이 있다. 비강의 천정에 동전만한 넓이의 후각상피가 있고 여기에 후각수용체세포(뉴런) 4,000만 개가 존재한다. 각 뉴런에서 뻗어 나온 축삭은 바로 위에 있는 후각망울에서 모여 정보가 정리된 뒤 대뇌의 후각피질로 전달된다.

교통사고처럼 머리에 큰 충격을 받은 뒤 후각을 상실하는 경우가 드물게 있는데 후각상피에서 후각망울로 가는 뉴런의 축삭이 끊어진 결과다. 후각상피와 후각망울 사이에는 사상판으로 불리는, 메밀면을 뽑는 기구처럼 구멍이 뚫려 있는 얇은 뼈가 놓여 있다. 사고 충격으로

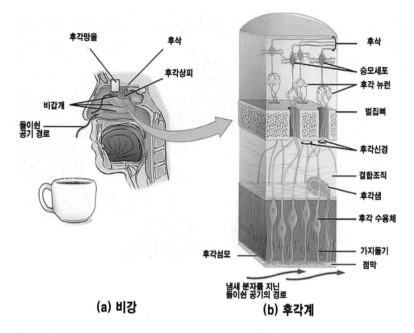

후각망울	후삭		후삭
후각상피		승모세포
비갑개		후각 뉴런
들이쉰 공기 경로		벌집뼈

후각섬모

냄새 분자를 지닌
들이쉼 공기의 경로

(a) 비강　　　　　**(b) 후각계**

후각신경
결합조직
후각샘
후각 수용체
가지돌기
점막

냄새를 감지해 정보를 뇌로 전달하는 후각계를 보여주는 그림이다. 왼쪽 비강 위쪽의 네모 부분을 확대한 오른쪽 그림을 보면 후각상피(아래 주황색)에 있는 후각수용체뉴런(olfactory receptor)에서 위로 뻗은 축삭이 사상판(벌집뼈, ethmoid bone)에 뚫린 구멍을 통과해 후각망울(사상판 위쪽)에서 통합돼 뇌로 전달됨을 알 수 있다. (제공 위키피디아)

사상판이 손상되면 구멍을 지나가는 연약한 축삭이 망가진다.

　한편 선천적으로 냄새를 못 맡는 사람들도 드물게 존재하는데, 후각망울이 존재하지 않는 게 원인인 경우가 있다. 즉 후각망울로 가는 길이 끊어지거나 후각망울 자체가 없을 경우 냄새를 맡을 수 없게 된다는 것으로 당연한 얘기다.

　이스라엘 바이즈만과학연구소의 연구자들은 왼손잡이 여성들의 후각 능력과 뇌 구조의 관계를 보는 실험을 진행하다가 뜻밖의 발견을 했다. 비교군인 정상 후각 능력을 지닌 여성 20명 가운데 두 명의 뇌에 후각망울 주변 뇌의 자기공명영상 데이터로 왼쪽 위는 비교군인 정상인으로 후각망울 한 쌍(점선 네모 안)이 뚜렷하게 보인다. 왼쪽 아래는 선천적 후각상실인 사람의 뇌 이미지로 후각망울이 없다(화살표). 이스라엘 연구자들은 정상 후각을 지녔음에도 후각망울이 없는 여성 두 명을 우연히 발견했다(오른쪽 위와 아래). (제공 『뉴런』)

후각망울이 존재하지 않았던 것이다. 후각망울은 뇌의 한 조직으로 좌우 한 쌍이 존재하고 사람의 경우 야생 블루베리만한 크기다. 따라서 자기공명영상MRI 으로 쉽게 볼 수 있다.

깜짝 놀란 연구자들은 이게 예외인지 보편적인 현상인지 알아보기 위해 일란성 쌍둥이가 다수 포함된, 정상 후각을 지닌 1,113명의 뇌 이미지가 있는 데이터베이스를 조사했다. 그 결과 남성 507명은 모두 후각망울을 지니고 있었지만 여성 606명 가운데 3명에서 후각망울이 없었다. 이 가운데 한 명이 왼손잡이였다. 추가로 구한 수십 명의 데이터에서도 후각망울이 없는 왼손잡이 여성을 한 명 찾았다.

데이터를 종합한 결과 정상 후각을 지닌 여성의 0.6%에서 후각망울이 없었고 특히 왼손잡이일 경우 확률은 4.25%나 돼 20명에 한 명꼴이었다. 왼손잡이 비율이 15% 내외이므로 왼손잡이일 경우 오른손잡이에 비해 후각망울이 존재하지 않을 가능성이 10배나 되는 셈이다.

한편 후각망울이 없는 여성 3명 모두 일란성 쌍둥이가 있었고 이들은 모두 후각망울이 있었다. 즉 후각망울의 존재 여부는 유전자에 의해 전적으로 결정되는 건 아니라는 말이다. 또 하나 이상한 사실은 쌍둥이 세 쌍 모두 후각망울이 없는 쪽의 후각 테스트 점수가 오히려 더 높다는 점이다(각각 110 대 86, 110 대 97, 111 대 98). 비유하자면 이 없이 잇몸으로 음식을 더 잘 씹어먹는 셈이다.

후각망울이 없음에도 냄새를 맡는 데 문제가 없는(심지어 평균(100)보다 테스트 점수가 높다!) 현상을 어떻게 설명할 수 있을까. 이에 대해 연구자들은 5가지 가능성을 제시하고 있다.

먼저 태아 발생 과정에서 후각망울이 뇌의 다른 부위에 만들어진 결과일 수 있다. 물론 이미지 데이터에서는 자리를 벗어난 후각망울을 찾지 못했지만 이럴 가능성을 완전히 배제할 수는 없다. 두 번째로 형태가 꽤 바뀐 후각망울이 뇌의 다른 부분에 존재할 가능성이다. 이 경우 찾기가 더 어려울 것이다.

세 번째로 후각망울이 제 자리에 있는데 크기가 너무 작아 MRI로는 보이지 않은 것이라는 설명이지만 개연성은 낮다. 네 번째로 삼차신경trigemianl nerve 등 다른 화학감각 신경이 후각망울을 대신해 냄새 정보를 전달하는 가능성이다. 끝으로 사람에서는 후각망울 없이도 냄새 정보를 전달할 수 있는 별도의 시스템이 존재한다는 설명이다.

현재로서는 다섯 가지 가능성 가운데 어느 하나도 설득력 있는 증거를 제시하지 못하고 있다. 한편 정상 후각인 여성에서만 후각망울이 없는 사례가 나오는 이유도 궁금하다. 또 왼손잡이일 경우 그럴 확률이 10배나 높아지는 것도 미스터리다. 이에 대해서도 아직 뚜렷한 설명을 내놓지 못하고 있다.

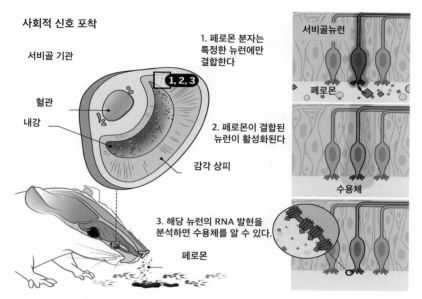

사회적 신호 포착

서비골 기관

혈관

내강

감각 상피

페로몬

1, 2, 3

1. 페로몬 분자는 특정한 뉴런에만 결합한다

2. 페로몬이 결합된 뉴런이 활성화된다

3. 해당 뉴런의 RNA 발현을 분석하면 수용체를 알 수 있다.

서비골뉴런

페로몬

수용체

최근 생쥐의 페로몬 감지 메커니즘이 명쾌히 규명됐다. 콧구멍을 통해 비강으로 들어온 페로몬 분자는 서비골기관에 있는 서비골뉴런 말단의 수용체에 결합해 신호를 발생시킨다. 왼쪽 네모 부분을 확대한 그림이 오른쪽에 묘사돼 있다. (제공 『사이언스』)

페로몬 정보 전달 메커니즘 규명

다음은 학술지 『사이언스』 12월 13일자에 실린 논문으로, 생쥐에서 페르몬을 감지하는 메커니즘을 규명한 연구결과다. 페로몬은 같은 종 사이에서 주고받는 신호분자로, 짝짓기를 비롯해 여러 행동을 유발한다. 페로몬은 후각수용체가 아니라 비강 바닥의 서비골기관vomeronasal organ에 있는 서비골수용체vomeronasal receptor가 감지해 정보를 전달하는 것으로 알려져 있다.

미국 워싱턴의대 연구자들은 생쥐의 서비골기관에 존재하는 서비골뉴런에서 페로몬 신호가 전달되는 메커니즘을 명쾌하게 밝혔다. 즉 서비골뉴런 세포막에 있는 서비골수용체에 페로몬 분자가 달라붙으면서 신호가 발생해 전달된다는 것이다. 대단한 결과임에도 언론이 거의 다루지 않은 건 아마도 사람은 여기에 해당하지 않기 때문일 것이다.

같은 포유류임에도 생쥐를 대상으로 한 실험결과가 사람에서 재현되지 않는 경우가 종종 있다. 대부분은 사람이 좀 더 복잡한 존재이기 때문인데 이 경우는 그 반대다. 즉 사람에서는 페로몬을 담당하는 서비골기관 자체가 있느냐 여부가 여전히 논란이고 설사 존재하더라도 서비골뉴런이 없기 때문에 기능을 하지는 못할 것이기 때문이다.

사실 사람의 후각은 많이 퇴화된 상태다. 일반 냄새분자를 감지하는 후각수용체유전자의 경우 생쥐는 무려 1,100개인 반면 사람은 400개가 채 안 된다. 페로몬을 감지하는 서비골수용체는 더 심하다. 서비골수용체는 크게 V1R과 V2R로 나뉘는데, 생쥐의 경우 V1R유전자가 200여 개이고 V2R유전자도 100개가 넘는다. 반면 사람은 온전한 V1R 유전자가 고작 5개 남았고 V2R유전자는 모두 퇴화했다.

그런데 서비골뉴런이 없는 상태에서 서비골수용체유전자가 존재한다는 게 무슨 의미가 있을까. 인류가 진화하는 과정에서 페로몬을 통한 의사소통을 더 이상 하지 않게 되면서 쓸모가 없어진 관련 유전자들이 퇴화했고 그 과정에서 용케 아직까지 구조가 온전한 유전자 다섯 개가 남아있는 것 아닐까. 즉 수천 년 전 고고학 발굴지에서 가끔 깨지지 않은 토기가 발견되는 것처럼 말이다.

생쥐의 페로몬 감지 메커니즘 규명에 대한 해설을 읽다가 문득 '후각망울이 없는 여성들' 논문이 떠올랐다. 무려 400가지가 되는 후각수용체의 정보가 모이는 허브가 사라져도 멀쩡하게 냄새를 맡을 수 있는데 불과 5개인 서비골수용체의 정보를 처리하는 데 서비골기관이나 서비골뉴런이 꼭 필요하지는 않을 것 같다는 생각이 들었다. 즉 사람도

1958년 스위스 향료회사 퍼메니시의 화학자들은 자스민을 연상시키는 우아한 꽃향기가 나는 분자 헤디온을 창조했다. 흥미롭게도 정작 자스민에는 헤디온이 존재하지 않는다. 지난 2015년 인간의 페로몬수용체가 헤디온에 반응한다는 놀라운 사실이 밝혀졌다. (제공 fragrance laboratory)

여전히 페로몬을 감지할 수 있다는 말이다.

서비골기관 없이 페로몬 맡을 수 있다?

인간의 서비골수용체유전자에 대해 좀 더 알아보다가 흥미로운 연구결과를 하나 발견했다. 지난 2015년 학술지 『뉴로이미지 Neuroimage』에 실린 논문으로, 서비골수용체유전자 5개 모두 후각상피에서 발현하고 그 가운데 하나인 VN1R1은 헤디온이라는 향기분자를 감지한다는 사실이 밝혀진 것이다. 즉 서비골기관이나 서비골뉴런이 없어도 서비골수용체가 후각계를 통해 기능할 수 있다는 말이다.

헤디온hedione은 1958년 스위스의 향료회사인 퍼메니시Firmenich의 화학자들이 창조한 분자로 자연에는 존재하지 않는 구조임에도 자스민이 연상되는 고급스러운 꽃향기가 난다. 그래서 분자 이름도 '쾌락'을 뜻하는 그리스어 '헤돈hedon'에서 만들었다. 오늘날 여성용 향수와 화장품에 들어가는 향료의 처방에 헤디온은 약방의 감초로 쓰이고 있다.

연구자들은 VN1R1이 감지하는 자연의 분자, 즉 인간 페로몬이 따로 있을 것이라고 추정했다(아직 실체는 모른다). VN1R1이 우연히 구조가 비슷한 헤디온에도 반응한 것이라는 말이다. 그렇다면 우리가 헤디온을 맡았을 때 뇌는 일반 냄새가 아니라 페로몬을 맡았을 때처럼 반응하지 않을까.

앞서 말했듯이 일반 냄새는 후각수용체뉴런이 감지해 정보를 뇌의 후각피질로 전달한다. 반면 생쥐를 대상으로 한 동물실험에 따르면 페로몬은 서비골뉴런이 감지해 정보를 뇌의 시상하부로 전달한다. 시상하부는 다양한 호르몬을 분비하는 기관이므로 말이 된다. 만일 VN1R1이 페로몬을 감지한다면 그 정보도 후각피질이 아니라 뇌하수체로 갈 것이다.

연구자들은 비교를 위해 장미 향기의 주성분으로 역시 향수나 화장품 향료로 널리 쓰이는 PEA를 선택했다. 향기를 맡을 때 기능적 자기공명영상fMRI 데이터를 얻어 분석한 결과 기대가 사실로 드러났다. 즉 PEA가 아니라 헤디온을 맡았을 때만 시상하부가 활성화된 것이다. 한편 후각상피는 PEA와 헤디온 모두에서 활성화됐다.

이에 대해 연구자들은 헤디온이 VN1R1뿐 아니라 후각수용체에도 결합한 결과라고 해석했다. 즉 VN1R1이 감지한 정보는 시상하부로 전달돼 페로몬 신호에 대한 반응(행동)을 유도했을 것이고 후각수용체가 감지한 정보는 후각상피로 전달돼 우리가 '자스민 향기'로 인식하게 했을 것이라는 설명이다.

헤디온에 대한 시상하부의 반응은 성별에 따라 차이가 크다는 사실도 페로몬 가설에 힘을 실어줬다. 즉 헤디온을 맡았을 때 여성이 남

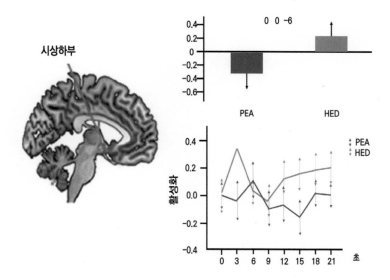

성에 비해 시상하부가 훨씬 크게 활성화됐다.

　사람도 페로몬을 이용해 무의식적인 의사소통을 한다는 것을 시사하는 많은 연구결과가 나와 있다. 그럼에도 불구하고 지금까지 필자가 선뜻 받아들이지 못한 건, 이를 관장하는 서비골기관의 존재 여부가 여전히 논란 중이고 설사 있더라도 퇴화한 흔적 기관으로 기능을 하지 못할 가능성이 크기 때문이다.

　그러나 후각 기능에 절대적으로 필요한 기관이라고 여겨졌던 후각 망울이 없는 여성들도 아무 문제 없이 냄새를 맡을 수 있다는 발견으로 필자는 페로몬 감지 역시 서비골기관이 없이도 가능할지 모른다는 생각을 하게 됐고 2015년 이런 결과가 발표됐다는 걸 뒤늦게 알았다.

냄새와 페로몬의 정보처리 과정에서 보여준 뇌의 '극단적인 융통성'은 우리가 철석같이 믿고 있는 사실의 상당 부분이 그저 '고정관념'일 수도 있음을 보여주는 멋진 사례라는 생각이 문득 든다.

Part 5

생태 · 환경

지구온난화와
계절불일치

어떤 꽃은 오늘처럼 따뜻하다면 내일 필 테지만 날씨가 추우면
일주일 이상 멈출 것이다.
봄은 그렇게 앞으로 갔다가 물러나기를 반복한다.
꾸준히 나가면서도 봄의 추는 좌우로 흔들거린다.

헨리 데이비드 소로, 『소로의 야생화 일기』에서

앞으로 미국에 갈 일은 없을 것 같지만 혹시 동부에 가게 된다면
들러보고 싶은 곳이 있다. 바로 매사추세츠주 콩코드의 월든 호수다.

1817년 콩코드에서 태어난 헨리 데이비드 소로 Henry David Thoreau 는
하버드대를 졸업한 뒤 귀향해 프리랜서로 잡일(강의, 목공, 석공)을 하면
서 산책과 관찰, 사색, 독서, 글쓰기의 삶을 살았다. 20대 후반 호숫가에
오두막을 짓고 1845년 7월부터 1847년 9월까지 홀로 머물렀다. 이때
의 삶을 기록한 책 『월든』(1854)은 자본주의의 반ⁿ 생태 반환경 질주에
환멸을 느끼는 현대인들에게 위안과 함께 삶의 비전을 제시하고 있다.

미국 매사추세츠주 콩코드에 있는 월든 호수의 전경이다. 둘레가 2.7km로 그리 크지 않은 호수이지만 헨리 데이비드 소로 덕분에 지역 명소가 됐다. (제공 위키피디아)

한마디로 시대를 한참 앞선 책이라는 말이다.

소로는 자연을 단순히 사랑했을 뿐 아니라 세밀하게 관찰해 일기에 기록했다. 특히 식물에 관심이 많아 야생화와 나무의 꽃피는 시기와 잎이 나는 시기를 꼼꼼히 적었다. 소로는 훗날 이 자료를 정리해 책을 쓸 계획이었던 것으로 보이나 안타깝게도 만 45세 생일을 두 달여 앞둔 1862년 5월 6일 결핵으로 세상을 떠났다.

작가이자 편집자인 제프 위스너는 소로의 일기에서 식물 관찰에 대한 부분을 발췌해 2016년 『소로의 야생화 일기』라는 제목의 책으로 엮었고 2017년 한국에도 번역되어 나왔다.

미국 보스턴대의 식물학자 리처드 프리맥 교수는 콩
코드의 식물을 관찰해 얻은 데이터를 160년 전 소로
의 데이터와 비교해 지구온난화가 생태계에 미치는
영향을 연구하고 있다. 소로의 청동상 옆에서 포즈를
취한 프리맥 교수. (제공 Abraham Miller-Rushing)

7년 동안 야생화 개화일 기록

콩코드에서 차로 한 시간 거리인 보스턴대의 식물학자 리처드 프
리맥Richard Primack 교수는 21세기의 소로다. 그는 학생들과 자원봉사자
들(시민 과학자들)과 함께 2004년부터 콩코드의 식물의 개화 시기와 첫
잎이 나는 시기, 벌과 나비가 등장하는 시기, 철새가 오는 시기를 기록
하고 있다. 160년 전 소로의 기록(1852~1858년)과 비교하기 위해서다.
지구온난화로 이 기간 동안 콩코드의 봄철 평균기온이 무려 3도나 올
라 식물들이 적지 않게 영향을 받았을 것이기 때문이다.

2012년 학술지『바이오사이언스』에 발표한 논문에서 프리맥 교수
와 동료들은 지구온난화가 콩코드 동식물의 계절학에 꽤 영향을 미친
다는 사실을 보였다. 계절학phenology은 개화 시기처럼 '생물적 사건의
타이밍'을 연구하는 학문이다.

이에 따르면 지구온난화로 봄이 빨라지면서 개화 시기나 벌이나

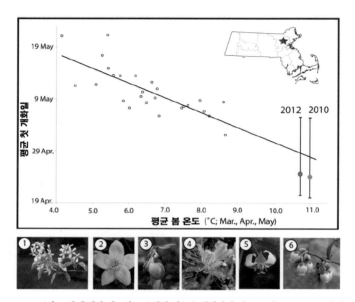

소로(1852~1858)와 그의 후계자 에드워드 호어가 식물을 관찰하던 때(1878년, 1888~1902년)와 2000년 대 프리맥 교수와 동료들이 활동하던 때(2004~2006년, 2008~2012년)의 콩코드의 평균 봄 기온(가로축) 과 평균 개화일(세로축)을 나타낸 그래프다. 소로가 활약할 때 봄의 평균 기온은 5.5도였고 평균 개화일은 5월 15일이었지만 2000년대 평균은 각각 8.8도와 5월 4일로 바뀌었다. 아래는 콩코드에 자생하는 식물의 꽃으로 왼쪽부터 캐나다채진목, 동의나물, 분홍개불알꽃, 캐나다진달래(학명 *Rhododendron canadense*), 세르눔연영초, 블루베리다. (제공 『플로스 원』)

나비의 등장 시기도 꽤 당겨졌지만 철새가 돌아오는 시기는 크게 변하지 않았다. 결국 철새가 알을 낳고 새끼를 키우는 동안 애벌레를 제대로 구하지 못하는 일이 벌어질 수 있다는 말이다. 반면 벌이나 나비는 새에게 먹힐 위험성이 낮아져 개체 수가 늘어날 수 있다. 이처럼 상호작용하는 생물 사이에 기후변화에 대응하는 정도에 차이가 나서 일어나는 현상을 '계절불일치phenological mismatch'라고 부른다.

한편 소로가 활약하던 시기 콩코드의 야생화 가운데 거의 4분의 1이 자취를 감췄고 4분의 1이 사라질 위기에 처했다. 흥미롭게도 이 역시 계절불일치와 관련이 있었다. 즉 봄이 빨라진 것과 맞춰 개화 시기가 빨라진 종들(블루베리류가 대표적인 예다)은 잘 적응했으나 그렇지 못한 종들(난류와 백합류가 대표적인 예다)은 고전했다. 외래종으로 기후변화에 빠르게 대응한 털부처꽃은 번성했다.

나뭇잎 나오는 시기도 영향 미쳐

학술지 『생태학 레터스Ecology Letters 』 2019년 4월호에는 프리맥 교수팀과 카네기자연사박물관 식물학자들의 공동연구결과가 실렸다. 이에 따르면 지구온난화로 콩코드의 야생화가 꽤 타격을 받은 데는 나무와의 계절불일치도 큰 역할을 한 것으로 보인다.

숲에 사는 야생화는 나무가 낙엽수일 때 종 다양성이 가장 크다. 봄이 돼도 아직 나뭇잎이 나오지 않아 땅까지 햇빛이 충분히 도달할 때 꽃을 피우고 열심히 광합성을 해 씨앗을 맺을 수 있기 때문이다. 그 뒤 나뭇잎이 돋아 커지면서 그늘이 드리우면 풀죽어 지내다 일찌감치 생을 마치기도 한다. 이런 전략을 쓰는 야생화를 '봄살이식물'이라고 부른다.

그런데 소로의 기록과 오늘날 기록을 비교한 결과 콩코드의 야생화 14종의 첫 잎이 나오는 시기가 평균 5.9일 빨라진 반면 그 위에 있는 나무 15종은 평균 12.9일 빨라졌다. 철새에 비하면 야생화도 꽤 대응을 잘 한 셈인데 나무가 한 수 위라는 말이다.

봄이 와서 야생화가 잠을 깨 꽃을 피우고 잎을 틔워 광합성을 하는 데 적합한 환경을 제공하는 기간이 일주일이나 줄어든 결과 광합성으로 이산화탄소를 고정한 양도 10~48% 준 것으로 추정됐다. 콩코드 야생화는 지구온난화에 따른 낙엽수와 계절불일치로 꽤 타격을 받은 셈

지난 160년 사이 지구온난화로 콩코드에 자생하는 낙엽수의 첫 잎이 나오는 시기가 야생화 개화 시기보다 평균 일주일 더 많이 당겨진 것으로 밝혀졌다. 이 계절불일치로 야생화가 꽤 타격을 입었다는 사실이 최근 밝혀졌다. 그란디덴타타포플러의 첫 잎이 나오는 때의 모습이다. (제공 Richard Primack)

이다. 그리고 난류나 백합류처럼 기후변화에 둔감한 종들은 더 일찌감치 나무 그늘에 가려져 치명상을 입었을 것이다.

그런데 왜 두 식물군은 지구온난화에 다른 속도로 반응할까. 어차피 봄이 빨라지는 건 똑같은데 말이다. 이는 계절의 변화를 인식하는 신호체계가 식물마다 다르기 때문이다. 지구 공전에 따른 낮 길이의 변화(광주기)와 온도 변화가 주된 신호임에도 야생화는 땅에 가까이 있다 보니 눈이 녹는 것과 토양 온도에 더 민감하다. 그런데 이 변화가 공기의 온도 변화보다 폭이 적었다.

먹이 많을 때 새끼 길러야

계절불일치는 생태계에서 널리 관찰되는 현상으로 1969년 영국의 어류학자 데이비드 쿠싱 David Cushing 이 제안한 '일치/불일치 가설 match/mismatch hypothesis'로 거슬러 올라간다. 당시 쿠싱은 대구 치어가 섭식활동을 하는 시기와 먹이로 삼는 플랑크톤의 번성 시기가 일치하면 치어의 생존율이 높지만 일치하지 않으면 낮다는 걸 발견했다. 예기치 못한 해양 환경의 변화에 대한 대응력이 생물마다 다르기 때문에 일어나는 현상이다.

그런데 지구온난화로 이런 변화가 일시적인 게 아니라 구조적인 문제가 되면서 콩코드의 야생화처럼 계절불일치로 위기를 겪는 종들이 나오고 있다. 다른 예로 꽃이 벌처럼 생긴 난early spider orchid이 있다. 이 난을 암컷으로 착각해 짝짓기를 하려다가 꽃가루받이를 해주는 어리석은 수벌이 딱 한 종(학명 *Andrena nigroaenea*) 있다.

원래는 수벌이 나올 무렵 꽃이 피기 때문에 속여먹을 수가 있는데 지구온난화로 벌의 등장 시기가 상당히 빨라지면서 진짜(암벌)가 가짜(꽃)보다 먼저 등장하는 사태가 벌어진 것이다(계절불일치). 암벌과 일을 치르느라 지친 수벌이 난의 꽃을 외면하면서 수분이 제대로 되지 않는 것으로 밝혀졌다.

생물들의 적응력 생각보다 강해

계절불일치로 고생하는 생물들을 보고한 논문들이 계속 나오고 있지만 놀랍게도 생물 대다수는 계절불일치의 영향을 예상보다 덜 받는 것으로 나타났다(물론 지구온난화의 영향이 미미하다는 얘기는 아니다).

2018년 학술지『생태학, 진화, 계통분류학 연간 리뷰Annual Review of Ecology, Evolution, and Systematics』에 실린 논문에서 계절불일치 분야의 대가인 독일 뮌헨대의 수전 레너Susanne Renner 교수는 "온대지역과 극지방의 동식물이 보이는 계절적 변화를 생각하면 계절불일치의 명확한 사례가 많지 않은 것이 처음엔 좀 놀랍게 보일 수 있다"며 "그러나 생물종 사이의 복잡한 상호작용과 진화를 고려하면 그렇게 놀랍지는 않다"고 설명했다.

먼저 개체 사이의 유전적 차이다. 즉 계절불일치가 덜 일어나는 유전형이 선택돼 번성할 수 있기 때문에(소진화) 처음에 예측했던 것보다 타격이 적다는 것이다. 그리고 살아남은 개체는 경쟁이 덜하기 때문에 더 많은 자손을 봐 줄어든 수를 어느 정도 보전할 수 있다. 한편 식물과 수분 곤충처럼 의존 관계에 있는 종들 대다수도 특정 파트너를 고집하는 경우는 드물기 때문에 '꿩 대신 닭' 전략으로 위기를 넘긴다.

그럼에도 계절불일치는 이번 야생화 이산화탄소 고정량 감소 논문에서 볼 수 있듯이 미처 생각하지 못한 여러 영역에서 생태계에 영향을 미칠 수 있다. 그리고 지구온난화가 가속화된다면 계절불일치로 위기를 맞는 종들도 늘어날 것이다.

『소로의 야생화 일기』에는 콩코드 식물 역사의 권위자인 레이 안젤로의 '식물학자 소로에 대하여'라는 글이 함께 실려있다. 이 글에서 안젤로는 소로가 얼마나 야생화 관찰에 몰두했는가를 아래의 일기 구절을 인용해 보여주고 있다. 이런 노력으로 모은 자료가 160년 뒤 나온 논문에 쓰일 걸 소로는 상상이나 했을까.

"스스로 항상 아래쪽만 쳐다보고
시선을 꽃에만 가두는 모습을 발견했을 때
이를 바로잡기 위해 구름을 관찰해볼까 생각했다.
하지만, 아아. 구름 연구도 그에 못지않게 나쁜 생각이다."
(1852년 9월 13일자 일기에서)

영구동토 붕괴로
온실가스 펑펑 샌다

올여름(2019년)은 작년보다는 덜 더울 거라는 예보도 있고 봄 기온도 무난해 안심하고 있었는데 지난주에 갑자기 무더위가 찾아왔다. 5월 24일 낮 경북 영천이 35.9도까지 치솟았고 서울도 33.4도까지 올라갔다. 이날 밤 강원 강릉은 최저기온이 27.4도로 '여유 있게' 열대야를 기록했다.

아무래도 이제 더위는 구조적인 문제 같다는 생각을 하다가 문득 최근 학술지 『네이처』에 영구동토에서 온실가스 방출이 가속화되고 있다는 전문가들의 기고문이 실린 게 떠올랐다. 지구온난화로 땅이 녹으면서 깨어난 토양미생물이 땅속에 잡혀있던 유기물을 분해하면서 온실가스가 나오고 이게 또 지구온난화를 심화시킨다는 악순환에 대한 내용일 것이다. 그럼에도 지금까지 영구동토 문제에 대해 진지하게 들여다본 적이 없어 이참에 기고문을 읽어봤다.

탄소 1조 6,000억 톤 묻혀 있어

캐나다 구엘프대 메리트 투레츠키 Merritt Turetsky 교수와 동료들은 영구동토가 녹으면서 갑자기 붕괴하는 현상이 잦아지면서 툰드라에서 방출되는 온실가스로 인한 지구온난화 효과가 두 배가 될 것이라고 경고했다. 겨울 내내 얼어있던 땅이 이른 봄에 녹으면서 질척해지는 식으로 영구동토도 녹는다고 막연히 생각하고 있던 필자로서는 뜻밖의 언급이다.

기고문에 따르면 최근까지 영구동토가 녹는 모델이 바로 필자의 생각이다. 한마디로 상식적인 관점이다. 즉 온도가 올라가면서 지표부터 조금씩 녹아내리고 이 과정에서 토양미생물이 깨어나 유기물을 분해하면서 이산화탄소나 메탄 같은 온실가스가 방출된다는 시나리오다. 이에 따르면 앞으로 300년 동안 영구동토에서 약 2,000억 톤의 온실가스(이산화탄소로 환산)가 방출될 전망이다.

사실 이 모형이 맞더라도 시간이 좀 더 걸릴 뿐 땅속에 묻혀있는 엄청난 유기물이 온실가스로 바뀌며 방출돼 지구온난화와 '양의 되먹임 positive feedback' 작용을 하는 건 마찬가지다. 참고로 영구동토에는 1조 6,000억 톤의 탄소가 묻혀있는데, 이는 대기 중 탄소의 두 배에 이르는 양이다.

그런데 최근 관찰에 따르면 영구동토의 붕괴는 이보다 훨씬 과격하게 일어나기도 한다. 동토, 즉 얼어붙은 땅은 단순히 미생물이 활동하지 못하게 해 토양 속 유기물을 보존하는 역할을 하는 것뿐만 아니라 지형지물을 유지하는 역할도 한다.

따라서 영구동토가 녹을 때 땅이 매년 수 cm씩 야금야금 녹는 게 아니라 불과 수일 내지 수주 사이 수 m의 토양이 순식간에 무너져 내릴 수도 있다. 마치 건물에서 철골이 녹아내리면 구조를 지탱하는 힘

캐나다 북동부 허드슨만 가까이에 있는 영구동토가 순식간에 녹으며 형성된 열카르스트 연못들. 최근 연구에 따르면 열카르스트 연못이나 호수가 생기면 미생물 활동이 커 초기에 온실가스가 많이 방출된다. (제공 위키피디아)

이 사라져 건물이 순식간에 무너지듯이 땅의 구조를 지탱하는 얼음 네트워크가 녹으면서 땅꺼짐 같은 붕괴가 일어나고 빈 공간에 녹은 물이 채워져 연못이나 호수가 생기기도 한다. 이런 지형을 열카르스트 thermokarst 라고 부른다.

저자들에 따르면 지난 30년 사이 이런 현상이 점점 잦아지고 있는데, 예를 들어 알래스카에서 숲이었던 지역이 불과 1년 뒤 다시 찾았을 때 호수로 바뀌어 있었고 한때 맑은 물이 흐르던 강은 붕괴된 토사가 흘러들어 흙탕물이 급류를 이루고 있었다고 한다.

게다가 영구동토에서 상대적으로 더 불안정한 지역에 탄소가 더 높은 농도로 존재하는 것도 문제다. 예를 들어 동부 시베리아와 캐나다, 알래스카를 포함한 100만 km^2 넓이(우리나라 면적의 10배)의 예도마

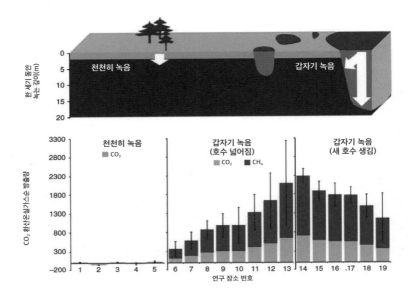

과거에는 영구동토가 천천히 녹는다고 생각해 온실가스 방출 모형을 만들었지만(위 왼쪽) 최근에는 갑작스레 녹아 만들어진 열카르스트 연못이나 호수에서 나오는 온실가스가 큰 비중을 차지한다는 사실이 밝혀지고 있다(위 오른쪽). 실제 온실가스 방출량을 측정해보면 천천히 녹는 경우 식물 성장으로 흡수되는 양과 상쇄돼 미미한 반면 갑작스러운 붕괴로 형성된 열카르스트에서는 이산화탄소뿐 아니라 메탄도 꽤 나옴을 알 수 있다(아래). (제공 『네이처 커뮤니케이션스』)

Yedoma 지역은 토양의 유기물 함량이 높고(탄소가 2%) 50~90%가 얼음이라 지구온난화에 특히 취약하다. 이곳에 매장된 유기탄소의 양은 1,300억 톤으로 지구촌 78억 명의 활동으로 10년 동안 화석연료를 태울 때 내보내는 온실가스의 양보다도 많다.

2018년 학술지 『네이처 커뮤니케이션스』에는 영구동토가 서서히 녹는 지역과 갑자기 녹아 연못이나 호수가 생기는 지역에서 발생하는 이산화탄소와 메탄의 양을 측정한 연구결과가 실렸다. 이에 따르면 땅이 서서히 녹는 지역에서는 토양에서 방출한 양과 식물이 자라면서 흡수한 양이 비슷해 이산화탄소의 순 방출량은 미미하지만 갑작스럽게 녹은 열카르스트 호수에서는 이산화탄소뿐 아니라 메탄의 방출량도 꽤 된다.

게다가 메탄은 온실효과가 이산화탄소의 28배나 된다. 연구자들은 북서 알래스카에서 새로 형성된 열카르스트 호수에서 나오는 메탄의 양이 영구동토가 서서히 녹는 지역의 같은 면적에 비해 130~430배에 이른다고 추정했다. 물론 시간이 지나면 호수에서 방출되는 온실가스의 양이 줄어들고 때로는 물이 말라 호수가 사라지기도 한다.

알래스카페어뱅크스대 등 미국과 독일의 공동연구자들은 이런 상황을 반영했을 때 2100년까지 영구동토가 급격히 붕괴되면서 방출되는 온실가스의 양이 123억 톤(이산화탄소로 환산했을 때)으로 서서히 녹으면서 방출되는 온실가스의 양인 64억 톤의 두 배가 될 것으로 추정했다.

예상보다 세 배는 더 나오는 듯

이런 상황은 서부 시베리아도 비슷하다. 『네이처 커뮤니케이션스』 2019년 4월 4일자에는 서부 시베리아 저지대의 열카르스트 호수 76곳의 탄소 방출량을 조사한 결과가 실렸다. 서부 시베리아 저지대는 면적 130 만km^2에 이르는 세계에서 가장 넓은 이탄지대peatland로 유기탄소가 700억 톤이 묻혀있는 것으로 추정된다.

연구자들은 호수가 녹기 시작하는 시점과 한여름, 얼기 시작하는 시점 등 세 차례에 걸쳐 76개 호수에서 방출되는 탄소(이산화탄소와 메탄)의 양을 측정했고 이를 토대로 이 지역 열카르스트 호수에서 나오는 탄소의 양을 계산했다. 그 결과 서부 시베리아 저지대에서 1년에 약 1,200만 톤의 탄소가 방출되는 것으로 추정됐다. 이는 북극해에 면한 다른 동토 지역에서 나오는 양의 두 배에 이르는 값이다.

북극 주변 영구동토

토양 탄소 수준
평방미터 당 탄소 kg (면적 %)

빠르게 녹는 지역
■ >139 (8%)　■ 139–105 (10%)　■ 104–70 (60%)　■ 69–36 (19%)　■ 35–0 (3%)

천천히 녹는 지역
■ >139 (4%)　■ 139–105 (3%)　■ 104–70 (26%)　■ 69–36 (39%)　■ 35–0 (28%)

북반구 영구동토를 보여주는 지도로 중심이 북극이다. 빨리 녹는 지역은 빨간색으로, 천천히 녹는 지역은 파란색으로 표시했고 토양의 유기탄소 함량이 높을수록 색이 진하다. 북극해에 면한 시베리아와 알래스카, 캐나다 허드슨만 주변이 심각하다. (제공 『네이처』)

　그렇다면 영구동토가 녹으면서 나오는 온실가스의 양은 얼마나 될까. 지난 2011년 『네이처』에 실린 논문에는 가장 비관적인 전망이 실렸다. 이에 따르면 이산화탄소로 환산했을 때 2040년까지 300억~630억톤이 방출되고 2100년으로 범위를 넓히면 2,320억~3,800억 톤이 나온다. 앞으로 300년 동안 2,000억 톤이 나올 거라는 기존 전망과 비교해 보면 엄청난 차이다. 참고로 2010년 한 해 동안 인류가 내놓은 온실가스의 양은 이산화탄소로 환산했을 때 480억 톤이다.

메리트 투레츠키 등 저자들은 기고문에서 "영구동토가 갑작스럽게 녹는 현상을 막을 수는 없다"면서도 "다만 언제 어디서 일어날지 예측하는 노력을 통해 거주하는 사람들과 자원을 보호하는 데 도움을 줄 수 있을 것"이라고 설명했다. 저자들은 "인류가 온실가스 배출을 줄여야 영구동토의 탄소가 대기로 방출되는 속도를 늦출 수 있을 것"이라고 결론 내렸다. 온실가스 배출이 줄기는커녕 오히려 늘고 있는 현실에서 설상가상이라는 생각이 든다.

이제 작년 여름 같은 무더위가 예외가 아니라 전형이라고 생각하고 올여름을 맞이해야겠다.

숲을 많이 늘려야
지구온난화 늦출 수 있다

이제 지구는 환경의 문턱에 접근하고 있고 만일 이를 넘어선다면
생태계와 경제, 사회에 심각한 타격을 초래할 것이다.
기후변화의 재앙과 생물다양성 손실을 피하려면
인류는 자연의 생태계를 보호하고 복원해야만 한다.

로빈 차즈던 & 페드로 브랜캘리언

지난주 중부지방에 때 이른 무더위가 찾아오면서 연일 폭염특보가
내려졌다. 올여름은 각종 기록을 갈아치운 지난해만큼은 덥지 않을 것
이라는 예보에 대한 신뢰가 뚝 떨어졌다. 그나마 우리나라는 양반이다.

인도는 50도를 오르내리고 남유럽도 40도를 훌쩍 뛰어넘었다. 심
지어 알래스카도 30도를 넘었다고 한다. 며칠 전 한 프랑스 사람의 인
터뷰를 보니 "2050년이면 50도에 이를지도 모른다는 예상이 훨씬 빨리
실현될지도 모르겠다"며 불안해했다. 지구온난화가 걱정을 넘어 공포

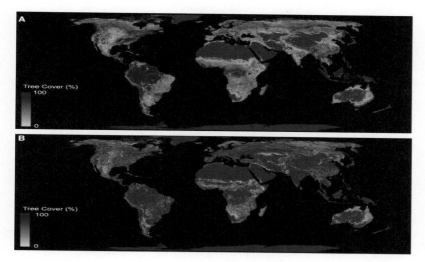

A: 육지의 숲 잠재력을 보여주는 지도다. 나무가 덮을 수 있는 비율에 따라 다른 색으로 표시했다. 적도 주변 아열대, 열대 우림이 잠재력이 큼을 알 수 있다. 한반도도 잠재력이 꽤 된다. B: 숲 복원의 여력을 보여주는 지도다. 동부 시베리아와 북미, 호주 등 곳곳에 숲이 파괴된 땅이 많음을 알 수 있다. (제공 『사이언스』)

로 바뀌는 양상이다.[24]

　　이제 인류의 활동으로 발생한 온실가스가 지구온난화의 주범이라는 주장에 반박하는 목소리는 거의 들리지 않는다. 대신 온실가스 배출을 줄이는 것만으로는 지구가 핫하우스 hot house (즉 '난방을 하는 온실'에 비유한 표현)로 가는 길을 돌이키기 어렵다는 주장이 점점 힘을 얻고 있다. 대기 중의 온실가스를 적극적으로 포집해야 한다는 것이다.

　　2000년 전후만 해도 이산화탄소포집저장기술CCS이 이 문제를 해결해줄 것이라는 희망 섞인 전망을 하는 사람들도 많았지만 지금은 다들 고개를 젓고 있다. 비용이 너무 들 뿐 아니라 포집하고 저장해야 할 이산화탄소 양이 너무 많기 때문이다.

---

24) 2019년 여름이 우리나라는 2018년보다 덜 더웠지만 세계 평균은 2016년에 이어 두 번째로 더웠다.

결국 돌고 돌아 찾은 해결책은 지구에서 수십 억 년 전부터 해오던 일, 즉 광합성이다. 특히 5억 년 전 등장해 오늘날 지구 생물량의 80%인 4,500억 톤(탄소만 계산했을 때)를 차지하고 있는 식물이야말로 이산화탄소 포집과 저장의 일등공신이다.

2015년 파리기후협약에서 지구의 평균온도 상승폭을 산업혁명 이전의 1.5도에서 2도 이내로 유지하기 위해 노력한다는 합의문을 채택했지만 4년이 지난 지금 회의적인 시각이 우세하다. 그동안 이산화탄소 배출이 줄어들기는커녕 오히려 늘었기 때문이다.

이런 와중에 식물이 구원투수로 나설 수 있다고 주장하는 과학자들이 늘고 있다. 오늘날 이미 엄청난 식물이 존재하지만 지구는 그 두 배에 이르는 식물을 감당할 수 있는 여력이 있다는 것이다. 따라서 CCS 없이도 대기 중 이산화탄소의 상당량을 없애 지구온난화의 속도를 늦출 수 있다.

우리나라 면적 90배 숲으로 만들 수 있어

학술지 『사이언스』 2019년 7월 5일자에는 이런 잠재력을 구체적으로 분석한 논문이 실렸다. 결론부터 말하면 현재 제 역량을 발휘하지 못하고 있는 땅이 9억 헥타르에 이르고 이를 자연숲으로 복원할 수 경우 포집할 수 있는 탄소는 2,050억 톤에 이른다.

참고로 IPCC(기후변화국제협의체)는 2050년까지 지구온난화 상승폭은 1.5도 이내로 유지하기 위해서는 2100년까지 대기에서 이산화탄소 7,300억 톤을 포집해야 한다고 제안했다. 탄소로 치면 1,990억 톤이다. 9억 헥타르의 땅을 숲으로 복원한다면 가능한 일이라는 말이다.

9억 헥타르는 얼마나 넓은 면적일까. 우리나라(남한) 면적이 1,000

만 헥타르이므로 90배에 해당하는 넓이다. 참고로 중국의 면적이 9억 6,000만 헥타르이고 지구 육지의 면적은 149억 헥타르다. 지구 면적의 6%를 추가로 숲으로 만들 수 있다는 말이다.

연구자들은 지구 곳곳을 찍은 사진을 기반으로 한 7만 8,774개 측정값을 분석해 현재 기후에서 44억 헥타르의 땅이 숲으로 존재할 수 있다는 결과를 얻었다. 참고로 숲의 정의는 '1헥타르에서 나무가 (가리는 면적이) 적어도 10%를 차지하고 농업활동이나 주거지가 없는 면적이 적어도 0.5헥타르는 넘는 곳'으로 정의된다.

44억 헥타르 가운데 실제 숲으로 존재하는 면적은 28억 헥타르다. 즉 추가로 숲을 만들 수 있는 면적이 16억 헥타르라는 말이다. 그러나 이 가운데 7억 헥타르는 이미 사람들이 차지한 상태라 숲으로 만들 수 있는 건 나머지 9억 헥타르다.

이를 나라별로 분석한 결과 러시아(1억 5,100만 헥타르), 미국(1억 300만 헥타르), 캐나다(7,840만 헥타르), 호주(5,800만 헥타르), 브라질(4,970만 헥타르), 중국(4,020만 헥타르)으로 상위 6개국이 절반을 넘게 차지했다. 이 가운데 미국, 캐나다, 호주, 중국 등은 세계 경제를 이끄는 나라들로 이 땅을 숲으로 복원할 역량이 충분하다. 논문에서 이들 나라의 '책임감'을 강조한 이유다.

목재용 조림은 효과 미미

현재 이런 대규모 숲 복원 프로젝트가 몇 개 진행되고 있다. 2011년 독일과 세계자연보존연맹이 주도한 '본 챌린지Bonn Challenge'가 대표적인 예로, 2030년까지 3억 5,000만 헥타르의 땅을 숲으로 복원한다는 야심찬 프로젝트를 추진하고 있다(본은 과거 서독의 수도다). 이 프로젝

본 챌린지

■ = 탄소 10억 톤

모두 자연숲

탄소 420억 톤 저장

현재 계획

탄소 160억 톤 저장

모두 조림

탄소 10억 톤 저장

©nature

43개국이 참여한 숲 복원 프로젝트인 '본 챌린지'는 2030년까지 3억 5,000만 헥타르 면적의 땅을 숲으로 복원할 계획이다. 만일 전체 면적이 자연숲으로 복원되면 2100년까지 대기 중 탄소 420억 톤을 포집할 수 있지만(왼쪽) 현 계획대로 34%가 자연숲, 45%가 조림, 21%가 농산림이면 탄소 160억 톤을 포집하는 데 그친다(가운데). 만일 전부 조림을 하면 10억 톤에 불과하다(오른쪽). (제공 『네이처』)

트에는 43개 나라가 참여하고 있는데, 3억 헥타르에 가까운 브라질, 인도, 중국의 황무지가 주된 대상이다.

한편 학술지 『네이처』 2019년 4월 4일자에는 이산화탄소를 포집하기 위해서는 자연숲으로 복원해야 한다고 주장하는 기고문이 실렸다. 이에 따르면 본 챌린지의 효과도 생각만큼 크지는 않다. 각국이 내놓은 복원안을 보면 자연숲은 34%에 머무르고 목재용 조림이 45%, 농산림 agroforestry 이 21%를 차지한다.

그 결과 3억 5,000만 헥타르를 복원했을 때 2100년까지 포획할 수 있는 탄소의 양은 160억 톤이다. 만일 전부 자연숲으로 복원할 경우 420억 톤에 이른다. 반면 전부 조림으로 복원하면 10억 톤에 불과하다.

자연숲 복원은 기술적으로 쉬우면서도 비용이 가장 덜 들고 이산화탄소 포집 효과가 즉시 나타나 숲이 성숙할 때까지 70년 동안 유지되지만 눈에 보이는 경제적 효과는 없다. 따라서 조림을 선택한 면적이 많은데, 이 경우 10년꼴로 나무를 베어내고 다시 심는 일이 반복되고 팔려나간 목재는 제품에 쓰이다 결국 대기 중 이산화탄소로 돌아간다. 조림이 이산화탄소 포집 효과가 미미한 이유다.

커피나무(관목)에 그늘을 주기 위해 나무를 심는 식의 농산림은 목재용 조림보다는 낫지만 자연숲에 비해서는 효과가 한참 떨어진다. 3억 5,000만 헥타르를 전부 농산림 복원으로 할 경우 탄소 70억 톤을 포획할 수 있다.

따라서 기고자들은 각국이 되도록 자연숲으로 복원할 것을 제안했다. 그리고 가난한 나라의 경우 놓친 기회비용(목재용 조림이나 농산림을 못해서)을 국제사회가 지불하는 방안도 검토해야 한다고 덧붙였다.

태양광 발전은 수단일 뿐

지난 6월 18일 방송된 KBS 〈시사기획 창〉의 '태양광 사업 복마전' 편의 내용을 두고 청와대가 반발했다는 뉴스를 듣고 궁금해서 봤다. 우리나라 태양광 발전이 문제가 있다는 얘기는 들었지만 이 정도로 심각한지는 몰랐다. 다만 청와대 관련 건은 지엽적인 문제라 이 자리에서 언급하지 않겠다.

2000년 무렵만 해도 태양광 발전은 '경제성은 떨어지지만 환경을 위해' 추진해야 하는 거라고 알고 있었다. 그런데 패널 생산비가 급감하고 유가가 오르면서 경제성에서도 경쟁력이 생기며 중국이나 미국 같은 나라에는 정말 끝이 안 보이는 태양광 발전소가 여럿 만들어졌다.

아쉽게도 우리나라는 이런 광활한 땅도 강력한 햇빛도 없기 때문에 여전히 정부가 어느 정도 보조를 해야 태양광 발전을 늘릴 수 있다.

나라 살림에 여유가 있을 때 이런 일을 꾸준히 추진해 건물이나 자투리 땅을 활용했다면 좋았으련만 내내 게으름을 피우다 이번 정부 들어 자세가 180° 바뀌어 돈을 쏟아붓고 있다.

그러나 요즘 돌아가는 모습을 보면 차라리 일을 안 하던 예전 정부가 그리울 지경이다. 많은 경우 '경제성(돈벌이)을 위해 생태와 환경을 희생하는' 태양광 사업을 벌이고 있는 것 같기 때문이다. 이런 말도 안 되는 일이 가능한 건 정부가 '몇 년도까지 신재생에너지 비율을 몇 %까지 올린다'는 식의 목표를 세워놓고 이를 달성하는 데만 관심이 있기 때문이다.

〈시사기획 창〉의 끝부분에 나오는 전남 고흥의 사례는 우리나라 태양광 발전의 경악스러운 현실을 보여주고 있다. 40만m^2가 넘는 숲(임야)에 있는 습지는 전남 17개 습지 가운데 생태계 보존 가치가 가장 높은 곳으로 평가되는 '1급 보호 습지'로 14종의 멸종위기종과 희귀종이 서식하고 있다. 비록 환경영향평가를 거쳐야 한다는 조건부 허가라지만 이런 곳에 태양광 발전소 허가가 났다는 사실 자체가 충격이다.

문득 우리나라는 태양광 발전을 왜 해야 하는지도 모른 채 일을 벌이고 있는 게 아닌가 하는 생각이 들었다. 즉 태양광 발전 전 과정(패널 제작 및 폐기, 발전소 건설을 포함한)에서 나오는 이산화탄소의 양(탄소발자국)이 기존 화석연료 발전으로 동일한 전기를 생산했을 때 나오는 이산화탄소 양보다 적어야 하는 것은 물론이고 생태계와 환경에 미치는 영향도 계산에 포함시켜야 하는데 이런 개념이 없는 것 같다.

나무가 울창한 숲을 벌거숭이 땅으로 만들어 여기에 태양광 발전소를 짓는 건 발전소만 비교했을 때는 이산화탄소 배출이 줄어드는 걸로 계산될 수 있겠지만 숲의 기존 생물량과 추후 20년 동안(태양광 패널 수명) 포집할 이산화탄소까지 계산에 포함하면 절대 그렇게 나오지

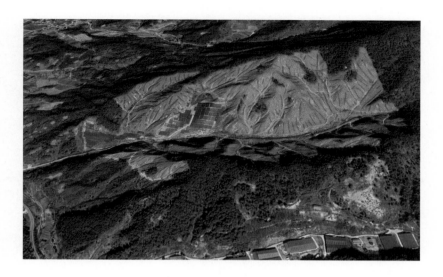

하늘에서 바라본 전북 장수군 천천면의 태양광 발전소 건설 현장. 이산화탄소 배출과 포획/저장의 관점에서 볼 때 자연숲을 파괴해 만든 태양광 발전소는 존재 이유가 없는 것 아닐까. 산을 깎아 만든 태양광 발전소는 생태계를 파괴할 뿐 아니라 보기에도 안 좋고 여름철 집중호우로 토사가 대량으로 유출되면 자칫 산사태로 이어질 수도 있다. (제공 구글 어스)

않을 것이다. 숲을 파괴하면서 만든 태양광 발전소는 지구온난화를 늦추는 데 전혀 도움이 되지 않는다는 말이다.

지금 우리의 목표는 이산화탄소 배출을 줄이는 것이고 태양광 발전은 여러 수단 가운데 하나일 뿐이다. 즉 이산화탄소 감소에 기여하지 못하는 태양광 발전소는 지을 이유가 없다는 말이다. 게다가 덤으로 생태계와 환경까지 파괴한다면 더 말할 것도 없다.

정부는 앞으로 수십조 원을 들여 서울시 면적보다도 넓은 땅을 태양광 발전소로 만들 계획이라고 한다. 이 가운데 숲을 파괴하지 않고 지을 수 있는 면적이 얼마나 될지는 모르겠지만 이제라도 멈추는 지혜를 발휘했으면 한다.

대신 남는 돈을 갖고 숲 복원 프로젝트를 진행하면 어떨까. 『사이언스』논문에 따르면 우리나라의 숲 잠재력은 554만 헥타르이고 실제 숲은 359만 헥타르다. 즉 195만 헥타르를 숲으로 만들 여력이 있다는 말이다. 산림이 많이 황폐화된 북한의 경우 숲 잠재력은 733만 헥타르 이지만 실제 숲은 343만 헥타르에 불과해 390만 헥타르를 숲으로 바꿀 수 있다.

숲을 파괴해 태양광 발전소를 짓는 '제로섬게임'에 아까운 세금을 쏟아붓는 대신 숲 회복 프로젝트를 펼친다면 이산화탄소 포집/저장도 되고 많은 사람들에게 보람 있는 일자리도 줄 수 있을 것이다. 이처럼 지구촌의 식물 생물량을 늘려 이산화탄소를 줄이는 게 진정 인류와 지구를 위하는 길 아닐까.

이제는
달걀감별하는 시대?

우리가 동물에 대한 기계론적 견해를 갖고 있는 동안은 윤리에 대해 걱정
할 필요가 없었는데, 슬프게도 이것은 기계론적 견해의 매력 중 일부였을
지 모른다. 반면에 동물이 감각성이 있는 존재라면, 우리는 동물의 상황
과 고통을 고려해야 할 의무가 있다. 이것이 현재 우리가 처한 상황이다.

프란스 드 발

최근 미국의 저명한 영장류학자 프란스 드 발Frans de Waal의 신간
『동물의 감정에 관한 생각』을 재미있게 읽었다. 드 발은 이 책에서 우
리와 가까운 유인원은 물론이고 영장류와 포유류, 심지어 어류까지 포
함한 척추동물 전반에서 관찰한 행동을 설명하기 위해서는 이들이 감
정적 존재임을 인정하지 않을 수 없음을 설득력 있게 제시하고 있다.

드 발은 "생물들의 생존 이해는 서로 충돌하는 경우가 많기 때문에,
남에게 해를 끼치지 않고 살아남기란 어렵다"며 특히 광합성을 하지 못
하는 동물은 자기 생존을 위해 "다른 생물을 손상시키거나 죽일 수 밖

매년 산란계 병아리 140억 마리가 감별을 통해 절반(암컷)은 양계장으로 가고 나머지 절반(수컷)은 바로 죽임을 당한다. 최근 달걀감별 기술이 개발되면서 머지않아 병아리감별이 역사의 뒤안길로 사라질지도 모른다. (제공 eggXYt/유튜브 캡처)

에 없다"고 말하면서도 우리 먹이인 생물, 특히 감정을 지닌 동물에게 불가피하지 않은 고통은 주지 말아야 한다고 강조했다.

예를 들어 드 발은 감정을 지닌 동물(가축)에게는 생지옥인 '공장형 축산'을 비판하고 있다. 드 발은 "(오늘날) 동물을 다루고 키우고 운송하고 도살하는 방법에는 잘못된 것이 많다"며 "이에 대한 저항으로 선진국의 많은 젊은이들은 고기를 먹지 않는 식사를 실험하고 있다"고 쓰고 있다.

매년 수평아리 70억 마리 희생

그럼에도 잡식동물로 진화한 사람이 완전 채식으로 살아가기는 쉽지 않기 때문에 생선이나 달걀, 유제품으로 부족한 영양을 보충하는 경우가 많다. 특히 달걀은 먹기도 쉽고 값도 싸 채식주의자뿐 아니라 많

닭은 쓸모에 따라 육계(왼쪽)와 산란계(오른쪽)로 품종개량됐다. 둘의 지향점이 너무 달라 장점만을 살린 '겸용종' 개발은 실패했다. (제공 eggXYt/유튜브 캡처)

은 사람들에게 고마운 음식이다.

　그런데 사실 달걀도 윤리 문제에서 자유롭지 못한 게 현실이다. 산란계 대부분은 A4용지 한 장도 안 되는 좁은 공간에 갇혀 알을 생산하는 '살아있는 기계'로 평생을 보내기 때문이다. 심지어 알을 더 낳게 하려고 밤에도 불을 끄지 않는 양계장도 있다.

　수년 전 '살충제 달걀' 파동을 겪으며 양계장의 이런 처참한 현실이 부각됐고 그래서인지 요즘 마트에 가보면 소비자(사람)를 위한 무항생제 달걀뿐 아니라 생산자(닭)를 위한 동물복지 달걀도 있다. 동물윤리에 민감한 사람들에게는 반가운 일이다. 다만 달걀값은 두세 배나 비싸지만.

　그런데 이런 동물복지 달걀에도 여전히 윤리적인 문제가 남아있다. 산란용 닭을 키우려면 먼저 갓 부화한 병아리에서 암수를 감별해야 하는데, 필요 없는 수컷은 가스(이산화탄소)로 질식시키거나 믹서기로 갈아 죽인다. 수평아리는 육계로 키우면 될 것 같지만 산란용 품종은 사료가 고기로 전환되는 효율이 낮아 상업성이 없다.

이렇게 세상의 빛을 본 지 하루 이틀 만에 생을 마감하는 수평아리가 1년에 70억 마리로 추정된다. 세계 인구와 맞먹는 수다. 참고로 세계에서 1년에 생산되는 달걀은 1조 개에 이른다.

그런데 학술지 『사이언스』 2019년 8월 16일자에 실린 기사에 따르면 놀랍게도 이미 독일에서는 이 문제를 어느 정도 해결한 달걀이 시장에 나와 있다고 한다. 즉 부화 중인 달걀을 감별해 암평아리가 될 달걀만 골라 계속 부화를 진행시키고 이렇게 키운 암탉이 낳은 달걀이라는 것이다. 즉 수평아리를 죽이는 비윤리적인 일을 하지 않고 얻은 달걀로, 이름도 '존경받는 달걀'을 뜻하는 '레스페그트^{respEGGt}'다.

기사는 이미 상업화에 성공한 레스페그트뿐 아니라 다른 달걀감별 방법들의 연구 현황도 소개하고 있다(레스페그트는 미흡한 면이 있다). 이런 분야가 있는 줄로 몰랐던 필자는 좀 더 자세히 알고 싶어 검색하다 2018년 학술지 『가금 과학$^{Poultry Science}$』에 실린 리뷰논문을 발견했다. 기사와 리뷰논문을 바탕으로 달걀감별 연구의 현황을 들여다보자.

여성호르몬 감지해 선별

닭은 쓸모에 따라 육계와 산란계로 나뉜다. 육계는 암수 모두 키우는 반면 산란계는 씨수탉 몇 마리 말고는 수컷이 필요가 없다. 이는 육우와 젖소도 마찬가지다. 그러나 젖소 수송아지는 육우로 키우는 반면 산란계 수평아리는 죽이는 게 낫다. 사료의 고기 전환율이 너무 낮기 때문이다. 예를 들어 육계는 19일만에 몸무게가 650g가 되는 반면 산란계는 47~49일이나 걸린다.

산란계 수평아리 문제를 해결하기 위해 '겸용종'을 개발했으나 결과는 시원찮았다. 육계와 산란계의 지향점이 워낙 다르다 보니 '죽도 밥도 아닌' 잡종이 나오는 게 고작이었다. 예를 들어 로만 듀얼Lohmann Dual이라는 겸용종 암컷은 기존 산란계에 비해 알을 낳는 빈도가 낮아지고 달걀 크기는 작아져 불합격이었고 수컷은 기존 육계에 비해 살이 찌는 속도가 느렸고(70일에 3kg 대 2kg) 근육의 분포도 최적에서 벗어났다(사람들이 선호하는 가슴살의 비율이 줄었다).

결국 육종으로는 답이 없다고 보고 2000년대 들어 과학자들은 본격적으로 달걀감별 연구에 뛰어들었다. 연구는 크게 네 방향으로 진행되고 있다. 먼저 생화학적 방법으로, 달걀이 발생하는 과정에서(부화까지 대략 21일이 걸린다) 나타나는 생체분자의 변화에서 암수의 차이를 밝혀 이를 이용해 감별하는 방법이다.

생화학적 방법으로 달걀감별에 성공해 시장에 나온 게 바로 레스페그트다. 독일 라이프찌히대 연구자들은 달걀의 발생과정에서 성호르몬의 변화를 분석한 결과 8, 9일차부터 암수에서 여성호르몬 에스트론 설페이트estrone sulfate의 농도차가 뚜렷하게 벌어진다는 사실을 발견했다. 이들은 이 분자에 결합해 색이 변하는 시약을 개발했다.

검사 방법은 이렇다. 9일차 된 달걀에 레이저로 바늘구멍보다 작은 지름 0.2mm의 구멍을 뚫어 요막액 한 방울을 뽑아낸다. 요막액은 배아를 둘러싼 요막강을 채우는 액체로 호르몬을 함유하고 있다. 채취한 요막액을 시약과 섞으면 암컷일 경우 색이 변한다.

셀레그트Seleggt라는 독일 회사는 이 방법을 자동화해 한 시간에 달걀 3,000개를 감별하는 시스템을 갖췄고 이렇게 선별한 암평아리를 키워 얻은 달걀을 레스페그트라는 브랜드로 2018년 11월 출시했다. 최근까지는 독일 베를린에서만 살 수 있었지만 2019년 연말까지 독일 전역

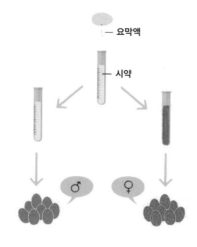

부화 9일차 달걀에 작은 구멍을 뚫어 요막액 한 방울을 채취해 시약과 섞으면 여성호르몬 에스트론설페이트의 수치가 높은 암컷 달걀의 요막액에서만 색이 변한다(오른쪽). 이 방법으로 수평아리를 죽이지 않고 선별한 암평아리가 자라 낳은 '레스페그트 달걀'이 2018년 11월부터 독일 베를린에서 유통되고 있다. (제공 Seleggt)

으로 보급될 것이라고 한다.

그럼에도 레스페그트 달걀은 절반의 성공이라는 평가를 받고 있다. 9일차 달걀감별로 수평아리가 나올 달걀을 선별해 처리하는 게(분말로 가공돼 동물사료로 쓰인다) 수평아리를 죽이는 것보다는 훨씬 낫지만 여전히 늦은 감이 있다는 것이다.

닭의 배아발생 과정을 연구한 결과 4일차에 신경세포(뉴런)가 나타나고 7일차에 시냅스가 형성되기 때문이다. 즉 7일차 달걀 안에 있는 배아는 이미 통증을 느낄 수 있다는 말이다. 따라서 그 이전에 감별을 해야 수평아리 달걀을 고통 없이 보낼 수 있다.

메추라기 알은 냄새분자로 감별 성공

배아의 밖에서 형성되는 혈관에 근적외선을 쪼여 분자의 조성을 분석해 성별을 추측할 수도 있다. 닭 배아의 발생은 수컷이 좀 더 빨리

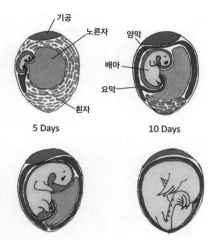

기공
노른자
양막
배아
요막
흰자

5 Days

10 Days

15 Days

20 Days

달걀의 배아발생 과정을 5일 단위로 보여주는 그림이다. 신경계가 어느 정도 갖춰진 7일차 배아부터는 통증을 느낄 수 있다고 보기 때문에 그 이전에 달걀감별을 하는 방법이 연구되고 있다. (제공 A. L. Romanoff, Cornell Rural School Leaflet, September, 1939)

진행돼 혈구를 이루는 분자의 조성이 다르기 때문이다. 이 방법의 번거로운 점은 근적외선이 달걀 껍질을 뚫지 못하기 때문에 껍질에 지름 12 *mm*의 구멍을 내야 한다는 것이다. 감별한 암컷 달걀은 구멍을 의료용 테이프로 막은 뒤 다시 부화기에 넣는다. 이러다 보니 부화율이 10%나 떨어진다는 문제가 있었다.

독일 드레스덴의대 등 공동연구자들은 이 문제를 해결하기 위해 난각막은 남겨두고 겉의 껍질만 없애는 방법을 개발했다. 난각막은 두께가 6*μm*(마이크로미터. 1*μm*는 100만분의 1m)에 불과하기 때문에 근적외선이 투과하면서도 알을 보호하는 역할을 한다. 연구자들은 2018년 학술지 『플로스 원』에 발표한 논문에서 이 방법으로 부화 4일차 달걀의 성별을 90%가 넘는 정확도로 알아내는 데 성공했다고 보고했다. 현재 연구자들은 AAT라는 회사와 손을 잡고 시제품을 만드는 단계에 있다고 한다.

달걀에 전혀 손상을 주지 않고 감별을 하는 방법도 연구되고 있다.

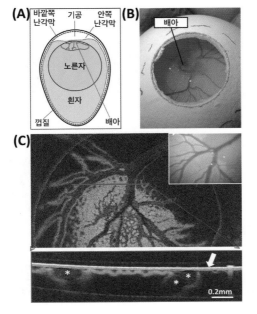

(A) 바깥쪽 난각막 기공 안쪽 난각막 **(B)** 배아

노른자

흰자

껍질 배아

(C)

3.5일차 달걀의 껍질에 동전만한 구멍을 내 안을 들여다보면 배아 주변 노른자에 혈관이 형성돼 있다. 여기에 근적외선을 쪼여 얻은 스펙트럼을 분석하면 성별을 알 수 있다. 암수의 혈구 조성이 다르기 때문이다. (제공 『플로스 원』)

0.2mm

미국의 오바브라이트Ovabrite 라는 회사는 질량분석기로 달걀에서 나오는 휘발성 분자를 분석해 암수를 감별하는 연구를 진행하고 있다.

이 방법의 아이디어는 메추라기 연구에서 나왔다. 영국 링컨대의 연구자들은 조류에서도 후각이 의사소통에 중요한 역할을 할 것이라고 가정하고 알에서 나오는 휘발성 분자를 분석했다. 그 결과 1일차 알에서 나오는 휘발성 분자의 조성만으로도 성별을 예측할 수 있다는 뜻밖의 사실을 발견했다.

메추라기와 닭 모두 꿩과科 조류이기 때문에 달걀에서도 이런 일이 가능할 것이라고 기대했지만 아직 분명한 차이를 보이는 분자를 찾지는 못한 상태다.

유전자편집(크리스퍼) 기술로 Z염색체에 노란색형광단백질 유전자를 넣어준 암탉(Z*W)과 일반 수탉
(ZZ) 사이에서 얻은 달걀에 빛을 쪼여주면 오직 수컷 달걀(ZZ*)만 노란색 형광을 내기 때문에 쉽게 감별
할 수 있다. (제공 eggXYt)

유전자편집, 거부감이 문제

필자가 가장 끌린 방법은 유전자편집(크리스퍼) 기술을 이용한 달
걀감별이다. 유전자편집은 게놈의 원하는 위치에 유전자를 넣을 수 있
는 기술이다. 이를 이해하려면 먼저 닭의 성염색체 구성이 사람과 다르
다는 걸 유념해야 한다. 사람은 여성이 XX, 남성이 XY이지만 닭은 암
컷이 ZW, 수컷이 ZZ다.

호주와 이스라엘의 공동연구자들은 유전자편집으로 Z염색체에 노
란색형광단백질 유전자를 넣은 닭을 만들었다. 일반 수탉(ZZ)과 유전
자편집된 암탉(Z*W)이 짝짓기를 하면 어떤 병아리가 나올까. 암평아리
는 ZW이고 수평아리는 ZZ*다. 즉 수평아리만 어미에서 받은 Z염색체
에 노란색형광단백질 유전자가 들어있다. 따라서 달걀에 빛을 비추면
수컷 달걀만 노란색을 띤다.

이 방법이 매력적인 건 유전자편집된 암탉이 낳은 달걀에서 나온 암평아리가 일반 암탉이라는 것이다. 따라서 유전자변형생물체GMO 논쟁에서 자유로울 수 있다. 물론 과정까지 문제를 삼는다면 어렵겠지만. 현재 이스라엘의 엑시트eggXYt라는 회사가 상업화에 가까운 상태인 것으로 알려져 있다.

이 글을 읽으며 '이렇게 한가한 연구를 다 하나?'라고 생각하는 독자도 있을지 모르겠지만 꼭 그렇지도 않다. 예전에 유럽에서 화장품 개발 과정에서 동물실험을 금지하는 움직임을 보였을 때 '지나치다'고 생각했지만 이제는 우리나라도 따르고 있다.

병아리감별 역시 이미 독일에서는 법정 공방이 벌어지고 있다. 비록 2019년 6월 13일 연방 행정법원은 "대안을 찾을 때까지 잠정적으로 수평아리 살해는 합법"이라고 농부들의 편을 들어줬지만 '이 정도면 대안'이라고 판단하는 순간 병아리감별로 수평아리를 죽이는 관행이 불법이 될 수 있다. 최근 달걀감별 기술의 발전속도에 비춰볼 때 머지않아 이런 날이 올 것 같은 예감이 든다.[25]

---

25) 2022년부터 독일에서는 달걀감별을 거치지 않은, 즉 수평아리의 희생이 따르는 달걀을 판매하지 못한다. 프랑스는 2023년부터, 이탈리아도 2026년부터 같은 조치를 취한다. 한편 독일은 달걀감별 의무화에서 한 발 더 나가 2024년부터는 배아가 고통을 느끼지 않는 7일차 이전에 감별을 해야 하도록 법을 강화할 방침이다.

Part 6

←→

천문학 · 물리학

냉매 안 쓰는
냉장고 에어컨 시대 열릴까

　예전에 일본의 한 경제연구소가 21세기를 '재료의 시대'라고 불렀다는 얘기를 들었다. 재료가 중요한 것은 맞지만 무대에서 AI(인공지능)나 ICT(정보통신기술), IBT(정보생명기술) 같은 주인공을 뒷받침하는 조연 또는 배경이라고 생각해온 필자로서는 다소 의외였다.

　그런데 21세기가 시작된 지 20년 가까이 지난 시점에서 보니 그 말이 맞는 것 같다는 생각이 든다. 즉 새로운 재료의 등장은 일상의 풍경을 바꿀 수 있고 무엇보다도 오늘날 인류의 당면 과제인 에너지와 환경 문제를 해결하는 열쇠가 될 수 있기 때문이다.

일상과 환경을 바꾸는 재료의 힘

　조명이 대표적인 예다. 오늘날 LED(발광다이오드)조명의 시대가 열린 건 1993년 일본 니치아화학공업의 연구원 나카무라 슈지가 질화갈륨으로 청색LED를 만드는 데 성공했기 때문이다. 적색LED와 녹색

LED는 벌써 개발됐지만 청색이 없어 백색광을 낼 수 없었는데 새로운 재료의 등장으로 돌파구가 열린 것이다.

LED는 형광등과 백열전구에 비해 효율이 높아 조명에 들어가는 에너지를 대폭 줄였을 뿐 아니라(효율이 낮은 백열전구는 아예 퇴출됐다) 수명이 길어 환경친화적이다. 물론 전기료 부담이 줄어들면서 지나친 인공조명(빛공해)이 문제로 떠오르고 있기는 하다. 아무튼 LED가 상용화된 지 불과 10여 년 만에 일상의 조명 풍경이 바뀌었다는 건 놀라운 일이다(물론 우리는 이미 익숙해져 무덤덤하지만).

OLED(유기발광다이오드)는 디스플레이 전이의 과도기를 보여준다는 점에서 흥미롭다. 여전히 LCD(액정디스플레이)가 주류이지만 OLED 디스플레이가 스마트폰에서 상당 부분을 차지하고 있고 TV도 급격히 성장하고 있다. 액정이라는 재료의 성능을 아무리 개선하더라도 극복할 수 없는 화질의 한계를 OLED라는 새로운 재료가 등장함으로써 가볍게 뛰어넘은 것이다.

현재 사용되는 OLED는 이리듐 화합물이 재료인데 이게 문제가 좀 있다. 연간 생산량이 수 톤에 불과할 정도로 희귀한 금속인 이리듐은 굉장히 비쌀 뿐 아니라(OLED 수요로 지난해 금을 추월했다) 청색 OLED 화합물이 불안정해 적색이나 녹색에 비해 수명이 훨씬 짧다는 것이다. OLED 제품을 몇 년 쓰면 화면의 색상이 서서히 노리끼리하게 바뀐다는 말이다. 물론 이런 현상이 제품의 통상적인 수명보다 뒤에 나타나니까 쓰이겠지만.

2019년 2월 8일 학술지 『사이언스』에 구리화합물로 만든 OLED를 개발하는 데 성공했다는 논문이 실렸다. 연구자들은 새로 개발한 구리화합물 OLED가 기존의 불안정성 문제를 극복했고 이리듐에 필적하는 고휘도이기 때문에 이리듐 OLED를 대체할 수 있을 것이라고 전망했다.

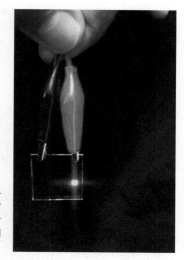

오늘날 스마트폰과 TV에 쓰이는 OLED는 이리듐화합물로 비싸고 청색이 상대적으로 불안정하다는 단점이 있다. 미국 LA 캘리포니아대 화학과 마크 톰슨 교수팀은 최근 값싼 구리화합물로 안정하고 효율이 높은 청색OLED를 만드는 데 성공했다고 발표했다. (제공 마크 톰슨)

당연히 특허도 냈다. 싸고 수명이 긴 구리화합물로 만든 OLED 디스플레이가 상용화돼 가격이 뚝 떨어지면 LCD는 자취를 감추지 않을까.

냉매는 이산화탄소보다 2,000배 센 온실가스

학술지 『네이처』 2019년 3월 28일자에는 냉장고와 에어컨에 쓰이는 냉매를 대체할 수 있는 새로운 재료를 개발했다는 논문이 실렸다. 그런데 놀랍게도 액체와 기체의 상전이 과정에서 열을 주고받는 걸 이용하는 방식이 아니라 '유연한 결정'이라는 특이한 고체에 압력을 변화시켜 냉매 역할을 하게 했다. 무척 낯선 개념임에도 꽤 흥미롭다.

냉매 하면 남극 오존층에 구멍을 낸 염화불화탄소(CFC), 즉 프레온이 떠오른다. 1987년 각국이 몬트리올 의정서에 서명한 이후 프레온 사용이 급감했지만 이를 대체한 냉매도 여전히 문제가 많다. 이산화탄소보다 훨씬 강력한 온실기체이기 때문이다. 냉매 1kg은 이산화탄소 2

열전효과를 이용한 냉각장치로, 파란 원 위에 음료를 두면 끝까지 시원하게 마실 수 있다. 열전냉각은 비싸고 효율이 낮아 특수한 용도로만 쓰이고 있다. (제공 위키피디아)

톤에 해당하는데, 이는 자동차를 하루 24시간 6개월 동안 몰 때 나오는 양이다. 또 냉매를 쓰는 냉각기술은 작은 크기에는 적용할 수 없다. 따라서 냉매를 쓰지 않는 냉각 시스템 개발이 시급하다.

사실 냉매 대신 고체를 쓰는 냉각 시스템은 이미 상용화돼 있다. 이 고체는 열전효과를 내는 재료다. 19세기에 발견된 '열전효과thermoelectric effect'는 두 금속이 맞닿은 부분의 온도가 다를 때 전류가 흐르거나 거꾸로 전류를 흘릴 때 온도차가 발생하는 현상이다. 앞의 현상을 이용하면 폐열에서 전기를 만들 수 있고 뒤의 현상을 이용하면 고체 냉각장치를 만들 수 있다(온도가 떨어지는 금속이 주변의 열을 흡수하므로).

n형과 p형 반도체를 써서 장치를 만들면 열전효과가 더 커진다는 사실이 밝혀지면서 상용화의 길이 열렸고 오늘날 몇몇 분야에서 활용

되고 있다. 그럼에도 기존 냉매 시스템에 비해 비싸고 효율이 낮아 널리 쓰이지는 못하고 있다.

또 다른 고체 냉각 시스템으로 최근 많은 연구가 진행되고 있는 게 칼로릭 재료를 이용한 방식이다. '칼로릭 재료caloric material'란 외부에서 자기장이나 전기장, 압력 같은 장field의 변화를 줄 때 엔트로피가 크게 변하는 상 변이가 일어나면서 열을 흡수하거나 방출하는 화합물이다. 엔트로피 entropy는 무질서도를 나타내는 물리량이다.

외부에서 장을 걸면 칼로릭 재료의 무질서도가 작아지면서 온도가 올라가고 열을 방출하면서 원래 온도로 돌아간다. 그 뒤 걸린 장을 풀면 무질서도가 커지면서 온도가 내려가고 주위의 열을 흡수하면서 원래 온도로 돌아간다. 지금까지는 주로 자기장이나 전기장에 반응하는 칼로릭 재료를 연구했다. 그러나 큰 온도 차를 내기 어렵고 반복하면 효율이 금방 떨어져 아직 갈 길이 멀다.

주변 열을 흡수하는 유연한 결정

중국과학원 금속연구소를 비롯한 다국적 공동연구팀은 '유연한 결정plastic crystal'이 압력의 변화에 따라 주변과 많은 열을 주고받을 수 있는 뛰어난 칼로릭 재료라는 사실을 발견했다.

결정은 원자나 이온, 분자가 공간에 일정한 간격으로 배치돼 있는 고체다. 예를 들어 소금은 나트륨이온과 염소이온이 3차원 바둑판의 교차점에 교대로 자리한 결정이고 설탕은 자당분자가 일정한 방향과 간격으로 배치된 결정이다.

유연한 결정이란 분자가 서로 느슨하게 묶여 있는 결정으로, 분자 사이의 간격은 일정하지만 개별 분자의 방향은 제멋대로다. 비유하자

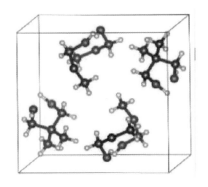

네오펜틸글리콜 분자로 이뤄진 유연한 결정의 단위
구조를 나타내는 그림이다. 갈색이 탄소원자, 빨간색
이 산소원자, 흰색이 수소원자다. (제공 『네이처』)

면 설탕 같은 전형적인 결정은 구성원들이 같은 쪽은 바라보며 좁은 간
격으로 있는 훈련 상태이고 유연한 결정은 넓은 간격으로 퍼져 자리는
지키면서 편하게 쉬는 상태다.

보통 결정은 단단해서 누르면 어느 선까지 버티다 깨지지만 유연
한 결정은 누르면 쑥 들어갔다가 힘을 빼면 다시 원래로 돌아온다. 어
찌 보면 고체(결정)와 액체 사이의 상태라고 말할 수 있다.

연구자들은 유연한 결정을 누를 때, 즉 외부에서 압력을 가할 때 단
순히 수축하는 게 아니라 그 과정에서 방향이 제멋대로인 분자들이 일
정한 방향으로 정렬할 것이라고 추측했다. 무질서도, 즉 엔트로피가 줄
어든다는 말이다. 만일 엔트로피의 변화가 아주 크다면 유연한 결정으
로 냉각 시스템을 만들 수도 있을 것이다.

연구자들은 여러 유연한 결정들을 대상으로 압력의 변화에 따른
엔트로피 변화를 측정했는데 네오펜틸글리콜[NPG]이라는, 탄소원자 5개
로 이뤄진 분자로 만든 유연한 결정이 상온에서 큰 변화를 보였다. 즉 1
기압에서 수백 기압으로 압력을 높이면 엔트로피가 최대 390J/kgK까
지 떨어지는데, 이는 약 50도의 냉각 효과를 볼 수 있는 값이다. 즉 냉

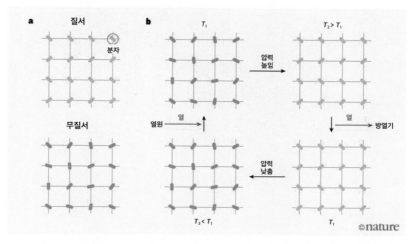

유연한 결정은 상황에 따라 분자의 방향이 질서 있게 놓일 수도 있고(a 위) 무질서하게 놓일 수도 있다(a 아래). 유연한 결정에 압력변화를 주면 냉각장치로 쓸 수 있다는 사실이 최근 밝혀졌다(b). 가운데 위는 상온(T1) 대기압에서 분자가 무질서하게 놓인 유연한 결정이다. 여기에 압력을 가하면 분자가 질서 있게 놓이며 온도가 올라간다(T2). 이 상태에서 열이 방열기로 빠져나가며 온도가 상온으로 떨어진다. 이때 압력을 풀면 분자 방향이 무질서해지고 온도가 떨어지면(T3) 열원에서 열을 받아 상온으로 돌아간다. 그 결과 열원이 냉각된다. (제공 『네이처』)

장고나 에어컨에 적용할 수 있다는 말이다.

다만 NPG 분자로 만든 유연한 결정을 쓴 냉각장치를 상용화하기는 어렵다. 녹는점이 높지 않고 결정이 약해 압력을 넣고 빼는 과정을 반복하다 보면 뭉개지기 때문이다. 유연한 결정이 고체 냉각 시스템에 쓰일 수 있음을 보인 게 이번 연구의 성과라는 말이다. 이런 물성을 개선한 유연한 결정을 만드는 데 성공한다면 한 세대 뒤 가정에는 지금과는 전혀 다른 작동방식의 냉장고와 에어컨이 놓여 있을지도 모른다.

허블상수는
위기에서 벗어날 수 있을까

> 만약 아인슈타인이 자신의 1917년 중력장방정식에 수반되는 팽창우주를
> 받아들였다면 허블이 1929년에 발견하기 전에 과학의 역사에서 가장 위
> 대한 예측을 할 수 있었을 것이다.
>
> 존 그리빈

1929년 미국 윌슨산천문대의 천문학자 에드윈 허블^{Edwin Hubble}은
학술지 『미국립과학원회보^{PNAS}』 3월호에 '외부은하들에서 거리와 시
선속도 사이의 관계에 대하여'라는 다소 평범한 제목의 6쪽짜리 논문
을 발표했다. 허블은 이 논문에서 '우주가 팽창한다'는, 천문학 역사에
서 가장 위대한 발견을 보고하면서 팽창 속도를 나타내는 계수 K를 제
안했다.

즉 1메가파섹(메가는 100만, 1파섹은 약 3.26광년) 떨어져 있는 천체
는 초당 500km 속도로 멀어진다며 이를 'K=500'으로 표시한 것이다.
훗날 K는 H0로 바뀌었고 허블상수^{Hubble constant}로 불리고 있다.

미국 윌슨산천문대의 100인치 후커망원경을 통해 천체를 바라보는 포즈를 취한 에드윈 허블. 허블은 당시 세계에서 가장 구경이 큰 이 망원경으로 우리은하가 우주의 전부가 아니라는 사실(1924년)과 우주가 팽창한다는 사실(1929년)을 발견해 가장 위대한 천문학자가 됐다.

그런데 허블이 허블상수를 발표한 지 90년이 지났음에도 여전히 허블상수에 대한 논문이 발표되고 있다. 2019년 상반기에만 6편의 논문이 학술지에 실렸거나 미리 공개됐다. 물론 그럴 수도 있다. 보통 사람들이 3.14로 알고 있는 무리수 파이π의 소수점 뒷자리를 경신했다는 뉴스도 잊을만하면 나오지 않는가.

그런데 허블상수는 얘기가 좀 다르다. 새로 발표되는 값이 더 정밀해지는 건 맞는데 특정한 측정 방법에 대해서만 그렇다는 게 문제다. 과거에는 방법 A로 측정한 결과와 방법 B로 측정한 결과가 차이가 적었고 불확실성이 커 서로 오차범위 안에 있었다. 나중에 좀 더 정확히 측정하면 하나의 값으로 수렴할 수 있다는 희망이 있었다는 말이다.

그런데 그 뒤 두 값의 차이가 더 벌어지고 대신 정밀도는 높아지면서 오차범위가 줄어 서로 명백히 다른 값을 가리키고 있다. 게다가 최

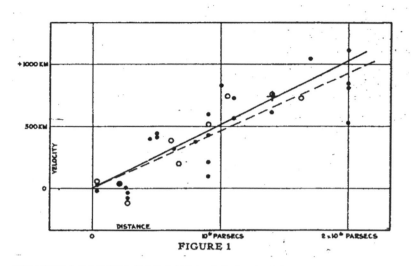

FIGURE 1

1929년 발표한 논문에서 허블은 천체의 거리(밝기로 추정)와 스펙트럼의 적색편이를 분석한 결과 멀리 있는 천체일수록(가로축) 더 빠른 속도로 멀어진다는(세로축), 즉 우주가 팽창한다는 사실을 발견했고 그 정도(기울기)를 계수 K로 나타냈다. (제공『미국립과학원회보』)

근 발표된, 새로운 방법(C라고 하자)으로 측정해 얻은 허블상수도 큰 도움이 되지 못하고 있다. 방법 A와 방법 B의 중간값으로 나온 것이다.

어떻게 허블상수처럼 천문학의 기본이 되는 값이 측정 방법에 따라 최대 10%에 이르는 차이를 보일 수 있을까. 관련 연구자들도 당황하고 있는 허블상수의 딜레마를 좀 더 자세히 살펴보자.

세페이드 변광성을 표준촛불로

이야기는 1900년대 초 미국 하버드대 천문대의 인간 컴퓨터 헨리에타 레빗Henrietta Leavitt의 발견에서 시작한다. 컴퓨터가 없던 시절 천문대에는 약간의 수학 지식을 지닌 성실한 여성들, 즉 인간 컴퓨터가 관측 자료를 정리하고 표로 만드는 단순반복 작업을 맡았다. 여성이었기 때문에 관측 천문학자가 될 수 없었던 레빗은 사진들을 분석하며 의미를 찾으려고 했고 마침내 뭔가를 발견했다.

즉 소마젤란성운의 세페이드 변광성 Cepheid variable 의 관측 자료를 유심히 살펴보니 밝기가 변하는 주기가 길수록 더 밝았다. 이는 세페이드 변광성이 천체까지 거리를 알 수 있는 표준촛불 standard candle 이 될 수 있다는 말이다. 예를 들어 두 세페이드 변광성이 주기는 같은데 밝기가 100배 차이가 난다면 어두운 별은 밝은 별에 비해 열 배 먼 거리에 있다는 뜻이다(밝기는 거리의 제곱에 반비례하므로).

1919년 윌슨 산천문대에 부임한 허블은 당시 세계 최대 크기인 구경 100인치(2.5m) 후커망원경으로 관측하는 행운을 누렸다. 허블은 1923년부터 본격적으로 안드로메다대성운(안드로메다은하)을 관측해 세페이드 변광성을 찾았고 밝기 주기를 관측해 안드로메다대성운이 태양계에서 100만 광년 떨어져 있다는 사실을 발견해 이듬해 보고했다(훗날 250만 광년으로 밝혀짐). 즉 우리은하 밖에 있는 천체란 말이다.

당시 우리은하가 우주의 전부로 알고 있던 대부분의 천문학자들은 큰 충격을 받았다. 이 발견으로 허블은 단숨에 스타 천문학자가 됐다. 당시 노벨물리학상 대상에 천문학을 포함했다면 수상했을 업적이다(1960년대 말이 돼서야 포함됐다).

그 뒤 허블은 동료 밀턴 휴메이슨과 함께 여러 천체를 관측했고 동시에 분광기로 별빛의 스펙트럼을 분석해 적색편이를 조사했다. 적색편이는 거리가 멀어지는 천체에서 오는 빛의 파장이 길어지는 현상으로, 멀어지는 속도가 빠를수록 적색편이도 커진다.

허블과 휴메이슨이 얻은 46개 데이터 가운데 세페이드 변광성은 7개뿐이었다. 허블은 나머지 은하의 가장 밝은 별이나 성운의 데이터는 절대광도가 같다고 가정하고 겉보기등급으로 거리를 추정했다. 이런 불확실성에도 거리가 먼 천체일수록 후퇴하는 속도도 빨라지는 뚜렷한 패턴을 얻을 수 있었고 그래프에서 K=500이라는 값을 얻었다. 이에 따르면 우주의 나이는 약 20억 년이다(허블상수의 역수). 당시 천문학이 포함됐다면 허블은 이 발견으로 두 번째 노벨물리학상을 받았을 것이다.

아인슈타인 윌슨산천문대 찾아

1917년 아인슈타인은 일반상대성이론에 따른 중력장방정식을 우주론에 적용하며 정적인 우주를 만들기 위해 우주상수 람다$^\Lambda$를 도입했다. 그런데 허블의 관측으로 정적 우주론이 폐기된 것이다. 1929년 발표된 허블의 논문에 깊은 감명을 받은 아인슈타인은 2년 뒤 미국을 방문했을 때 윌슨산천문대에 들러 허블을 만났다. 훗날 아인슈타인은 우주상수 도입을 "내 인생 최대의 실수"라고 한탄했다.

연달아 엄청난 발견을 했음에도 허블은 만족할 수 없었다. 우주를 좀 더 멀리 보고 싶었던 그는 성능이 좋은(구경이 큰) 망원경에 대한 갈증이 컸다. 우주 팽창 연구도 관측 데이터가 부족해 허블상수를 정확히 구할 수 없었다. 1949년 팔로마산천문대에 설치한 200인치(5.1m) 헤일망원경이 본격적으로 가동하면서 의욕이 되살아났지만, 이 해 첫 심근경색 발작이 찾아왔고 1953년 64세로 세상을 떠났다.

허블의 후임자 앨런 샌디지$^{Allan\ Sandage}$는 헤일망원경으로 세페이드 변광성을 관측해 1970년대 허블상수가 50 내외라고 결론 내렸다(결국 허블이 추정한 500은 터무니없이 큰 값이었다!). 이에 따르면 우주의 나이가 약 200억 년이다. 물론 이는 우주가 일정하게 팽창했을 때의 얘기다.

빅뱅이론이 다듬어지면서 우주의 팽창 속도가 일정하지 않았다는

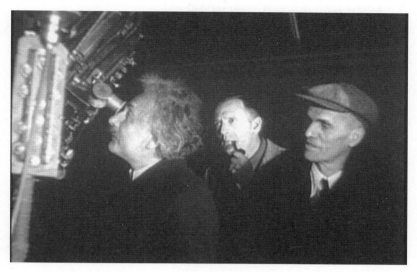

1931년 윌슨산천문대를 방문한 아인슈타인(왼쪽)이 천문대장 월터 애덤스(오른쪽)의 안내로 100인치 후커망원경을 들여다보는 모습을, 입에 파이프를 문 채 허블이 유심히 바라보고 있다. 이때 아인슈타인은 52세, 허블은 42세였다.

게 오늘날 정설이다. 즉 허블상수가 변해왔다는 말이다. 따라서 엄밀히 말하면 허블상수가 아니라 허블계수로 불러야 한다. 허블상수는 오늘날 허블계수의 값이다.

1990년 허블우주망원경을 쏘아 올려 지상 망원경보다 10배 넓은 우주를 관측을 할 수 있게 됨에 따라 세페이드 변광성으로 구한 허블상수의 정확도도 크게 높아졌다. 2001년 미국 카네기 천문대의 웬디 프리드먼Wendy Freedman 박사팀은 허블상수가 72(표준편차 +8, -8)이라고 발표했다. 지난 수년 동안은 2011년 노벨물리학상 수상자인 미국 존스홉킨스대 아담 리스Adam Riess 교수팀이 관측을 해왔고 2019년 5월 학술지 『천체물리학저널The Astrophysical Journal』에 발표한 논문에서 74.03(+1.42, -1.42)라는 값을 내놓았다.

우주론자의 우주는 느리게 팽창한다?

그런데 우주론 진영에서 허블상수 계산에 뛰어들면서 문제가 시작됐다. 1948년 소련 출신의 물리학자 조지 가모프[George Gamow]는 대학원생 랠프 앨퍼와 함께 훗날 빅뱅이론으로 불리게 될 주장을 담은 논문을 발표했다. 이에 따르면 팽창하는 우주의 초기 단계에서 나온 복사에너지가 우주의 배경에 아직까지 남아있어야 하고 서서히 식어 계산에 따르면 현재 우주의 온도가 5K(켈빈. 절대온도로 섭씨 -273.15도가 0K다)로 나온다.

1964년 초 미국 벨연구소의 전파천문학자 아노 펜지어스[Arno Penzias]와 로버트 윌슨[Robert Wilson]은 우연히 우주배경복사(마이크로파)를 발견했고 온도가 3K임을 확인했다. 가모프와 앨퍼의 가설을 입증한 것이다. 1989년 발사된 우주배경복사 관측위성인 코비[Cosmic Background Explorer, COBE]는 우주배경복사 지도를 만들었고 우주의 온도가 2.7K임을 밝혔다.

2001년 발사된 더블유맵[WMAP] 위성은 코비 위성보다 훨씬 높은 해상도의 우주배경복사 지도를 2003년 발표했다. 연구자들은 지도에서 드러난 미세한 온도 차이를 분석해 초기 우주의 팽창률을 추측할 수 있었다. 여기에 보통 물질(4.5%)과 암흑물질(22.7%), 암흑에너지(72.8%)의 비율까지 알아냈다.

이를 토대로 우주 팽창 패턴이 나왔고 허블상수(현재의 허블계수)를 계산할 수 있었다. 2007년 발표한 값은 70.4(+1.5, -1.6)였다. 2001년 프리드먼 박사팀의 허블상수 72(+8, -8)와 양립할 수 있는 결과로 여기까지는 문제가 없었다.

2009년 발사된 플랑크 위성은 4년 반에 걸친 관측 데이터를 바탕으로 WMAP보다 더 정밀한 우주배경복사 지도를 만들어 2013년 발표

플랑크 위성이 4년 반에 걸쳐 관측한 우주배경복사 데이터를 영상화해 만든 지도다. 미세한 온도차(비등
방성)를 분석하면 우주의 역사를 재구성할 수 있다. 이를 토대로 2013년 발표한 허블상수가 67.8로 꽤 작
게 나와 화제가 됐다. (제공 ESA)

했다. 이에 따르면 우주 구성비가 약간 바뀌어 보통 물질이 4.9%, 암흑
물질이 26.8%, 암흑에너지가 68.3%로 업데이트됐다. 가장 놀라운 결
과는 허블상수가 67.80(+0.77, -0.77)로 꽤 작아졌다는 점이었다. 그 결
과 우주 팽창 속도가 다소 느려졌고 우주의 나이도 기존 137억 년에서
138억 년으로 늘었다.

2018년 발표한 플랑크 위성의 최종 결과에서는 허블상수가
67.66(+0.42, -0.42)였다. 이는 세페이드 변광성 관측 결과를 토대로 리
스 교수팀의 2019년 발표한 74.03(+1.42, -1.42)과 양립할 수 없는 결과
다. 양쪽 진영 모두 이전보다 한층 나아진 관측 데이터와 이론을 바탕
으로 얻은 결과였기 때문에 학계가 당황하고 있다.

2019년 7월 16일 시카고대 웬디 프리드먼 교수팀은 적색거성(주황색 별들)을 표준촛불로 써서 얻은 허블상수가 69.8이라고 발표했다. 이는 세페이드 변광성 관측에서 얻은 허블상수(74.03)보다 우주배경복사를 분석해 얻은 허블상수(67.66)에 더 가까운 값이다. (제공 NASA)

적색거성의 배신?

한편 2001년 허블우주망원경으로 세페이드 변광성을 관측해 허블상수(72(+8, -8))를 구한 프리드먼은 그 뒤 적색거성으로 대상을 바꿔 허블상수를 구하는 연구에 뛰어들었다. 표준촛불로 적색거성이 세페이드 변광성보다 더 낫다고 판단했기 때문이다.

적색거성은 세페이드 변광성보다 훨씬 흔할 뿐 아니라(태양도 수십억 년 뒤 적색거성이 될 것이다) 쉽게 구분된다. 다만 밝기의 변동 폭이 큰 게 문제인데, 수백만 년에 걸쳐 점점 밝아지다가 최대치에 도달한 뒤 뚝 떨어진다. 프리드먼 교수팀은 많은 적색거성을 관측해 밝기가 최대치에 이른 적색거성을 표준촛불로 써서 허블상수를 얻었다.

2019년 7월 16일 공개된 논문에 따르면(학술지 『천체물리학저널』 9월 1일자에 실렸다) 적색거성 측정에서 얻은 허블상수는 69.8(+1.9, -1.9)로 세페이드 변광성 관측 결과(74.03(+1.42, -1.42))보다 꽤 낮았다. 오히려 우주배경복사 분석에서 얻은 67.66(+0.42, -0.42)에 좀 더 가깝다.

이에 대해 리스 교수(세페이드 변광성 진영)는 "적색거성의 밝기도 먼지의 영향을 받는다"며 "이런 문제를 비롯해 토론할 거리가 많다"며 생각보다 작게 나온 허블상수를 못 믿겠다는 뉘앙스를 풍겼다.

2029년은 허블이 우주 팽창을 발표한 지 100년이 되는 해다. 과연 10년 뒤에는 관련 연구자들이 동의하는 허블상수가 정해져 다들 가벼운 마음으로 100주년을 축하할 수 있을지 궁금하다.

이제는
노이즈캔슬링 시대?

"눈도 침침한데 귀까지 어두워져서야…."

스마트폰이 보급된 지 10년이 지났건만 연초까지만 해도 필자는 전철에서 책을 읽었다. 다른 이유는 아니고 스마트폰보다는 책을 보는 게 눈이 덜 피로하기 때문이다. 그런데 나이가 들면서 책 보는 것도 부담스러워져 음악을 듣거나 라디오를 청취하며 무료한 시간을 보내는 쪽으로 바꿨다.

이러다 보니 사람들이 왜 이어폰을 쓰다 청각이 손상되는지 알 것 같다. 책을 읽을 때는 인식하지 못했는데 뭘 들으려다 보니 지하철 소음이 너무 크다는 걸 새삼 깨달았다. 볼륨을 꽤 올리지 않으면 음악 감상이 제대로 안 되고 진행자가 무슨 말을 하는지도 알아듣지 못하겠다. 이건 아니다 싶어 지난 여름 큰맘 먹고 무선(블루투스) 노이즈캔슬링 이어폰을 장만했다.

그런데 지난주 신문에 난 기사를 보니 애플이 최근 에어팟 프로를 출시하면서 본격적인 무선 노이즈캔슬링 이어폰 시대가 열릴 것이란

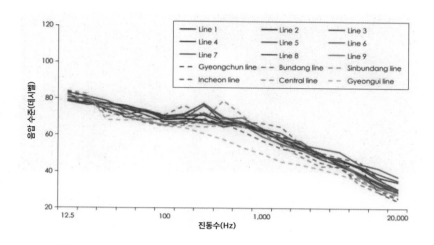

서울 지하철의 소음을 분석한 그래프로 1,000Hz 미만 영역이 데시벨이 높다. (제공 『J. Audiol. Otol.』)

다. 아이폰의 액세서리이기 때문에 무선 노이즈캔슬링 이어폰의 시장 규모가 달라질 것이고 삼성이나 LG 등 다른 스마트폰 제조 업체들도 조만간 무선 노이즈캔슬링 이어폰을 내놓을 것이기 때문이다.

오십 평생 이어폰을 별로 쓰지 않던 필자가 어쩌다 무선 노이즈캔슬링 이어폰을 쓰게 되니 얼리어답터가 된 느낌이다. 필자의 체험을 곁들여 노이즈캔슬링의 세계를 들여다본다.

능동적 소음 조절 기술

소음 또는 잡음으로 번역하는 노이즈noise란 전체 소리에서 시그널signal. 신호을 뺀 나머지다. 시그널 대 노이즈 비율(S/N)의 값이 클수록 정보의 질이 좋다. 기존 이어폰을 쓸 때는 소음이 큰 상태에서 정보 질을

외향 마이크가 **외부 소리**를 감지합니다.

AirPods Pro에 그에 상응하는 안티 노이즈를 발생시켜 **외부 소리**가 청력 기관에 닿기 전에 감쇠시킵니다.

귀 안쪽에서 혹시 들릴 수 있는 잡음이 내향 마이크에 감지되면 역시 안티 노이즈로 이를 지워버립니다.

진정 몰입감 넘치는 사운드를 위해 노이즈 캔슬링 기능이 무려 초당 200회나 지속적으로 이런 조정 작업을 해줍니다.

최근 애플은 노이즈캔슬링 기능이 탑재된 무선(블루투스) 이어폰 에어팟 프로를 출시해 관심을 끌고 있다. 외부 소음(왼쪽 흰색 파형으로 묘사)을 인식해 반대 위상의 음을 만들어(녹색) 상쇄시키면 소음이 사라지는(흰 선) 과정을 도식화했다. (제공 애플코리아)

높이려면 볼륨(신호)을 키워 분자의 값을 크게 한다. 반면 노이즈캔슬링 이어폰에서는 능동적으로 소음을 줄여 분모의 값을 작게 해 정보의 질을 높인다.

　우리가 주변의 소음을 줄이는 방식은 두 가지가 있다. 먼저 수동적 소음 조절로, 창문을 닫거나 귀마개를 하는 게 여기에 속한다. 헤드폰이 이어폰보다 소음의 영향이 덜한 것도 귀 전체를 덮기 때문이다. 반면 소리를 만들어 소리(소음)를 줄이는 능동적 소음 조절이 바로 노이즈캔슬링 noise cancelling 이다.

　이는 소리가 공기를 매질로 한 파동이기 때문에 가능한 현상이다. 즉 공기의 밀도가 주기적으로 높았다 낮았다를 반복하며 사방으로 퍼져나가는 게 소리로, 진행 방향과 밀도 변화 방향이 같은 종파다. 다만 이를 시각화하기 어려워 세로축을 공기밀도(음압)로 한 그래프로 나타내면 사인파 형태가 돼 횡파처럼 보인다. 세로축이 진폭을 뜻하는 진짜 횡파는 아니라는 말이다.

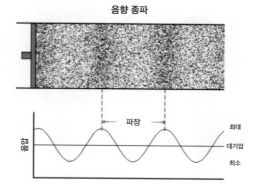

음향 종파

파장

음압

최대
대기압
최소

소리는 공기를 매질로 하는 파동으로, 진행 방향으로 밀도차가 바뀌는 종파다. 공기밀도(음압)를 세로축으로 해 표현한 그래프를 즐겨 쓰기 때문에 자칫 횡파로 오해하기 쉽다. (제공 사우스햄프턴대)

음압 sound pressure 이 가장 높을 때와 가장 낮을 때의 차이가 클수록 소리가 크게 들린다. 노이즈캔슬링이란 이 차이를 줄여 소음이 작게 들리게 하는 기술이다. 파동에는 간섭이라는 현상이 있어 이런 일이 가능하다.

즉 주기가 같은 파동 둘이 만날 때 위상이 같으면 파동이 강해지고 위상이 반대(사인함수의 경우 180° 차이)면 파동이 상쇄된다. 노이즈캔슬링 이어폰은 소음의 파동을 분석해 그와 위상이 반대인 파동을 만들어 내 소음을 상쇄시킬 수 있는 하드웨어와 소프트웨어가 장착돼 있어 가격이 꽤 비싸다.

50~1,000Hz 소음 줄여줘

사실 노이즈캔슬링 이어폰에서 수동적 소음 조절도 중요하다. 보통 이어폰이 귓구멍 바깥에 걸치는 디자인인 것과는 달리 귀마개처럼 귓구멍에 끼우는 방식(커널형)인 이유다. 수동적 소음 조절 능력 자체만 보기 위해 노이즈캔슬링 기능을 끈 채 착용해봤는데 지하철 소음이 꽤

노이즈캔슬링 이어폰의 내부는 꽤 복잡하다. 소니의 WF-1000XM3의 경우 외부 소음을 감지하는 마이크(feedforward)와 노이즈캔슬링이 된 소음을 감지하는 마이크(feedback)가 제공하는 정보를 바탕으로 프로세서가 최적의 반대 위상 음을 내놓는 시스템이다. (제공 소니코리아)

줄어들었다.

이때 노이즈캔슬링 기능을 켜자 소음이 뚝 떨어지면서 순간 내가 공간적으로 격리되는 듯한 착각이 든다. 이제 지하철에서도 스마트폰 볼륨 표시선의 3분의 1 지점까지만 높여도 듣는 데 문제가 없었다. 이론적으로 그럴 거라고 예상했지만 막상 체험해보니 이를 구현한 기술이 대단하다는 감탄이 절로 나온다.

그런데 이상한 현상을 발견했다. 분명 소음이 아득하게 들릴 정도로 꽤 줄었음에도 정차할 역을 알리는 방송 소리는 여전히 또렷하게 들리는 게 아닌가. 이어폰의 입장에서는 이 소리도 소음이므로 노이즈캔슬링의 대상일 텐데 효과가 시원치 않은 것 같다. 사실 이 소리가 정보인 사람의 입장에서는 이런 현상이 오히려 바람직한 일이다. 그렇다면 왜 소리에 따라 노이즈캔슬링 효과가 다른 것일까.

노이즈캔슬링은 소음의 주파수(초당 주기의 횟수)가 50~1,000헤르츠(Hz)일 때 효과가 뛰어나다. 지하철 소음이 전형적인 예다. 노이즈캔슬링의 원리를 좀 더 자세히 들여다보면 수긍이 간다.

여기 100Hz, 1,000Hz, 10,000Hz인 소음이 있다(각각 저음, 중음, 고

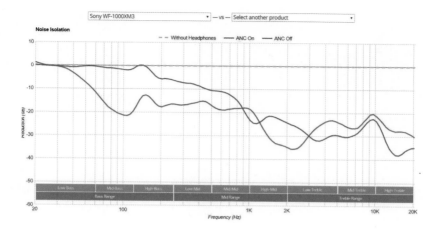

Sony WF-1000XM3   ▼   — vs —   Select another product   ▼

Noise Isolation

- - Without Headphones   —— ANC On   —— ANC Off

소니 WF-1000XM3를 대상으로 주파수에 따른 노이즈캔슬링 효과를 나타낸 그래프로, 이어폰을 쓰지 않
았을 때 소음을 '0'으로 설정했다(점선). 커널형 이어폰이라 노이즈캔슬링을 하지 않더라도 1,000Hz 이상
고음에서는 30데시벨 정도 소음을 꽤 낮추는 효과가 있다(회색 선). 노이즈캔슬링 기능을 켜면 50~900Hz
영역에서 10~20Hz 정도 소음을 더 낮춰주지만 900Hz가 넘어가면 껐을 때와 별 차이가 없다(파란 선).
(제공 rtings.com)

음). 참고로 사람의 가청 범위는 20~20,000 Hz이다. 100Hz 소음의 경
우 음파가 한번 진동할 때 걸리는 시간이 0.01초, 즉 10밀리초다. 따라
서 프로세서가 소음을 상쇄하기 위해 음파를 분석해 위상차가 5밀리초
인 반대 위상의 음파를 만들어 내보내야 한다. 현재 기술로 이 정도의
정교함은 충분히 구현할 수 있다.

1,000Hz 소리에서는 위상차가 0.5밀리초인 음파를 만들어야 하고
10,000Hz 소리에서는 0.05밀리초의 정교함을 구현해야 한다. 현재 기
술로는 1,000Hz가 노이즈캔슬링의 경계이고 10,000Hz는 전혀 안 된
다. 그 결과 노이즈캔슬링 이어폰이더라도 1,000Hz보다 주파수가 높은
영역의 감쇠는 수동적 소음 조절이 주된 역할을 한다. 착용감이 다소
부담스러운 커널형을 채택할 수밖에 없는 이유다.

참고로 주파수에 따른 수동적 소음 조절의 효과는 노이즈캔슬링과

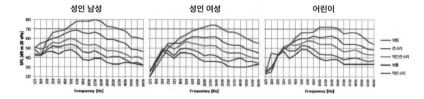

반대다. 즉 소음의 주파수가 높을수록 차음이 잘 된다. 결국 노이즈캔슬링 이어폰은 저주파에서만 이름값을 하는 셈이다.

카페에서는 오히려 역효과?

사람 목소리의 기본 주파수는 성인 남자가 100~150Hz, 성인 여성이 200~250Hz다. 이것만 보면 저음 영역이므로 노이즈캔슬링으로 쉽게 잡을 것 같다. 그러나 실제 목소리는 이 기본 주파수에 다양한 배음이 조합된 상태이고 주로 500Hz에서 4,000Hz 사이에 분포한다. 게다가 목소리가 커질수록 고음의 비율이 높아진다. 따라서 노이즈캔슬링으로는 사람 목소리에서 일부 영역만 효과적으로 줄일 수 있을 뿐이다.

카공족(카페에서 공부하는 사람)이 옆 테이블에 앉은 사람들의 얘기를 듣지 않으려고 고가인 무선 노이즈캔슬링 이어폰을 사려고 한다면 다시 생각해보기 바란다. 배경 소음이 줄어들면서 자칫 옆 사람들의 대화가 더 또렷이 들릴 수도 있다. 이 경우 노이즈캔슬링 기능을 꺼 적당한 배경 소음이 대화 내용을 못 알아듣게 해주는 상태가 더 나을지도 모른다. 수동식 소음 조절이 뛰어난 커널형 이어폰이면 충분하다는 말이다.

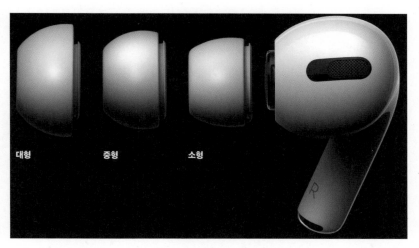

노이즈캔슬링 이어폰이라도 1,000Hz 이상 고음은 수동식 소음 조절에 의존한다. 노이즈캔슬링이 잘 안되는 고음 영역에서 오히려 차음이 잘 되는 커널형을 채택할 수밖에 없는 이유다. (제공 애플코리아)

　　기술에는 명암이 있다지만 노이즈캔슬링은 볼륨을 줄여 청력을 보호할 수 있다는 긍정적인 면이 부정적인 면(이동하다 위험 '신호'를 알아차리지 못해 사고가 날 수도 있다)보다 훨씬 큰 것 같다. 이게 바로 착한 기술 아닐까.

PS. 우리 뇌에도 노이즈캔슬링 회로 있다!

　　노이즈캔슬링 이어폰을 처음 경험해보면 신기하게 느껴지지만 사실 우리는 일상에서 노이즈캔슬링을 경험하고 있다. 우리 뇌에 노이즈캔슬링 회로가 있어 필요할 때 작동하기 때문이다.

　　밥 먹을 때 나는 '쩝쩝' 소리를 생각해보자. 식탁에 마주한 사람이 정말 게걸스럽게 먹지 않는 다음에야 남이 밥 먹을 때 나는 소리보다 내가 밥 먹을 때 나는 소리가 내 귀에는 더 크게 들려야 하지 않을까. 바로 귀밑에서 나는 소리이기 때문이다.

그럼에도 우리는 자기가 밥 먹는 소리가 거슬리기는커녕 제대로 인식을 하지도 못한다. 지난 2017년 학술지 『네이처 신경과학』에 실린 논문에 따르면 이는 뇌의 노이즈캔슬링 회로가 작동해 내가 밥 먹는 소리가 잘 안 들리게 줄여주기 때문이다.

본론에 앞서 간단하게 우리가 소리를 듣는 과정을 살펴보자. 소리(음파)가 귓구멍을 지나 귀청을 때리면 그 충격이 이소골을 통해 달팽이관으로 전달된 뒤 전기신호로 바뀐다. 신호는 청신경을 타고 연수의 와우핵으로 간 뒤 중뇌 하구를 지나 시상 내슬핵을 거쳐 대뇌의 청각피질에 이르러 처리돼 우리는 '어떤 소리'를 듣게 된다.

와우핵cochlear nucleus은 두 쌍이 있어 위치에 따라 등쪽 와우핵DCN과 배쪽 와우핵VCN으로 불린다. 미국 컬럼비아의대 연구자들은 생쥐가 물을 먹으려고 금속 꼭지를 핥을 때 나는 소리가 유발하는 신경신호를 측정했다. 그 결과 등쪽 와우핵의 발화 빈도가 배쪽 와우핵의 발화 빈도에 비해 꽤 낮았다.

그런데 다른 생쥐가 꼭지를 핥을 때 나는 소리를 녹음해 들려주자 DCN과 VCN의 발화 빈도에 차이가 없었다. 즉 DCN은 다른 생쥐가 꼭지를 핥는 소리에는 민감하지만 자신이 핥을 때는 둔감해진다는 말이다.

추가 실험결과 생쥐가 꼭지를 핥을 때 DCN으로 촉각 등 다른 감각 정보도 들어온다는 사실이 밝혀졌다. 이들 정보가 소리 정보에 대한 반응을 억제한다는 말이다. 즉 소리가 아니라 신경신호가 DCN에서 선별적인 노이즈캔슬링을 거친 뒤 중뇌 하구로 전달되는 것이다. 이 역시 정보이론으로 설명할 수 있다.

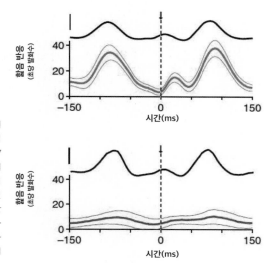

포유류의 뇌는 우리 몸이 만들어 내는 소음을 줄이는 노이즈캔슬링 시스템을 진화시켰다는 사실이 2017년 밝혀졌다. 생쥐가 물을 먹기 위해 꼭지를 핥을 때 나는 소음(그래프의 검은 선)에 대해 노이즈캔슬링이 일어난 연수의 등쪽 와우핵의 신경 발화 빈도(아래 빨간 선)가 배쪽 와우핵 신경 발화 빈도(위 파란 선)보다 훨씬 낮음을 알 수 있다. (제공 『네이처 신경과학』)

　꼭지를 핥거나 음식을 먹을 때처럼 내 몸에서 나오는 소리는 정보로서 가치가 없다. 신호가 아니라 잡음이라는 말이다. 반면 외부에서 들리는 소리는 정체를 파악하기 전까지 주의를 기울여야 하는 신호다. 만일 내 몸이 내는 잡음을 줄여 신호 대 잡음 비율을 높일 수 있다면 돌발 상황에 좀 더 빨리 대처해 생존에 유리할 것이다. 우리 몸이 내는 소리를 줄이는 노이즈캔슬링 시스템이 진화한 이유다.

　무슨 일로 심통이 나서 연인이나 배우자가 밥 먹는 소리까지 거슬리게 들릴 때 내 몸의 노이즈캔슬링 시스템을 떠올린다면 '피식' 웃고 넘어가지 않을까.

빙판길은
왜 그렇게 미끄러울까

지난 14일(2019년 12월) 새벽 상주-영주 고속도로에서 차량 30대가 연쇄 추돌하면서 5명이 죽고 30여 명이 다치는 큰 사고가 일어났다. 사고 원인을 조사한 결과 빙판길에 승용차가 미끄러지면서 중앙분리대를 들이받고 한 바퀴 돌아 멈추자 뒤따라 오던 차들이 추돌한 것으로 보인다. 밤에 내린 비가 온도가 내려가며 도로 위에서 살짝 얼다 보니 식별하기가 어려워(블랙아이스^{black ice}라고 부르는 이유다) 속도를 늦추지 않은 것이 이런 대형 사고로 이어진 것이다.

빙판길 사고는 고속도로에 국한되지 않는다. 눈이나 비가 오고 온도가 뚝 떨어지면 다음 날 아침 보도 곳곳이 얼어붙어 잠깐 한눈을 팔았다가는 엉덩방아를 찧기가 십상이다. 노인들은 낙상으로 심각한 부상을 입기도 한다. 반면 빙판이 이처럼 미끄럽기 때문에 스케이트나 스키(이 경우 얼음이 아니라 눈 위지만) 같은 겨울스포츠를 즐길 수 있다. 그런데 빙판길은 왜 그렇게 미끄러울까.

김연아 선수가 빙판 위를 가로지르며 멋진 연기를 펼칠 수 있는 건 얼음이 무척 미끄럽기 때문이다. (제공 queen yuna/Flicker)

압력과 마찰열로는 설명 못 해

바닥이 매끄러울수록 마찰계수가 작아지고 그 결과 미끄러워진다. 바닥 위에 놓인 어떤 물체를 움직이려고 할 때 저항하는 힘, 즉 마찰력은 마찰계수에 수직항력(쉽게 말해 무게)을 곱한 값이다. 바닥만 매끄러우면, 즉 마찰계수가 작으면 아이도 쌀 한 가마니를 밀고 갈 수 있는 이유다.

그런데 얼음만큼이나 매끄러운 대리석이나 장판이 깔린 바닥을 걸을 때는 좀처럼 미끄러지는 일이 없지 않은가. 즉 표면이 매끄러운 정도로는 빙판에서 쉽게 미끄러지는 현상을 설명할 수 없다. 실제 빙판길의 마찰계수는 다른 매끄러운 바닥보다 훨씬 작다. 왜 그럴까.

얼음이라는 고체는 0도만 돼도 녹아 물로 바뀐다. 반면 대리석이나 장판에서 이런 현상이 일어나려면 수백 도는 돼야 한다. 얼음이 미끄러운, 즉 마찰계수가 작은 이유는 매끄러운 표면 위에 물이 존재하기 때문이다. 그런데 문제는 얼음의 녹는점 0도보다 훨씬 낮은 온도인 영하

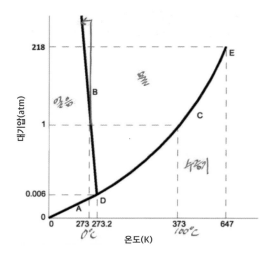

H$_2$O의 상평형그림으로 가로축이 온도, 세로축이 압력(기압)이다. 물의 어는점(녹는점)이 0도이고 끓는점이 100도라는 건 1기압일 때 얘기다. 스케이트를 타면 얼음에 닿는 면적이 작아 압력이 수백 기압까지 올라가지만 어는점 내림의 효과는 3도 내외에 불과해(빨간 선) 영하 20도에서도 빙판이 미끄러운 이유를 설명하지 못한다. (제공 chem.libretexts.org)

20도에서도 빙판길은 여전히 미끄럽다는 것이다. 그렇다면 이 온도에서 얼음 표면에 물이 어떻게 존재할 수 있을까.

이에 대한 첫 번째 설명은 압력으로 인한 어는점 내림 현상이다. H$_2$O는 특이한 분자로 액체인 물보다 고체인 얼음의 밀도가 더 낮다. 따라서 얼음에 압력을 가하면 밀도가 높아지는 쪽으로 가기 쉽게 녹는점이 내려간다. 같은 사람이라도 신발을 신을 때보다 스케이트를 신을 때 빙판에 닿는 면적이 훨씬 작아 얼음에 가해지는 압력은 훨씬 더 커진다.

그런데 압력으로 인한 어는점 내림은 빙판이 미끄러운 이유를 제대로 설명할 수 없다. 날이 날카로운 스케이트를 신어 압력이 대기압의 수백 배가 돼도 어는점 내림은 영하 3.5도에 불과하기 때문이다.

다음으로 제안된 설명이 마찰열 효과다. 얼음 위에 물체가 이동할 때 접촉면에서 마찰로 인한 열이 발생하고 그 결과 얼음 표면이 녹아 물이 생기면서 쉽게 미끄러진다는 것이다. 그러나 정밀한 측정 결과 마찰열만으로는 충분한 양을 녹일 수 없을 뿐더러 온도가 낮을수록 그나마도 어려워 역시 영하 20도에서도 빙판이 미끄러운 현상을 제대로 설명하지 못한다.

마이클 패러데이의 선견지명

물리학과 화학에 대한 기초 지식만 있어도 압력으로 인한 어는점 내림이나 마찰열로 인해 얼음이 녹는다는 설명이 쉽게 이해가 가지만 유감스럽게도 정답이 아니다. 그런데 170년 전인 1850년 영국의 물리학자 마이클 패러데이 Michael Faraday 는 얼음 벽돌 실험을 통해 놀라운 통찰력으로 빙판 표면에 물이 존재하는 이유를 설명했다.

흙을 빚어 구운 벽돌 두 장은 사이에 모르타르를 바르지 않는 한 서로 달라붙지 않는다. 그러나 얼음 벽돌 두 장은 쉽게 달라붙는다. 이 글루를 지을 때 모르타르가 없어도 되는 이유다.

이에 대해 패러데이는 어는점보다 낮은 온도에서도 얼음 벽돌 표면에 아주 얇은 액체층이 존재하기 때문이라며 이런 현상을 '사전용해 premelting'라고 불렀다. 얼음 벽돌 두 장을 맞대면 표면의 액체층이 다시 얼어붙으며 벽돌이 달라붙는다. 냉동실에서 막 꺼낸 얼음에 혀끝을 살짝 갖다 대면 혀가 '쩍' 달라붙는 것도 비슷한 현상이다(혀끝의 침이 얼음이 된 결과로 급히 떼려고 하다간 피가 날 수도 있다).

그럼에도 이런 현상을 분자 차원에서 제대로 설명할 수 없는데다 직관적으로도 이해하기 어려워 패러데이의 이론은 곧 잊혀졌고 100년 이상 압력과 마찰열로 설명하는 데 만족해야 했다. 그러나 물리학과 화학 이론이 정교해지면서 20세기 후반 들어 패러데이의 사전용해 가설이 부활했다.

영국의 물리학자 마이클 패러데이는 1850년 빙판
이 미끄러운 이유가 얼음 표면에 물층이 존재하기
때문이라고 설명했다. 그의 가설은 곧 잊혀졌지만
100여 년 만에 부활해 압력과 마찰열 가설을 제치
고 오늘날 주류로 떠올랐다. 그럼에도 여전히 빙판
이 미끄러운 이유를 제대로 설명하지 못하고 있다.
1942년 화가 토머스 필립스가 그린 51세 때 패러
데이의 초상화.

물분자는 산소원자 하나와 수소원자 둘로 이루어진 분자다. 그런
데 산소원자핵은 수소원자핵에 비해 전자를 끌어당기는 힘이 더 강하
다. 그 결과 물분자에서 산소원자는 약간 음전하를 띠고 수소원자는 약
간 양전하를 띤다. 물분자의 산소원자는 주변 물분자의 수소원자와 서
로 끌린다. 이를 '수소결합'이라고 부른다.

온도가 내려가 물분자의 움직임이 느려지면 수소결합의 비중이 점
점 커지고 결국 물분자들이 일정한 배열로 놓인 결정, 즉 얼음이 된다.
이때 물분자 사이에 수소결합을 이루기 위한 공간 배치 때문에 얼음의
밀도는 물보다도 낮아진다. 그런데 얼음을 이루는 모든 물분자의 상태
가 똑같을까.

학창시절 조회시간을 떠올려보자. 학생 수백 명이 1m 간격으로 오
와 열을 맞춰 서 있다고 모두의 상태가 같은 건 아니다. 학생 대부분은
1m 거리에 전후좌우 네 명이 있지만 맨 앞과 맨 뒤, 좌우 양 끝줄의 학
생들은 1m 거리에 세 명이 있다. 모서리에 선 네 명은 1m 거리에 두

명이 있을 뿐이다.

얼음도 마찬가지다. 결정을 이루는 물분자 대부분은 전후좌우상하에 다른 물분자가 존재하지만 표면에 놓인 물분자는 반쪽이 공기다. 그 결과 결정 내부의 물분자보다 꽤 불안정하다. 지난 2017년 발표된 논문에 따르면 얼음의 가장 바깥 표면에 존재하는 물분자 층은 영하 70도에서 녹고 그다음 층도 영하 20도에서 녹는 것으로 밝혀졌다.

즉 영하 20도의 혹한에서도 얼음 표면의 물분자 두 층은 액체 상태라는 말이다. 여기에 압력과 마찰열이 더해지면 더 많은 층이 액체가 된다. 이처럼 사전용해와 압력, 마찰열이 복합적으로 작용해 빙판이 그렇게 미끄러운 것이라는 말이다. 그럼 이제 빙판이 미끄러운 이유가 만족스럽게 설명된 걸까.

물은 점도가 너무 낮아

빙판이 미끄러운 게 매끄러운 얼음 표면에 얇은 물층이 존재하기 때문이라면 대리석이나 장판 위에 물을 뿌려도 그만큼 미끄러워야 할 것이다. 그러나 우리는 그렇지 않다는 것을 경험으로 잘 알고 있다. 그런데 물 대신 다른 액체가 있을 때는 빙판길만큼이나 미끄럽다. 바로 기름이다.

명절에 전을 부치다 보면 부엌 장판 위에 떨어진 식용유 때문에 바닥이 꽤 미끄럽다. 이때 기름을 대충 닦아내면 누군가 그 위를 지나다 미끄러져 엉덩방아를 찧을 수도 있다. TV에서 기름을 발라놓은 나무 기둥을 올라가는 대회에서 참가자들이 얼마 못 오르고 계속 미끄러지는 장면을 본 적이 있을 것이다. 윤활유潤는 있어도 윤활수水는 없는 이유다. 그렇다면 왜 기름이 물보다 미끄러울까.

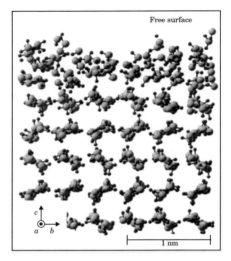

얼음 결정의 물분자 배치를 보여주는 그림으로 내부에 놓인 물분자들은 전형적인 결정 격자 배치에 자리하지만 표면의 물분자들(위쪽)은 제멋대로 놓여 액체 상태임을 알 수 있다. (제공 『화학물리저널』)

식용유 한 방울을 손바닥에 떨어뜨려 손가락으로 문질러 보면 물과는 느낌이 꽤 다르다. 끈적하면서도 미끈하다. 이런 물성에 대한 물리학에서는 '점도가 높다'고 표현한다. 즉 식용유는 물보다 점도가 훨씬 높아 뛰어난 윤활 특성을 보인다.

점도가 높으면 액체가 잘 흩어지지 않는다. 즉 두 고체 사이에 끼어 있어도 바로 흘러내리지 않아 한동안 마찰력을 줄이는 역할을 한다. 반면 점도가 낮으면 얼마 못 가 흩어져 두 고체가 서로 닿아 금방 마찰력이 높아진다. 그렇다면 빙판이 미끄러운 건 얼음 표면 물층의 점도가 기름만큼이나 높기 때문 아닐까.

학술지 『물리 리뷰 X Physical Review X』 2019년 11월 4일자에는 얼음 표면 물층의 점도가 보통 물보다 수십 배 더 크다는 측정 결과를 담은 논문이 실렸다. 즉 빙판이 미끄러운 건 표면 물층의 물성이 기름에 가깝기 때문이라는 말이다.

프랑스 소르본느대와 에콜폴리테크의 공동연구자들은 얼음 표면

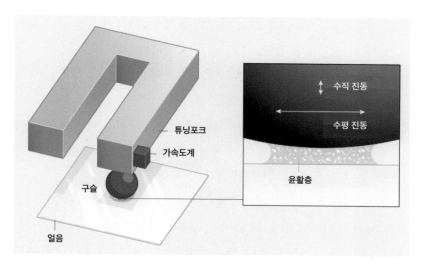

최근 프랑스의 연구자들은 얼음 표면 물층의 점도를 최초로 측정하는 데 성공했다. 이에 따르면 전형적인 물의 점도의 수십 배로 오히려 기름에 가까운 값이다. 얼음이 미끄러운 건 물층이 기름 같은 물성을 보이기 때문이라는 말이다. 측정 장치를 도식화한 그림으로 얼음 위에 작은 구슬이 움직이면서 측정되는 수치를 분석해 마찰력과 점도를 알아낸다. 오른쪽 클로즈업에서 물층, 즉 윤활층의 모습에서 나노 얼음 조각이 묘사돼 있다. (제공 『네이처』)

물층의 점도를 측정할 수 있는 기발한 장치를 만들었다. 즉 말굽에 대는 편자처럼 생긴 튜닝포크tuning fork 한쪽 끝 아래에 지름 1mm인 유리구슬을 붙이고 옆에는 가속도계를 달았다. 그리고 구슬을 얼음 위에 올려놓은 뒤 튜닝포크에 좌우상하로 진동을 줘 구슬이 얼음 위에서 움직이게 했다.

이때 구슬과 얼음 표면의 상호작용으로 구슬이 달린 튜닝포크 끝부분의 움직임이 영향을 받고 이를 분석하면 구슬이 얼음에 미치는 마찰력이나 얼음 표면 물층의 점도를 측정할 수 있다.

이렇게 측정한 마찰력은 기존에 알려진 값과 비슷했다. 즉 이 실험의 설계가 제대로 됐다는 말이다. 한편 지금까지 얼음 표면 물층의 점도는 측정된 적이 없는데, 이번 측정을 통해 물보다 수십 배 큰 기름의 값이라는 사실이 밝혀졌다.

이런 기이한 현상에 대해 연구자들은 얼음 표면 물층이 단순히 물층이 아니기 때문이라고 설명했다. 즉 얼음 표면이 물체에 눌리면 그 충격으로 나노미터 크기의 작은 얼음 조각들이 떨어져 나가 물과 섞이고 그 결과 물도 아니고 얼음도 아닌 '제3의 물체ª third body'가 되면서 점도가 크게 높아진다는 것이다.

빙판 위에 놓인 하중이 클수록 점도가 더 높아진다는 측정 결과도 위의 가설을 뒷받침한다. 더 많이 눌릴수록 나노 얼음 조각이 더 많이 생기고 그 결과 제3의 물체의 점도가 더 높아지기 때문이다. 이에 따르면 몸무게가 많이 나가는 사람은 빙판길이 더 미끄럽다는 말이다.

이번 실험에서는 아직 물층이 물과 나노 얼음 조각의 혼합물 상태라는 걸 보여주지는 못했다. 그럼에도 연구자들은 이번 연구결과가 얼음이 미끄러운 이유를 전혀 새로운 관점에서 제시했고 이를 증명할 수 있는 실험을 설계하는 데 영감을 줄 수 있을 것이라고 자평했다.

정작 본인은 '이게 아닌 것 같은데…'라고 찜찜해하면서 사람들에게 빙판이 미끄러운 이유를 압력이나 마찰열, 얼음 표면 물층의 존재로 설명해온 과학자들에게 이번 연구가 더 반가운 건 아닐까 하는 생각이 문득 든다.

Part 7

화학

효모는 왜
에탄올을 만들까

오늘날 지구촌 사람들이 즐겨 먹는 음식인 빵과 술은 둘 다 효모라는 미생물을 필요로 한다. 즉 효모가 당을 분해할 때 나오는 이산화탄소로 반죽을 부풀려 빵을 굽고 에탄올로 술을 만든다. 효모는 당을 분해해 에너지를 얻고 부산물로 이산화탄소와 에탄올을 내놓는 건데 이 과정을 '발효'라고 부른다.

그런데 효모의 발효는 대사의 관점에서 꽤나 비효율적인 방법이다. 즉 포도당 한 분자에서 에너지인 ATP가 고작 두 분자 만들어지기 때문이다. 이 과정에서 부산물로 이산화탄소 두 분자와 에탄올 두 분자가 만들어진다.

반면 세포소기관인 미토콘드리아에서 호흡 반응을 하면 포도당 한 분자로 ATP를 최대 36개나 만들 수 있다. 즉 18배나 차이가 난다는 말이다. 세포호흡에는 산소가 필요하므로 만일 산소가 희박한 조건이라면 당연히 발효가 대안이 될 수 있다. 이는 우리 몸에서도 일어나는 현상으로, 갑자기 근육을 과도하게 쓰면 산소가 달린 근육세포에서 발효가 일어나 부산물인 젖산이 쌓인다.

그런데 산소가 충분해도 효모나 다른 미생물들이 여전히 발효를 선호하는 경우가 있다. 예를 들어 과즙에 효모를 넣고 방치하면 공기를 완벽하게 차단하지 않아도 발효가 잘 일어나 술(과실주)이 된다. 효모는 세포호흡을 하는 기능을 잃어버린 것일까.

그렇지는 않다. 효모의 세포 안에도 미토콘드리아가 있고 정상적인 세포호흡을 할 수 있는 능력이 있다. 즉 술통 안이나 빵 반죽에서 효모가 발효를 하는 건 선택이라는 말이다. 그렇다면 이들이 훨씬 효율적인 호흡 대신 발효를 하게 하는 요인은 무엇일까.

영양분 부족할 땐 호흡 모드

학술지 『네이처 대사』 2019년 1월호에는 이런 근본적인 의문에 대한 답을 제시한 논문이 실렸다. 네덜란드 그로닝겐 생분자과학 · 생명공학연구소 연구자들은 열역학에서 그 답을 찾았다. 즉 효모 세포가 포도당을 대사할 때 나오는 깁스 에너지를 처리할 수 있는 한계가 바로 호흡과 발효를 결정하는 기준이라는 얘기다. 깁스 에너지 Gibbs energy 란 어떤 계(이 경우 세포)의 에너지 상태를 열과 엔트로피가 포함된 두 항의 합으로 수식화한 값이다.

효모 같은 단세포생물은 '주변에 영양분이 있을 때 최대한 빨리 증식한다'라는 단순한 원리에 따라 살아간다. 영양분이 부족한 환경에서는 증식도 미미하고 따라서 생존을 유지하기 위해 에너지 변환 효율이 높은 '호흡' 모드로 살아간다. 즉 효모도 포도당 농도가 낮은 상태에서는 에탄올을 만들지 않는다는 말이다(참고로 세포호흡에서도 이산화탄소는 나온다).

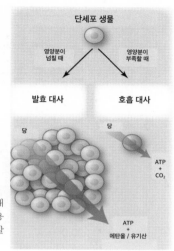

단세포 생물

영양분이 넘칠 때 / 영양분이 부족할 때

발효 대사 / 호흡 대사

당 / 당

ATP + CO₂

ATP + 에탄올 / 유기산

효모를 비롯한 많은 단세포생물이 산소가 있을 때도 발효 대
사를 할 수 있다. 즉 영양분이 부족할 때는 이를 최대한 활용
할 수 있는 호흡을 하지만(오른쪽) 영양분이 넘쳐날 때는 발
효 모드로 바꾼다(왼쪽). (제공 『사이언스』)

그런데 주변에 포도당 농도가 점점 높아지면 어느 순간부터 에탄
올을 내놓기 시작한다. 즉 발효가 시작되는 것이다. 포도즙의 포도당
농도는 이 지점보다 훨씬 더 높아 발효가 왕성하게 일어나 에탄올이 많
이 만들어지는 것이다.

만일 호흡 모드로 일관하면 포도당 농도에 비례해 증식할 수 있을
텐데 왜 효모는 어느 시점부터 발효를 시작해 증식 속도를 늦추는 걸
까. 이는 '주변에 영양분이 있을 때 최대한 빨리 증식한다'는 원리를 어
기는 현상 아닐까.

세포호흡에서 나오는 열 때문

연구자들은 호흡과 발효에 대한 '열역학-화학양론 모형'을 만들어
포도당 농도에 따른 반응 대사산물의 농도와 대사의 흐름을 시뮬레이
션했다. 그 결과 포도당 흡수 속도가 효모의 건조중량 1그램당 한 시간

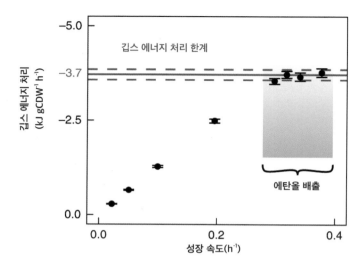

효모가 영양분이 풍부할 때 발효를 하는 건 대사과정에서 나오는 깁스 에너지를 처리하는 데 한계가 있기 때문이라는 연구결과가 최근 나왔다. 즉 영양분이 부족할 때는 세포호흡을 통해 증식하다가 어느 선을 넘으면 발효를 시작해 부산물로 에탄올을 내놓는다. (제공 『네이처 대사』)

에 3밀리몰millimole 미만이면 호흡 대사를 하고 이 지점부터 발효 대사가 시작돼 22밀리몰에 이르면 최대 성장속도에 이른다는 예측을 내놓았고 실제 실험결과도 이에 잘 맞았다.

　이를 열역학의 수치로 보면 효모의 건조중량 1그램당 한 시간에 −3.7kJ의 깁스 에너지가 효모 세포가 처리할 수 있는 최댓값이다. 즉 세포 안으로 포도당이 얼마가 들어오든 전부 다 세포호흡을 통해 물과 이산화탄소로 완전연소(산화)하고 ATP를 잔뜩 만드는 반응을 수행할 경우 이때 발생하는 에너지, 즉 열을 감당할 수 없다는 말이다.

　세포호흡 반응과정에서 나오는 열은 확산을 통해 효모의 서식지 밖으로 빠져나가야 한다. 그런데 세포 안으로 들어오는 포도당에 비례해 무작정 세포호흡을 하면 발생하는 열이 미처 빠져나가지 못해 효모가 사는 공간은 온탕을 거쳐 열탕으로 바뀌고 결국 세포가 치명적인 손상을 입을 수 있다. 즉 세포질이 교란되면서 유전자 조절 같은 생체분자의 기능을 방해한다.

따라서 산소가 충분해 세포호흡을 하는 데 문제가 없더라도 영양분이 어느 선을 넘어가면 발효 모드로 바꿔 깁스 에너지가 더이상 늘지 않게 하면서 성장과 번식을 조금이라도 더 하는 게 효모의 입장에서는 최선의 선택이라는 말이다.

연구자들은 효모뿐 아니라 산소가 있는 조건에서 발효를 하는 다른 미생물도 깁스 에너지 처리 능력이 이런 변환의 주된 변수인지 알아보기로 했다. 즉 발효 산물로 아세트산을 만드는 대장균을 대상으로 모형과 실험 연구를 수행한 결과 대사과정에서 나오는 깁스 에너지는 투입된 포도당에 비례하다 −4.9kJ 지점에서 멈췄다.

그리고 포도당 농도가 이 지점을 넘어서면서 아세트산이 나오기 시작했다. 즉 발효 모드에 돌입한 것이다. 대장균이 견딜 수 있는 깁스 에너지가 효모보다 좀 더 큰 건 대사과정의 차이와 함께 대장균의 최적 배양온도가 37도로 30도인 효모보다 높기 때문으로 보인다.

휘발성 큰 에탄올 선택한 듯

자연상태에서 농익은 열매나 술통의 포도즙처럼 먹을 게 넘쳐나는 상황에서 효모가 발효를 한다는 건 '열역학적으로' 설명이 된다고 해도 발효의 산물이 왜 하필 에탄올일까. 대장균을 비롯한 많은 미생물은 아세트산을, 젖산균을 비롯한 많은 미생물이나 동물은 젖산을 내놓는데 말이다.

이에 대한 설명으로 에탄올이 살균제라는 해석이 있다. 즉 효모가 에탄올을 내놓아 주변의 다른 미생물들이 번식하지 못하게 한다는 것이다. 반면 효모 자신은 어느 정도까지는 에탄올을 견딜 수 있게 진화했다. 물론 효모라고 무작정 견딜 수는 없어 대략 15%가 한계다. 발효주의 최대도수가 15도 내외인 이유다. 알코올 도수를 이보다 더 높이려면 증류를 해야 한다.

미국의 과학기자인 아담 로저스는 지난 2014년 출간한 책『프루프: 술의 과학』에서 이와는 다른 이야기를 한다. 오늘날 알코올 발효를 하는 효모의 조상은 약 1억 5,000만 년 전으로 거슬러 올라간다. 즉 이때 번성하던 나무의 분비물(수액)을 먹이로 삼는 효모가 진화하면서 발효의 산물로 에탄올을 내놓게 됐다는 것이다.

에탄올은 휘발성이 크기 때문에 쉽게 증발한다. 로저스는 "애초에 효모는 주변의 균을 죽이려 하지 않았다"며 "그저 몸에서 나오는 쓰레기를 없애고 싶었고 에탄올 형태로 만드는 게 가장 효율적인 길이었다"고 쓰고 있다. 그럼에도 이는 유력한 시나리오일 뿐이라고 덧붙였다.

효모가 왜 발효의 산물로 에탄올을 선택했는지는 여전히 미스터리이지만, 아무튼 효모 덕분에 우리는 술이라는 놀라운 음료를 마실 수 있다는 사실은 변함이 없다.

이토록 황홀한
블랙

"검은색은 색이 아니다."

레오나르도 다빈치

"검은 물체는… 물론 극소량이기는 하지만 하얀빛을 반사한다."

토마스 영

5년 전쯤 어느 날 볼 일이 있어 백화점에 갔다가 가전 코너를 지나가게 됐다. 한 매장 입구에 커다란 TV가 있었는데 옆으로 돌아가다 무심코 돌아보니 그사이 사라졌다. 순간 이상해서 발걸음을 멈추고 자세히 보니 화면 두께가 너무 얇아 안 보인 것이다.

'저게 뭐지?' 궁금한 마음에 가서 보니 OLED(유기발광다이오드) TV다. OLED TV가 출시된 건 알았지만 관심이 없어 이때 실물을 처음 봤다. LCD(액정디스플레이) TV와 달리 백라이트가 없어 두께가 얇다는 얘기는 들었지만 이 정도일 줄은 몰랐다.

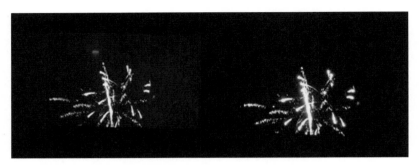

LCD TV(왼쪽)는 백라이트 때문에 OLED TV(오른쪽)에 비해 검은색이 제대로 구현되지 못한다. 백라이트만의 효과를 보기 위해 어두운 곳에서 비교했다. (제공 필립스)

갑자기 관심이 생긴 필자는 매장 안으로 들어가 구경하다 또 한 번 놀랐다. OLED TV와 LCD TV를 나란히 놓고 심해탐사 다큐멘터리로 보이는 동일한 영상을 보여주는데 뭔가 차이가 느껴졌다. 즉 OLED TV 화면은 탐사선의 빛이 닿지 않는 심해가 정말 캄캄한 반면 LCD TV 화면은 꽤 어두웠지만 검은색이 아니라 짙은 회색과 남색 중간으로 느껴졌다.

LCD는 늘 백라이트가 켜져 있어 검은색을 내려면 편광판이 이를 100% 차단해야 하는데 그렇지 못하기 때문에 약간의 빛이 새어나간다. 반면 소자 자체가 빛을 내는 OLED는 그 영역을 꺼버리면 되므로 완벽한 블랙이 구현된다는 것이다.

비교하는 순간 불행이 시작된다고 했던가. LCD 제품(TV, 노트북, 스마트폰)을 쓰면서도 검은색이 제대로 나오지 못하고 있다는 생각을 한 번도 해보지 않았던 필자는 이날 이후 완벽한 블랙이 구현되지 못하는 것에 대해 불만이 생겼다.

그런데 생각해보면 OLED 디스플레이도 완벽한 블랙을 만들 수는

OLED TV도 바깥에서 오는 빛을 100% 흡수할 수 없기 때문에 동굴이나 지하실에서 불을 끄고 시청하지 않는 이상 완벽한 블랙을 보여주지는 못한다. 공간이 밝을수록 반사하는 빛도 많아질 수밖에 없어 직사광선이 닿은 면과 닿지 않은 면의 검은색에 차이가 난다. (제공 강석기)

없을 것이다. 디스플레이 자체에서 빛을 내보내지는 않지만 우리가 동굴이나 지하실에서 TV를 보지 않는 이상 외부에서 들어오는 빛 가운데 일부는 반사시킬 것이기 때문이다.

전원을 끈 상태의 화면은 LCD와 OLED 디스플레이 모두 검은색으로 보인다. 그러나 LCD가 검은색을 구현할 때 백라이트를 100% 흡수하지 못하듯이 OLED 디스플레이도 외부에서 온 빛을 100% 흡수하지 못할 것이다(물론 LCD도). 다만 밖에서 온 빛의 반사량이 백라이트에 비해 광량이 적을 것이므로 검은색일 때 나오는 빛의 양에서 차이가 날 뿐이다.

세상에서 가장 검은 차 선보여

그런데 필자만 완벽한 블랙에 집착하는 건 아닌가 보다. 독일의 자동차회사 BMW는 9월 12일부터 열리고 있는 2019 프랑크푸르트 모터쇼에서 '세계에서 가장 검은 차'를 선보였다. X6 2020년 모델에 세계에

독일 자동차회사 BMW는 2019 프랑크푸르트 모터쇼에서 제품화된 가장 검은색 물질인 밴타블랙으로 칠한 X6 2020년 모델(VMX6)을 공개했다. 다만 VBX6를 출시할 계획은 없다고 한다. (제공 BMW)

서 가장 검은 검은색 안료인 밴타블랙^{Vantablack}을 칠했는데, 너무 검다 보니 차의 형태만 알 수 있을 뿐 문의 손잡이가 어디 있는지도 보이지 않는다고 한다.

밴타블랙은 들어온 빛의 99.9%를 흡수한다. 빛의 입자 관점에서 보면 광자^{photon} 1,000개가 들어오면 1개만 반사되거나 투과해 빠져나 가는 셈이다. 밴타블랙은 알루미늄 포일 같은 금속 박막 위에 탄소나노 튜브가 촘촘히 배열된 구조다. 담양 대나무 숲을 떠올리면 대나무가 탄소나노튜브다.

탄소나노튜브는 육각형 그물망 구조인 그래핀이 말려 죽부인 형태 를 띤 분자로 탄소원자들 사이에 단일결합과 이중결합이 교대로 있다. 이를 켤레이중결합^{conjugated double bond}라고 부르고 여기에 참여하는 전 자를 파이^π 전자라고 부른다. 파이전자는 분자 전체에 퍼져 있으면서

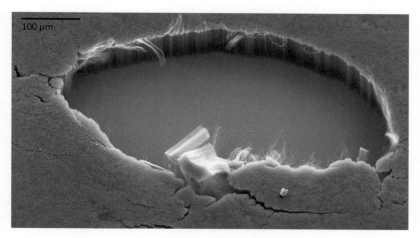

밴타블랙의 전자현미경 사진으로 알루미늄 표면(가운데 노출돼 있다) 위에 수십 마이크로미터 길이의 탄소나노튜브가 빽빽이 심어진 형태다. 앞쪽에 떨어진 탄소나노튜브 덩어리가 꼭 담배 필터를 헤집어놓은 것 같다. (제공 서리나노시스템스)

가시광선 영역을 포함한 넓은 범위의 빛을 흡수할 수 있다.

따라서 콜레이중결합을 지닌 탄소 기반 물질은 대체로 검은색이다. 대표적인 예가 수많은 그래핀이 층을 이룬 광물인 흑연이다. 나무나 기름이 불완전연소할 때 생기는 그을음(검댕)도 이런 분자의 덩어리다. 문방사우文房四友 가운데 하나인 먹墨은 송진을 태울 때 나오는 그을음을 모아 만든다.

밴타블랙이 이런 평범한 탄소 기반 물질들보다 훨씬 뛰어난 검은색을 구현할 수 있는 건 대나무 숲의 대나무처럼 배열된 나노구조 덕분이다. 즉 개별 나노튜브에 흡수되지 못한 빛이 옆의 나노튜브에 흡수되기 때문이다. 나노튜브의 숲으로 들어간 빛이 지그재그를 그리며 진행하면서 소멸하는 모습이 떠오른다. 말 그대로 블랙홀이다.

영국 회사 서리나노시스템스는 2014년부터 밴타블랙을 팔고 있다.

주 고객은 천체 망원경이나 적외선 카메라 같은 특수 광학기기를 만드는 곳이다. 밴타블랙으로 코팅을 하면 주변에서 들어온 빛을 거의 완벽하게 흡수하기 때문에 이로 인해 데이터가 교란되는 것을 크게 줄일 수 있다. 참고로 밴타블랙은 적외선 영역의 빛도 대부분 흡수한다.

빛의 99.99% 흡수하는 신물질

학술지 『ACS 응용 재료 및 계면』 9월 12일자 온라인판에는 밴타블랙을 능가하는 새로운 검은색 물질을 만드는 데 성공했다는 논문이 실렸다. 이 물질은 가시광선 영역에서 99.99% 이상을 흡수한다. 광자 1만 개가 들어왔을 때 다 흡수되고 단 한 개만 반사되거나 투과해 빠져나간다는 말이다.

미국 MIT 재료과학·공학부 브라이언 와들Brian Wardle 교수팀은 처음부터 이런 물질을 만들 생각은 아니었다. 알루미늄 포일 같은 금속 박막에 전기 및 열 특성이 우수한 탄소나노튜브를 성장시키는 방법을 찾는 게 목적이었다. 그런데 알루미늄 표면이 산화돼(녹이 슬었다는 말이다) 전기적 물성이 좋지 않았다.

이 문제를 해결하기 위해 연구자들은 포일을 소금물에 담그고 초음파를 처리했다. 그 결과 포일 표면의 산화층은 없어지고 대신 표면이 거칠어졌다(미세한 수준에서). 이 포일에 촉매를 바른 뒤 산소가 없는 상태에서 아세틸렌과 이산화탄소를 넣고 열을 가해 탄소나노튜브를 합성했다. 그 결과 무수한 탄소나노튜브 가닥이 서로 엉켜있는 결과물이 나왔다. 연구자들은 이를 '탄소나노튜브 숲CNT forest'라고 불렀다.

그런데 탄소나노튜브 숲의 검은색이 심상치 않아 반사도를 측정하게 됐고 그 결과 기존에 알려진 어떤 물질보다도 반사도가 낮게 나왔

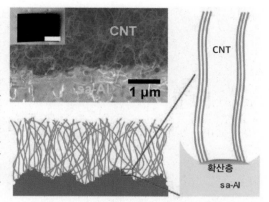

미국 MIT 연구자들은 최근 세상에서 가장 검은 물질을 만들었다. 단면의 전자현미경 사진(위)과 도식적 표현(아래)으로 거친 알루미늄 표면에 탄소나노튜브가 자라면서 서로 엉켜있는 모습이다. 이 물질이 밴타블랙보다 더 검은 이유는 아직 설명하지 못하고 있다. (제공 『ACS 응용 재료 및 계면』)

다. 즉 빛 흡수율이 가장 높은 물질로 밝혀졌다. 이 물질이 빛을 흡수하는 메커니즘은 밴타블랙과 비슷한 것으로 보이는데, 그 효율이 훨씬 더 높은 이유는 아직 모른다.

한편 이 소식을 들은 MIT의 미술가 디무트 슈트레베Diemut Strebe는 와들 교수를 찾아가 시료를 요청했다. 밴타블랙에 한이 맺혔기 때문이다. 어찌 된 영문인지 서리나노시스템스는 밴타블랙을 조각가 아니쉬 카푸어의 스튜디오에만 공급하기로 독점 계약을 맺어 다른 예술가들의 원성을 사고 있다.

슈트레베는 와들 교수에게서 얻은 세계에서 가장 검은 물질을 가지고 기발한 예술품(?)을 만들었다. 즉 시가 200만 달러(약 24억 원)인 16.78캐럿짜리 다이아몬드 표면에 이 물질을 코팅한 뒤 역시 이 물질로 코팅된 배경 앞에 둔 것이다. 〈허영의 해방The Redemption of Vanity〉이라는 제목을 붙인 이 작품은 12일부터 뉴욕 증권거래소에서 전시되고 있다. 이 앞에서 눈을 부릅뜨고 보지 않는다면 코팅된 다이아몬드의 윤곽을 찾지 못할 것이다.

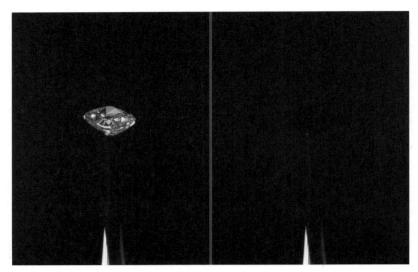

MIT의 예술가 디무트 슈트레베는 16.78캐럿인 노란 다이아몬드(왼쪽) 표면에 세상에서 가장 검은 물질을 코팅해 사라지게 한 작품 〈허영의 해방〉(오른쪽)을 만들어 뉴욕 증권거래소에서 전시하고 있다. (제공 Diemut Strebe)

빛의 부재가 아니라 색의 부재

사실 과학이나 예술이 아닌 일상에서는 완벽과 거리가 먼 검은색도 우리가 검은색으로 지각하는 데 전혀 문제가 없다. 영국의 문학비평가인 존 하비는 2017년 번역 출간된 『이토록 황홀한 블랙』에서 "칠판이나 검은 천 조각이 반사하는 빛의 양은 하얀 종이가 반사하는 빛의 10% 정도"라고 쓰고 있다. 즉 우리는 주위 대상에서 오는 빛의 상대적인 양을 바탕으로 검은색을 '본다'.

하비는 "이렇게 반사된 빛이 완전히 흰색이 아니라 빨간색이나 파란색이 깃들어 있는 빛이라면, 우리는 그것을 검은색이라고 하지 않고 흑갈색이나 흑청색이라고 할 것이다"라고 덧붙였다. 중요한 건 가시광선 영역에서 특정 파장에 치우치지 않고 최대한 균일하게 빛을 흡수하는 것이다. 검은색은 색의 부재이지 빛(광자)의 부재는 아니라는 말이다.

5년 전 매장에서 본 LCD TV의 화면에서 심해가 검은색으로 보이지 않았던 건 아마도 바로 옆에 같은 화면을 내보내는 OLED TV가 있었기 때문일 것이다. 우리가 상대적으로 색을 지각한다는 사실을 떠올렸더라면 당시 비교 화면을 보면서 그렇게 충격을 받지는 않았을 거라는 생각이 문득 든다.

약이 되는
불소 이야기

2019년 7월 1일 일본 정부가 느닷없이 반도체 제조 핵심 소재 3종 (불화수소, 불화폴리이미드, 리지스트)의 수출을 제한한다고 발표하면서 한일 양국의 정치갈등이 경제전쟁으로 확대됐다. 일본은 한술 더 떠 8월 28일 한국을 '수출 대상으로 신뢰할 수 있는' 백색국가에서 제외하는 조치를 실행했다. 우리 정부도 이에 대한 대응조치로 9월 18일 일본을 백색국가에서 제외하는 개정안을 실행했다.

이 사건으로 그동안 많은 핵심 소재를 일본에 의존하는 우리나라 산업의 취약점이 드러났고 이를 극복하기 위해 정부와 업계, 학계가 발빠르게 움직이고 있다. 이번 사태가 전화위복轉禍爲福이 될 수 있을지 지켜볼 일이다.

이번 파동에서 플루오린화수소(불화수소)가 일본에 의존하는 소재를 상징하며 주목을 받았다. 소위 '에칭가스'로 불리며 반도체 공정에서 널리 쓰이는 플루오린화수소는 순도가 99.999%를 넘어야 하는데, 국내업체는 이런 수준의 제품을 만들 수 없다는 게 알려지면서 말이 많았다.

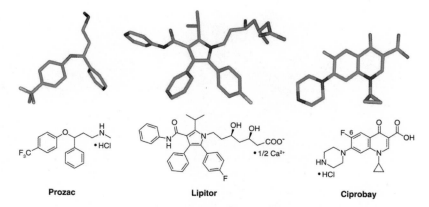

Prozac　　　　**Lipitor**　　　　**Ciprobay**

불소 원자(F)를 포함한 대표적인 의약품 세 종의 분자구조다. 왼쪽부터 항우울제 플루옥센틴(제품명 프로
작), 콜레스테롤 합성 억제제인 아토르바스타틴(제품명 리피토르), 항생제 시프로플록사신(제품명 시프로
파이)이다. (제공 『사이언스』)

　　그런데 9월 1일 LG디스플레이가 고순도 플루오린화수소 국산화에
성공했다고 발표하면서 예상보다 빠른 해결능력에 찬사가 쏟아졌다.
다른 소재들도 이런 자생력을 갖게 되기를 기원하며 불소와 관련한 다
른 주제를 다뤄볼까 한다. 바로 불소 함유 의약품 얘기다.

<u>인체에는 낯선 분자들</u>

　　불화수소는 반응성이 큰 위험한 물질이다. 지난 2012년 구미 불화
수소가스 누출 사건이 기억날 것이다.[26] 그렇지만 불소 자체가 위험한 건
아니다. 성인의 몸에도 불소가 3~6그램(덩치에 따라)이나 존재한다.

　　우리 몸에 있는 불소 대부분은 뼈와 이에 들어있다. 뼈는 무기질 성

---

26) 자세한 내용은 『사이언스 소믈리에』 183쪽 '구미 사태의 주범 '불산', 무섭지만 버릴 수 없는 이
　　유' 참조.

최근 독일의 화학자들은 아이소티오시아네이트(왼쪽 끝)를 출발물질로 해서 N-트라이플루오로메틸아마이드(오른쪽 끝)를 합성하는 방법을 개발하는 데 성공했다. 아마이드와 불소가 가까이 존재하는 분자를 만들 수 있게 됨에 따라 신약 설계에 큰 도움이 될 것으로 보인다. (제공 『네이처』)

분이 45% 정도인데, 무기질의 주성분은 칼슘과 인산으로 이루어진 염(인산칼슘)이다. 그런데 불소가 섞여 들어가 인산칼슘 일부를 불화인회석fluoroapatite으로 바꾸고 그 결과 뼈가 튼튼해진다. 치아의 법랑질tooth enamel에 불화인회석의 비율이 높을수록 구강박테리아가 만들어 내는 유기산의 부식력에 더 잘 견디기 때문에 충치가 덜하다.

이처럼 불소는 무기화합물의 형태로 존재할 뿐 탄소를 포함하는 유기화합물 가운데 불소를 함유하는 생체분자는 없다. 인체뿐 아니라 자연계의 다른 생물들을 봐도 불소를 함유한 분자를 찾기 어렵다.

그런데 오늘날 의약품 가운데는 불소를 함유한 분자가 150종이 넘어 전체의 20%나 된다. 흥미롭게도 1953년까지만 해도 불소를 함유한 의약품은 하나도 없었다. 1954년 출시된 스테로이드 플루드로코르티손fludrocortisone이 최초의 불소 함유 의약품이고 이후 60여 년 동안 불소 함유 신약이 쏟아져 나온 것이다.

약물 분자에 불소를 도입하면 여러 이점이 있다. 예를 들어 탄소-수소 단일결합에서 수소 대신 불소를 넣으면 소수성(물을 싫어하는 성질)이 커져 세포막을 좀 더 쉽게 통과할 수 있다. 그리고 약물의 반감기가 길어진다. 약물이 몸에 들어오면 인체는 생체이물로 인식해 없애는데, 분해효소가 낯선 불소 함유 화합물을 제대로 분해하지 못하기 때문이다.

불소를 함유한 블록버스터 약물로는 항우울제 플루옥센틴(제품명 프로작), 콜레스테롤 합성 억제제인 아토르바스타틴(제품명 리피토르), 항생제 시프로플록사신(제품명 시프로바이) 등이 있다.

이 가운데 아토르바스타틴의 작용 메커니즘을 보면 분자에서 불소 원자의 역할을 짐작할 수 있다. 이 약물은 콜레스테롤 생합성에서 중요한 효소인 HMG-CoA환원효소의 작용을 방해하는데, X선 결정 구조 분석 결과 분자의 탄소-불소 부분이 효소의 590번째 아미노산 아르기닌과 극성 상호작용을 하는 것으로 밝혀졌다.

불소와 아마이드의 만남

학술지『네이처』9월 5일자에는 아마이드와 불소가 가까이 존재하는 분자를 합성할 수 있는 방법을 개발했다는 독일 아헨공대 화학자들의 연구결과가 실렸다. 아마이드amide는 질소원자가 카르보닐기(C=O)에 연결된 구조로 아미노산의 펩타이드 결합도 아마이드의 하나다. 즉 단백질 한 분자에 아마이드가 수백 개 있다는 말이다.

의약품에서 아마이드의 활약은 눈부시다. 오늘날 베스트셀러 40품목 가운데 36개가 아마이드를 포함하고 있는 분자다. 아마이드가 열역학적으로 안정할 뿐 아니라 극성을 띠기 때문에 약물의 표적이 되는 수용체나 효소 분자와 다양한 상호작용을 할 수 있기 때문이다.

그럼에도 자연에 널리 존재하는 구조라서 분해효소가 이를 인식해 쉽게 파괴할 수 있다. 즉 열역학적으로는 안정하지만 대사적으로는 불안정하다는 말이다. 만일 아마이드와 가까운 곳에 불소 원자를 배치할 수만 있다면 약효에는 큰 영향을 주지 않으면서 분해효소의 작용을 방해해 약물의 반감기를 꽤 늘릴 수 있을 것이다. 그럼에도 아직 이런 반응을 손쉽게 할 방법을 찾지 못한 상태였다.

아헨공대의 연구자들은 황을 포함한 화합물인 아이소티오시아네이트에 불화은을 반응시켜 트라이플루오르메틸기(-CF$_3$)를 지닌 중간체를 만든 뒤 추가 반응을 통해 불화카바모일을 합성했다. 이어서 그 유명한 그리냐르 반응을 통해 N-트라이플루오로메틸아마이드 N-trifluoromethylamide 를 만드는 데 성공했다. 이 분자는 아마이드의 질소원자에 결합한 탄소원자에 불소원자 세 개가 붙어있는 구조다.

이번에 선보인 합성법은 작은 분자 신약 개발의 정체기에 있는 화학자들이 새로운 약물을 설계하는 데 큰 도움이 될 것으로 보인다. 즉 약효는 뛰어나지만 대사적으로 불안정해(쉽게 분해돼) 탈락한 아마이드 포함 분자들을 이 골격을 지닌 구조로 바꿔 구제할 수 있는 가능성이 열렸기 때문이다. 또 아마이드 가까이에 불소가 존재하면서 예상치 못한 새로운 생물학적 활성이 드러날지도 모른다.

그럼에도 본격적으로 도입하기에는 아직 해결해야 할 문제가 있다. 무엇보다도 반응에 들어가는 불화은 같은 시약이 대량으로 쓰기에는 너무 비싸기 때문이다. 따라서 이번 결과를 바탕으로 좀 더 저렴한 시약을 써서 동일한 산물을 만들 수 있는 합성법을 개발해야 제약업계가 실제 약을 만드는데 적용할 수 있을 것이다.

1950년대 초반까지만 해도 불소원자를 포함한 의약품이 전무하다가 1954년부터 쏟아져 나온 것도 분자에 선택적으로 불소원자를 넣을 수 있는 다양한 합성법과 시약이 개발됐기 때문이다.

요리사의 솜씨가 아무리 좋아도 식재료가 형편없으면 좋은 요리가 나올 수 없다. 마찬가지로 화학자의 상상력이 아무리 풍부해도 다양한 시약(소재)이 존재하지 않으면 머릿속에서 맴돌다 사라질 뿐이다. 일본의 백색국가 제외 보복 소동을 봐도 그렇고 소재가 중요하다는 사실을 다시금 깨닫게 된다.

우주의 풀러렌은
어떻게 만들어질까

주간학술지 『네이처』 2019년 11월 7일자는 창간 150주년을 맞아 자화자찬의 향연을 벌였다. 1869년 11월 4일 첫 호가 나간 뒤 그 오랜 세월 동안 중단 없이 발행되고 있을 뿐 아니라 세계 최고의 과학지로 인정받고 있으니 그럴 만도 하다.

눈에 띄는 기획 가운데 하나가 바로 '네이처 150년 10대 논문[10] extraordinary papers'이다. 논문이 매주 20편 가까이 실리니 1년이면 1,000편, 150년이면 15만 편이다. 초창기에는 논문 수가 적었다고 봐줘도 지난 150년 동안 『네이처』에 실린 논문이 10만 편은 될 것이다. 이 가운데 10편이니 무려 1만 분의 1 확률이다.

영광의 논문 10편 가운데 화학과 직접 관여된 논문이 두 편이다. 하나는 1985년 발표된 풀러렌 발견 논문이고 다른 하나는 1992년 실린 메조 다공성 물질 합성 논문이다. 흥미롭게도 두 편 다 오늘날 나노과학 시대를 연 선구적인 업적이다.

특히 1985년 논문은 화학 분야뿐 아니라 물리학 분야까지 영향을 미쳤다. 즉 풀러렌Fullerene에 이어 1991년 탄소나노튜브가 발견되고 이어서 2004년 그래핀graphene을 얻는 데 성공했기 때문이다. 흑연과 다이아몬드가 전부였던 탄소원소로만 이뤄진 물질 가족의 구성원이 불과 20년 사이 셋이나 더 늘었다.

이게 얼마나 대단한 업적인가는 노벨상이 두 개나 나온 데서 알 수 있다. 즉 1985년 풀러렌을 발견한 화학자들은 1996년 노벨화학상을 받았고 2004년 그래핀을 발견한 물리학자들은 불과 6년 뒤인 2010년 노벨물리학상을 수상했다. 탄소나노튜브를 발견한 이지마 수미오Sumio Iijima 박사가 노벨상을 받지 못한 게 오히려 위로받을 상황이다.

게재를 거절하기에는 너무 아름다운 분자

세상일이라는 게 뜻대로 안 되는지 노벨상 하나 타겠다고 나라까지 나서 돈을 퍼부어도 소용이 없는가 하면 탄소나노물질로 노벨상을 탄 사람들처럼 그럴 생각도 없이 실험하다 놀라운 발견을 해 영광을 차지하기도 한다. 영국 맨체스터대의 안드레 가임Andre Geim 교수와 콘스탄틴 노보셀로프Konstantin Novoselov 박사가 스카치테이프로 그래핀을 얻은 실험은 워낙 황당한 얘기라 이들은 진짜 노벨상을 받기에 앞서 '처음에는 사람들을 웃게 만들지만 나중에 생각하게 하는' 업적에 주어지는 이그노벨상을 받기도 했다.[27]

오늘의 주제인 풀러렌의 발견 역시 처음부터 의도한 건 아니었다. 영국의 화학자 해리 크로토Harry Kroto 박사는 서섹스대에서 강사 자리를 잡은 뒤 성간 공간의 화학을 연구했다. 그는 전파천문학 관측 데이터와

---

27) 그래핀 발견의 자세한 과정은 『과학 한잔 하실래요?』 32쪽 '2010년 노벨물리학상 논란' 참조.

분자분광학 데이터를 조합해 우주먼지를 이루는 다양한 탄소 기반 화합물을 규명했다.

크로토는 미국 라이스대 화학과의 리처드 스몰리 Richard Smalley 교수가 단순명료한 분광학 데이터를 얻을 수 있는 기법을 개발했다는 얘기를 듣고 1984년 3월 그의 실험실을 방문했다. 두 사람은 의견을 교환했고 크로토가 성간 구름에서 관측한 긴 사슬의 탄소화합물 같은 유형의 분자를 스몰리 교수의 장비가 제대로 검출할 수 있는지 테스트해보기로 했다.

이듬해 9월 별 주변의 상태를 모방해 헬륨을 흘려보낸 상태에서 흑연 표면에 레이저 펄스를 쪼여 증기로 만들 때 나오는 화합물을 분석했고 천체관측에서 보이는 탄소 원자 7~12개 길이의 분자를 검출하는 데 성공했다. 그런데 이와 함께 탄소 원자 40~80개로 이뤄진 분자들도 나왔고, 특히 탄소 원자 60개로 이뤄진 분자의 피크가 높았다. 즉 탄소 원자 60개로 이뤄진 안정한 분자가 만들어졌다는 얘기다.

두 사람은 라이스대의 동료 화학자 로버트 컬 Robert Curl 과 함께 이 화합물의 구조를 고민했고 축구공과 똑같이 생긴 분자라는 놀라운 결론에 이르렀다. 즉 정육면체 조각 20개, 정오면체 조각 12개를 이어붙인 축구공의 패턴에서 꼭짓점 60개에 각각 탄소 원자가 위치하는 구조였다.

이들이 『네이처』 1985년 11월 14일자에 발표한 논문을 보면 '그림 1'이 축구공 사진이다! 이 분자는 버크민스터풀러렌 buckminsterfullerene 이라는 다소 긴 이름을 얻었다. 크로토가 지오데식 돔을 디자인한 건축가 버크민스터 풀러 Buckminster Fuller 를 떠올려 제안했다고 한다. 훗날 세상에서 가장 아름다운 구조라고 평가될 분자가 자신의 이름으로 불린다는 걸 풀러가 알았다면 얼마나 좋아했을까(아쉽게도 풀러는 1983년 88세에

Fig. 1 A football (in the United States, a soccerball) on Texas grass. The C$_{60}$ molecule featured in this letter is suggested to have the truncated icosahedral structure formed by replacing each vertex on the seams of such a ball by a carbon atom.

학술지 『네이처』는 창간 150주년을 맞아 '네이처 10대 논문'을 선정했다. 이 가운데 하나가 1985년 풀러렌 발견 논문으로, 그림1에 분자 모형 대신 동일한 구조인 축구공 사진을 썼다. (제공 『네이처』)

사망했다).

흥미롭게도 이들의 논문은 불과 2쪽 분량에 데이터도 부실해 1953 년 왓슨과 크릭의 DNA 이중나선 구조 발견 논문(역시 '네이처 10대 논 문'에 뽑혔다)이 연상된다. 즉 C$_{60}$임을 알려줄 뿐인 질량분석 데이터를 토대로 탄소 원자들이 전통적인 축구공 패턴과 동일하게 배치된 분자 라고 제안했기 때문이다.

그럼에도 이들이 제안한 풀러렌의 구조가 너무나 아름다웠기 때문 에 틀릴 리가 없다고 판단한 네이처 편집자들이 논문 게재를 결정한 것 이다. 실제 이들이 발견한 건 평평한 분자에 불과하다며 인정할 수 없 다는 의견이 많았지만, 1990년 마침내 엄밀한 방법을 통해 축구공 구 조가 확증되면서 논란이 끝났다.

그렇다면 실제 우주에는 풀러렌이 존재할까. 연구자들은 논문에서 탄소 원자가 많고 수소 원자가 희박한 조건에서 풀러렌이 만들어질 것 이라고 추정했다. 수소 원자가 많으면 다환고리방향족탄화수소(PAH)

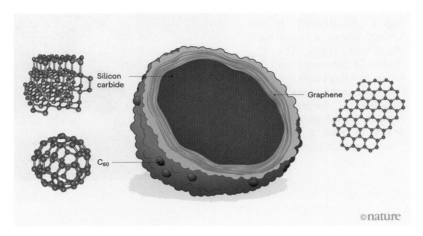

최근 미국 애리조나대의 과학자들은 실험실 실험을 통해 우주에서 풀러렌이 만들어지는 새로운 메커니즘을 제안했다. 즉 늙은 별에서 만들어진 실리콘카바이드 입자가 가열되고 이온의 충돌세례를 받으면 실리콘 원자가 떨어져 나가면서 그래핀 층이 형성되고 군데군데 풀러렌이 만들어진다는 시나리오다. (제공 『네이처』)

같은 화합물이 만들어지기 쉽기 때문이다.

우주에서 풀러렌의 존재를 확인하기 위해 수많은 관측이 이어졌고 마침내 2010년 적외선 우주망원경 스피처가 얻은 '행성상 성운 Tc1'의 스펙트럼 데이터를 분석해 풀러렌의 존재를 밝혀냈다. 행성상 성운planetary nebula은 태양 크기의 별이 핵융합으로 수소를 거의 소진해 적색거성으로 바뀐 뒤 별의 바깥층이 흩어지는 과정이다. 이때 수천 도 고온과 강력한 빛으로 검댕 같은 탄소화합물이 C_{60}으로 바뀐 것으로 보인다.

그 뒤 여러 천체에서 풀러렌의 존재가 확인됐다. 그럼에도 찜찜한 구석이 있었으니 1985년 논문이 제안한 메커니즘으로 풀러렌이 만들어질 수 있는 조건의 범위가 매우 좁기 때문이다. 여기서 조금만 벗어나도 C_{60} 대신 PAH 같은 2차원 구조의 화합물이 만들어지기가 훨씬 쉽다. 행성상 성운 Tc1을 봐도 별의 중심에서 꽤 떨어져 있고 자외선도 충분하지 않은 공간에서 C_{60} 피크가 관찰됐다.

실리콘카바이드 입자가 요람인 듯

학술지 『천체물리학저널레터스』 2019년 10월호에는 이런 딜레마를 해결해주는 새로운 풀러렌 생성 메커니즘이 제안됐다. 미국 애리조나대 연구자들은 풀러렌이 실리콘카바이드^{SiC} 입자에서도 쉽게 만들어질 수 있다는 사실을 실험을 통해 보였다. SiC는 탄소가 풍부한 별에서 가장 먼저 만들어지는 탄소화합물이다.

연구자들은 SiC 입자에 열을 가하고(별 주변의 충격파로 인한 열을 재현) 제논 이온을 때릴 때(우주먼지를 재현) 일어나는 변화를 관찰했다. 그 결과 입자 바깥층의 실리콘 원자들이 떨어져 나가면서 그래핀 같은 6각형 탄소 그물망이 형성됐다. 그런데 표면 군데군데 반구半球처럼 돌출된 부분이 관찰됐고 그 지름이 풀러렌과 비슷했다.

이렇게 풀러렌이 만들어지면 워낙 안정한 구조이기 때문에 행성상 성운의 팽창 과정에서 SiC 입자가 파괴돼 흩어져도 살아남아 우주 곳곳에 존재할 수 있다. 2021년 발사될 예정인 제임스웹 우주망원경이 지금보다 훨씬 해상도가 높은 관측 데이터를 모으면 풀러렌 생성 메커니즘이 좀 더 확실하게 규명될 것이다.

1996년 노벨화학상 수상자 세 사람 가운데 2005년 리처드 스몰리가 62세로 일찌감치 세상을 떠났고 11년이 지난 2016년 해리 크로토가 77세를 일기로 타계했다.[28] 1933년생으로 가장 연장자인 로버트 컬

---

[28] 해리 크로토의 삶과 업적에 대해서는 『과학의 위안』 347쪽 '세상에서 가장 아름다운 분자를 발견한 화학자' 참조.

은 자신들의 1985년 논문이 '네이처 10대 논문'에 선정됐다는 소식에 기쁨보다도 앞서간 동료들의 모습이 먼저 떠오르지 않았을까. '세상에 오는 순서는 있어도 가는 순서는 없다'는 옛말이 떠오른다.

Part 8

생명과학

아버지의 미토콘드리아도
자식에게 전달될 수 있다!

1953년 제임스 왓슨과 함께 DNA이중나선 구조를 밝힌 프랜시스 크릭은 수년 뒤 '유전정보는 DNA에서 RNA를 거쳐 단백질로 흐르지 그 반대 방향으로는 흐르지 못한다'는 가설을 내놓았다. '중심원리central dogma'라고 불리는 이 가설은 뒤에 전사와 번역 메커니즘이 밝혀지면서 입증됐다.

그러나 1970년대 RNA를 게놈으로 지닌 바이러스에서 RNA에서 DNA로 정보가 흐르는 현상이 처음 관찰됐고 여기에 관여하는 역전사효소가 발견되면서 중심원리에 흠집이 생겼다. 그 뒤 RNA에서 RNA로 정보가 흐르는 현상이 밝혀졌고 심지어 단백질에서 단백질로 정보가 흐르는 예(변형 프리온 단백질은 접촉한 정상 프리온 단백질을 변형 프리온 단백질로 바꾼다)도 보고됐다.

Y염색체 게놈은 부계를 통해 전달되고 미토콘드리아 게놈은 모계를 통해 전달된다는 것도 생명과학의 중요한 원리다. 이를 기반으로 인류의 진화를 게놈 차원에서 규명하는 연구가 활발하다.

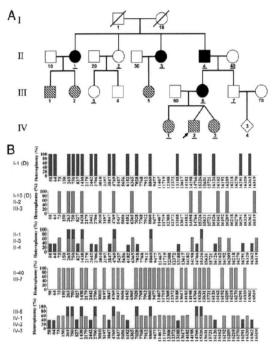

부계 미토콘드리아 전달이 발견된 집안의 가계도다. 속이 검은 네모(남성)와 동그라미(여성)가 부계 미토
콘드리아가 발견된 사람들이다. 빗금이 있는 도형은 모계에서만 받았지만 헤테로플라스미 수준이 높은 사
람들이다. B: 참조 게놈과 비교해 구성원들의 헤테로플라스미 수준을 보여주는 그래프로, 맨 위는 외증조
부, 그 아래는 외증조모다(네 살 남아인 IV-2 기준 /). 세 번째가 이들의 자녀인 외할아버지와 그의 여성
형제 두 사람으로 부계 미토콘드리아를 물려받았음을 알 수 있다(파란색 부분). 그 아래는 외할머니와 이
모부로 모계 미토콘드리아만 물려받았다. 맨 아래는 외조부모 모두의 미토콘드리아를 물려받은 엄마(III
-6)와 그녀의 미토콘드리아를 물려받은 세 자녀들(기준인 IV-2 포함)이다. (제공『미국립과학원회보』)

     그런데 둘은 좀 차이가 있다. Y염색체의 경우 남성의 세포에만 존
재하므로 모계를 통해 전달될 가능성이 원천적으로 없지만, 미토콘드
리아 게놈은 모계뿐 아니라 부계도 지니고 있기 때문이다. 그렇다면 어
떻게 모계로만 전달될까. 난자에는 미토콘드리아가 있고 정자에는 미
토콘드리아가 없어 수정란에 모계 미토콘드리아만 있다는 게 일반적인
설명이다.

세 가계 아홉 명에서 관찰

학술지 『미국립과학원회보』 2018년 12월 18일자에는 세포 안에 모계 미토콘드리아와 함께 부계 미토콘드리아도 들어있는 사례를 보고한 논문이 실렸다. 이런 상태인 사람이 세 가계에서 총 아홉 명이나 되기 때문에 실험 과정의 착오이거나 정말 드문 예외적인 현상이라고 보기도 어렵다.

이야기는 미국 신시내티아동병원에서 시작한다. 피로와 근筋긴장저하증(무기력), 근육통, 하수증(신체장기가 아래로 처지는 증상)을 보이는 네 살 남자 환자를 진찰한 의료진은 미토콘드리아 질병으로 의심하고 미토콘드리아 게놈을 분석했다. 세포의 에너지 발전소인 미토콘드리아의 게놈에 돌연변이가 생기면 각종 질환이 나타날 수 있다.

분석 결과 모두 31곳에서 헤테로플라스미가 발견돼 미토콘드리아 질환일 가능성이 높았다. 헤테로플라스미heteroplasmy 란 한 세포 안에 정상 미토콘드리아 염기서열과 돌연변이 미토콘드리아 염기서열이 섞여 있는 상태다. 세포 하나에 미토콘드리아가 수백~수천 개 존재하기 때문에 미토콘드리아 게놈도 수백~수천 개라 이런 일이 일어날 수 있다.

한 세포 안에 들어있는 변이 미토콘드리아 염기서열의 비율을 '헤테로플라스미 수준'이라고 부른다. 헤테로플라스미 수준이 높을수록 미토콘드리아 질병이 나타날 가능성이 높다.

그런데 이 아이의 경우 변이가 관찰된 염기서열 31곳 가운데 10곳은 헤테로플라스미 수준이 29%인 반면 21곳은 71%(=100-29)로 나타났다. 연구자들은 이를 이상하게 여겨 아이의 형제자매와 부모의 미토콘드리아 게놈도 조사해봤다.

그 결과 엄마와 자매 두 명도 비슷한 패턴을 보였다. 즉 엄마의 특이한 미토콘드리아 구성이 자녀들에게 전달된 결과이므로 이제 초점은 엄마와 외조부모(엄마의 부모)로 옮겨졌다. 이들의 미토콘드리아 게놈을 분석한 결과 놀랍게도 아이 엄마가 아이 외할머니뿐 아니라 외할아버지에게서도 미토콘드리아 게놈을 물려받았다는 사실이 발견됐다.

다음으로 아이 외할아버지의 형제자매들의 미토콘드리아 게놈을 분석하자 외할아버지와 그의 여자 형제 두 명 역시 부모로부터 각각 미토콘드리아를 물려받았고 여자 형제 한 명은 모계 미토콘드리아만을 받았다는 사실이 밝혀졌다. 즉 이 가계에서 전부 네 명(아이의 엄마, 외할아버지 및 그의 여자 형제 두 명)이 부계 미토콘드리아를 지니고 있었다.

뜻밖의 결과에 깜짝 놀란 연구자들은 미토콘드리아 질병으로 의심돼 게놈 분석을 받은 다른 환자들의 사례를 조사했고 부모 양쪽에서 미토콘드리아를 받은 두 가계의 사례를 추가로 발견했다(각각 두 명, 세명). 즉 이런 현상이 아주 드문 건 아니라는 말이다. 그런데 어떻게 아버지의 미토콘드리아가 자녀에게 전달될 수 있을까.

부계 미토콘드리아 파괴 메커니즘에 문제 생긴 듯

앞에서 언급했듯이 난자에는 미토콘드리아가 있고 정자에는 미토콘드리아가 없으므로 이런 일은 불가능해 보인다. 그러나 자세히 들여다보면 그렇지도 않다. 정자에도 미토콘드리아가 약간 존재할 수 있기 때문이다. 그럼에도 수정란에 부계 미토콘드리아가 없는 건 수정 직후 부계 미토콘드리아에서만 자기소화autophagy 작용이 일어나 선별적으로 파괴되기 때문이다.

지난 2016년 학술지 『사이언스』에는 환형동물인 예쁜꼬마선충의 수정란에서 부계 미토콘드리아만 선별적으로 파괴되는 메커니즘을 밝힌 연구결과가 실렸다. 즉 부계 미토콘드리아에서만 내막이 사라지면

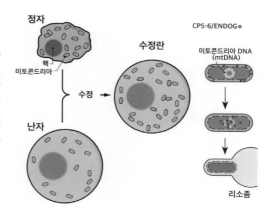

지난 2016년 예쁜꼬마선충의 수정란의 세포질에서 부계 미토콘드리아만 선별적으로 파괴되는 현상을 설명하는 메커니즘이 규명됐다. 예쁜꼬마선충의 정자는 아메바처럼 생겨 세포질에 미토콘드리아가 꽤 있다(왼쪽 위). 그러나 수정이 일어난 뒤 부계 미토콘드리아의 내막이 사라지면서 묶여 있던 단백질(CPS-6/ENDOG)이 게놈을 파괴해 결국 미토콘드리아가 리소좀에 포획돼 제거된다(오른쪽). (제공 『사이언스』)

정자

핵

미토콘드리아

수정란

수정 →

난자

CPS-6/ENDOG●

미토콘드리아 DNA (mtDNA)

리소좀

서 막에 붙어있던 단백질이 활성화돼 미토콘드리아 게놈을 파괴하고 그 결과 미토콘드리아가 해체된다는 것이다.

따라서 연구자들은 이번에 자녀의 세포에서 부계 미토콘드리아가 발견된 현상을 위의 메커니즘에 결함이 생긴 결과로 추측하고 있다. 즉 정자가 난자로 침투할 때 같이 딸려 들어간 미토콘드리아에서 파괴 메커니즘이 작동하지 않아 살아남았고 그 결과 자녀의 세포에 모계뿐 아니라 부계의 미토콘드리아도 존재하게 됐다는 것이다.

그럼에도 의문은 남는다. 즉 정자와 함께 들어간 부계 미토콘드리아의 개수는 기껏해야 난자 세포질에 있는 미토콘드리아의 0.1% 수준인데, 이번 사례의 경우 전체 미토콘드리아의 수십 %에 이르기 때문이다. 따라서 부계 미토콘드리아의 선별 파괴 메커니즘이 고장난 것과 함께 이들의 증식을 선별적으로 촉진하는 변이도 생긴 것으로 추정했다.

흥미롭게도 사람에서 부계 미토콘드리아 발견은 이번이 처음이 아니다. 이미 2002년 한 남성의 사례가 논문을 통해 발표됐고 그 뒤로도 20건의 사례가 보고됐다. 그럼에도 학계는 이 모두를 시료의 오염이나 실험자의 실수로 여겨 무시해왔다.

이번에 연구자들은 이런 반응을 예상해 새 혈액 시료를 다른 실험실에 보내 분석하게 해 결과를 대조하는 등 이중삼중의 검증을 거쳤다. 그리고 두 가계의 사례를 추가로 발굴하기도 했다.

그런데 왜 다음 세대에 모계의 미토콘드리아만 전달되게 진화했을까. 세포에서 에너지를 만드는 게 미토콘드리아의 역할이므로 모계와 부계가 섞여 있어도 상관이 없지 않을까. 이에 대한 명쾌한 설명은 아직 나와 있지 않지만, 미토콘드리아 게놈의 유전자와 미토콘드리아의 기능에 관여하는 핵 게놈 유전자 사이에 궁합이 맞으려면 모계 미토콘드리아만 있어야 하는 것으로 보인다.

아마도 미토콘드리아 질환 가운데 일부는 부계 미토콘드리아가 제거되지 않고 오히려 증폭해 존재한 결과일지도 모른다. '모계 미토콘드리아의 전달'이라는 도그마에 묶여 논문의 실험데이터를 의심해 외면하지만 않았다면 2002년부터 부계 미토콘드리아 전달 현상을 연구해 지금쯤 일부 미토콘드리아 질환을 치료할 수 있는 실마리를 찾았을 수도 있지 않을까 하는 생각이 든다.

진핵생물 진화 열쇠 쥔
아스가르드 고세균 배양 성공했다!

지난주 금요일 카페에서 학술지 『네이처』 8월 15일자를 뒤적이던 필자는 한 기사를 보고 눈이 번뜩 뜨였다. 일본 과학자들이 무려 12년에 걸친 각고의 노력 끝에 아스가르드^{Asgard} 고세균을 실험실에서 배양하는 데 성공했다는 내용이다.

미생물 한 종을 배양한 게 뭐 그리 대단한 성과냐고 의아해 할 독자도 있겠지만 이게 보통 미생물이 아니다. 어쩌면 생명과학의 미스터리인 진핵생물의 기원을 설명할 수 있는 열쇠를 쥐고 있을지도 모르기 때문이다.

사실 논문은 아직 학술지에 실리지도 않았다. 지난 8월 6일 학술지에 투고하며(어딘지는 알려지지 않았다) 생명과학 분야의 논문 저장소인 'bioRxiv'에 올려 공개된 것이다. 『네이처』가 투고 중인 논문을 뉴스로 다루는 건 드문 일이다.[29] 그만큼 엄청난 연구결과라는 말이다.

---

29) 짐작대로 『네이처』에 투고했고 논문은 2020년 1월 23일자에 실렸다.

필자는 귀가하자마자 저자들의 논문을 다운로드해 읽어봤다. 실험 내용도 대단했지만 그 결과가 함축하는 바도 심오했다. 필자가 느낀 감동을 독자들도 공감하길 기대하며 아스가르드 고세균 배양 성공의 의미에 대해 설명한다.

허 찔린 스웨덴 연구팀

오늘날 생명과학의 최대 미스터리는 생물의 기원, 즉 어떻게 무생물에서 생물이 나왔느냐 하는 것이다. 그다음 미스터리가 바로 원핵생물에서 어떻게 진핵생물이 진화했느냐 아닐까. 그 뒤 단세포 진핵생물에서 다세포 진핵생물이 진화했고 궁극적으로 사람이 등장했기 때문이다.

진핵생물의 기원을 설명하는 가설의 전개과정을 다 되짚어보려면 이번 연구를 다루기도 전에 지칠 것이므로 생략하고 오늘날 많은 사람들이 인정하는 시나리오만 소개한다. 즉 과거 어느 시점에서(대략 20억 년 전으로 추정) 원핵생물인 고세균(아케아)이 또 다른 원핵생물인 진정세균(박테리아)를 포획했다. 포획된 박테리아는 세포에 에너지를 공급하는 세포소기관인 미토콘드리아가 됐고 고세균의 게놈이 막에 둘러싸이면서 진핵세포로 진화했다는 것이다.

이 시나리오는 고세균의 게놈이 같은 원핵생물인 박테리아의 게놈보다 진핵생물의 게놈과 더 가깝다는 발견에 기반한다. 그럼에도 그 차이가 꽤 커서 20억 년 전 박테리아를 포획했던 고세균의 모습을 떠올리기는 어려웠다.

그런데 2015년 『네이처』에 놀라운 연구결과가 실렸다. 스웨덴 웁살라대 티스 에타마Thijs Ettema 교수팀이 수심 3,283m에 이르는 북극해

심해의 열수분출공 주변은 미생물이 살아갈 수 있는 열과 영양분을 공급한다. 최근 일본 연구자들이 수심 2,533m 해저에서 채취한 토양 시료에 존재하는 아스가르드 고세균을 실험실에서 배양하는 데 성공해 화제가 되고 있다. (제공 『네이처』)

의 해저 토양을 채취해 메타게놈을 분석한 결과 기존 고세균과 상당히 다르고 오히려 진핵생물과 더 가까운 새로운 고세균의 존재를 확인했다는 것이다.

메타게놈metagenome 이란 시료에 있는 생물체 전체의 게놈이다. 예전에는 실험실에서 배양하는 데 성공한 미생물만 게놈을 분석할 수 있었지만, 감도가 높은 분석법이 나오고 생물정보학이 발전하면서 시료 상태에서 게놈을 밝힐 수 있게 됐다. 연구자들은 이 고세균을 위해 '로키아케오타Lokiarchaeota'라는 새로운 문phylum 을 만들었다.

'로키'로 불리는 이 고세균의 게놈에는 지금까지 진핵생물에만 있는 것으로 알려진 유전자가 175개나 존재했다. 이어지는 메타게놈 연구에서 여러 종이 추가로 발견돼 로키 외에도 네 가지 문이 더 만들

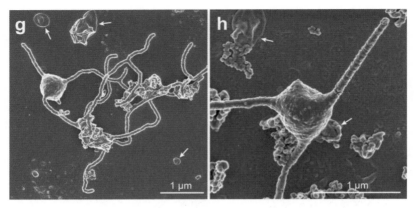

전자현미경으로 본 아스가르드 고세균 MK-D1의 모습이다. 세포는 대장균보다도 작지만 실 같은 돌출물과 작은 주머니 형태인 소포(화살표)가 존재하는 특이한 형태다. (제공 『네이처』)

어졌다. 게놈 비교분석 결과 이 가운데 헤임달라케오타Heimdallarchaeota가 진핵생물과 가장 가까운 것으로 밝혀졌다. 연구자들은 2017년 역시 『네이처』에 발표한 논문에서 이들을 포함하는 아스가르드 상문Asgard superphylum 을 제안했다.

따라서 약 20억 년 전 아스가르드 상문에 속하는 고세균(아마도 헤임달라케오타)이 박테리아를 포획해 진핵생물로 향하는 진화의 여정을 시작했을 가능성이 높다. 그럼에도 심해처럼 극한의 환경에서 자라는 미생물은 대부분 실험실에서 배양이 되지 않기 때문에 아스가르드 고세균이 어떻게 생겼는지조차 알지 못하는 상태였다.

그런데 이번에 일본해양지구과학기술연구소를 비롯한 일본 공동 연구자들이 아스가르드 고세균을 배양하는 데 성공했다고 발표한 것이다. 논문에는 물론 고세균의 전자현미경 사진도 실려있다. 아스가르드 고세균 연구를 이끌었고 십중팔구 배양을 시도하고 있었을 스웨덴 웁살라대 연구팀으로서는 불의의 일격일 것이다. 그런데 어떻게 일본 연구자들은 아스가르드 고세균의 존재가 알려지지도 않은 12년 전에 배양실험을 시작한 것일까.

크기는 작지만 독특한 구조 지녀

사실 이들은 실험실에 심해와 비슷한 환경의 배양기를 만들어 무작정 배양을 시도한 것이다. 즉 산소가 없는 조건에서 메탄을 공급해 이를 먹고 살아가는 미생물과 (혹시 있다면) 이들과 공생하는 미생물을 증식시켜 실체를 밝혀볼 계획이었다.

연구자들은 2006년 5월 6일 일본 남쪽 바다 난카이 해구의 수심 2,533미터 해저에서 채취한 토양 시료를 배양기에 넣고 10도에서 무려 2,013일, 즉 5년 반을 배양했다. 해저 미생물은 증식이 워낙 더뎌 두 배로 늘어나는 데 수개월이 걸릴 수도 있기 때문이다. 반면 대장균 같은 미생물은 조건만 맞으면 20분 만에 두 배가 된다.

그 뒤 배양액을 시험관에 나눠 다시 여러 조건에서 1년 동안 배양했다. 배양액이 약간 뿌옇게 된(증식했다는 뜻이다) 시험관에서 시료를 채취해 메타게놈을 분석한 결과 아스가르드 고세균을 비롯해 다양한 미생물의 존재를 확인했다. 다만 철저하게 분석하지 않았기 때문에 당시는 아스가르드 고세균이 얼마나 중요한 미생물인지 몰랐다(물론 이름도 붙이지 않았다).

그 뒤에도 연구자들은 다양한 조건에서 배양을 계속했고 이 과정에서 스웨덴 연구팀이 발표한 아스가르드 고세균을 자신들이 키우고 있다는 사실을 알아챘을 것이다. 이 가운데 한 종이 증식이 잘 돼 실체를 규명할 수 있었고 연구자들은 '프로메테오아케움 신트로피쿰 *Prometheoarchaeum syntrophicum* '이라는 학명을 붙인 뒤 균주 'MK-D1'으로 불렀다. 녀석의 온전한 게놈을 해독한 결과 '로키'에 속하는 것으로 밝혀졌다.

전자현미경으로 들여다본 MK-D1의 모습은 실망스러웠다. 오늘날 아스가르드 고세균이 20억 년 전 (미토콘드리아가 될) 박테리아를 식작용phagocytosis으로 포획했을 고세균과 비슷하다면 덩치가 꽤 커야 하는 데 1μm(마이크로미터. 1μm는 100만분의 1m)도 안 돼 대장균보다도 작았기 때문이다. 박테리아를 잡아먹기는커녕 잡아먹힐 크기다!

그러나 자세히 들여다보자 MK-D1의 생김새가 예사롭지 않았다. 즉 세포 표면에 짧은 줄 같은 돌출물이 여럿 있었다. 얼핏 신경세포(뉴런)처럼 보인다. 또 표면 막에 소포vesicle가 존재했다. 나중에 연구자들이 제시하는 진핵생물 진화 시나리오에서 이 돌출물과 소포가 중요한 역할을 한다.

공생 파트너는 박테리아와 고세균

MK-D1의 가장 흥미로운 특성 가운데 하나는 혼자서는 증식하지 못한다는 것이다. 즉 파트너 미생물이 존재해야 증식할 수 있다. 이런 관계를 영양공생syntrophism이라고 부른다. 연구자들이 학명을 신트로피쿰이라고 붙인 이유다. MK-D1이 영양공생으로 살아간다는 건 매우 중요한 발견이다. 고세균이 공생하던 박테리아를 포획했다는 게 진핵생물 진화 시나리오의 핵심이기 때문이다.

여러 배양조건에서 실험한 결과 MK-D1은 아미노산을 먹이로 삼아 이를 분해해 에너지를 얻는 것으로 밝혀졌다. MK-D1 게놈을 해독해 대사 관련 유전자를 분석한 결과도 이 관찰을 뒷받침했다. 아미노산 분해 과정에서 나오는 전자는 수소분자나 포름산염 형태로 배출되고 가까이 있는 공생 미생물이 이를 이용해 살아나간다. 한편 MK-D1은

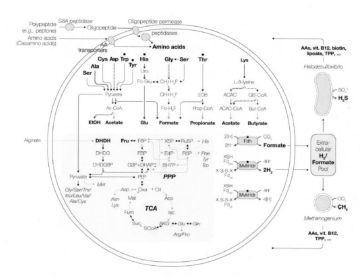

MK-D1의 배양 조건과 게놈의 대사 관련 유전자 분석을 토대로 제시한 대사 메커니즘과 미생물 두 종과의 공생영양 관계를 보여주는 도식이다. 왼쪽 큰 원이 MK-D1이고 오른쪽 위가 황산염 환원 박테리아, 오른쪽 아래가 메탄 생성 고세균이다. (제공 『네이처』)

공생 미생물이 만든 아미노산과 비타민 등을 흡수해 살아간다.

그런데 막상 공생하는 미생물의 실체를 보니 진핵세포 기원 시나리오에서 미토콘드리아가 된 것으로 추정하는 알파프로테오박테리움 alphaproteobacterium 이 아니었다. 대신 황산염을 환원시키는 박테리아와 메탄을 생성하는 고세균이었다. 추가 배양실험결과 박테리아는 없어도 되지만 메탄 생성 고세균은 꼭 있어야 한다는 사실이 밝혀졌다.

즉 고세균 두 종(MK-D1과 메탄 생성 고세균)이 영양공생 관계이고 따라서 이 자체로는 진핵세포 진화와 직접적인 관련이 없다. 그럼에도 연구자들은 배양과 게놈 데이터를 바탕으로 진핵세포 기원을 설명하는 가설인 'E3 모형'을 만들었다. E3은 Entangle(얽힘), Engulf(삼킴), Endogenize(내생화)를 뜻한다.

배양된 고세균 보고 새로운 시나리오 만들어

연구자들은 진핵생물의 진화를 여섯 단계로 나눠 제시했다. 첫 단계는 광합성을 하는 시아노박테리아의 등장으로 산소 농도가 높아지기 시작한 27억 년 전(추정) 이전에 일어났을 것이다. 즉 오늘날 심해 해저 토양의 조건과 비슷한, 산소가 희박하고 아미노산 같은 유기물이 존재하는 원시 지구의 환경에서 아스가르드 고세균은 메탄 생성 고세균과 영양을 주고받으며 근근이 살아갔을 것이다. 오늘날 MK-D1의 생태에서 당시 모습을 엿볼 수 있다는 말이다.

27억 년 전부터 광합성으로 산소의 농도가 올라가기 시작하면서 아스가르드 고세균 가운데 산소에 적응하는 종류가 생겨났다. 바로 헤임달라케오타(줄여서 헤임달)다. 이 환경에서는 황산염을 비롯한 유기물이 풍부했으므로 황산염환원박테리아가 주된 공생 파트너였을 것이고 아울러 산소를 이용해(산화반응) 에너지를 만드는 알파프로테오박테리움과 공생도 시작했을 것이다. 헤임달 역시 박테리아를 잡아먹기에는 너무 작았을 것이므로 표면에 난 긴 돌기로 감싸 가까이 됐을 것이다.

광합성이 본격화되면서 산소 농도가 점점 높아지자 알파프로테오박테리움이 점점 더 중요해졌다. 아스가르드 고세균 표면의 돌출물과 소포가 박테리아와 얽히면서^{Entangle} 서로 뗄 수 없는 사이가 되고 결국 삼키게 되는 게^{Engulf} 세 번째 단계다.

박테리아를 삼킨 고세균에서 핵막이 형성되는 게 네 번째 단계이고 박테리아 게놈 대부분이 고세균 게놈으로 넘어가면서 삼켜진 박테리아가 독립성을 잃어가는 과정이 다섯 번째 단계다. 이제 박테리아는 완전히 내생화해^{Endogenize} 세포소기관 미토콘드리아가 돼 세포가 흡수한 영양분을 산화시켜 에너지 분자^{ATP}를 만드는 일을 전담하는 게 마지막 단계다.

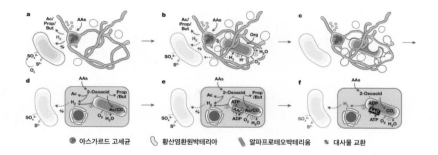

연구자들은 이번 MK-D1의 발견을 토대로 진핵생물의 기원을 설명하는 E3 모형을 만들었다. 이를 여섯 단계로 설명하는 도식이다. 자세한 설명은 본문 참조. (제공『네이처』)

　　이번 '로키' 아스가르드 고세균 배양 성공으로 알게 된 지식을 바탕으로 제시된 E3 모형이 과연 맞는 것인지는 아직 알 수 없지만 필자 눈에는 꽤 그럴듯하게 보인다. 차후에 '헤임달' 고세균도 배양에 성공한다면 E3 모형의 두 번째와 세 번째 단계를 실험으로 확인해 볼 수도 있지 않을까. 지금까지 이론 생물학의 영역에 머물렀던 진핵세포 진화 연구가 실험 생물학으로 넘어가고 있다.

고인류학과 고생물학,
단백질이 대세

2018년 9월 학술지 『네이처』에는 '가짜 뉴스' 같은 연구결과를 담은 논문이 실렸다. 9만 년 전 살았던 사람의 뼛조각에서 DNA를 추출해 게놈을 해독한 결과 네안데르탈인과 데니소바인 사이에서 태어난 혼혈이라는 것이다.

2010년 게놈 분석을 통해 네안데르탈인과 데니소바인, 현생인류(호모 사피엔스) 사이에 피가 섞였다는 사실을 알았지만, 이는 게놈에 남아있는 흔적을 통해 추측한 것이다. 이를 토대로 서로 다른 종인 남녀가 만나 짝을 이루는 낭만적인 장면이 종종 묘사됐다. 그러나 게놈 해독으로 이들의 자식, 즉 1세대 혼혈의 존재가 밝혀질 거라고 기대한 사람은 없었다.

로또 1등 당첨에 버금가는 행운을 거머쥔 논문의 제1저자인 독일 막스플랑크 진화인류학연구소의 고유전학자paleogeneticist 비비안 슬론 Viviane Slon 박사는 2018년 『네이처』가 선정한 '2018 과학계 화제의 인물 톱 10' 가운데 한 명으로 선정되기도 했다. 그런데 논문의 공동 저

데니소바 동굴에서 발굴된 뼛조각 2,315개의 콜라겐 단백질을 분석한 결과 사람 뼈는 단 하나였다(사진. 여러 각도에서 찍었다). 여기서 DNA를 추출해 분석한 결과 엄마가 네안데르탈인이고 아빠는 데니소바인인 여성이라는 놀라운 사실이 밝혀졌다. (제공 『사이언티픽 리포트』)

24.75mm

자 가운데 이 발견의 숨은 공로자가 있다. 바로 사만다 브라운Samantha Brown 이다.

뼛조각 2,315개 가운데 사람 뼈는 하나뿐

이야기는 2015년 독일 예나에 있는 막스플랑크 인간역사연구소에서 시작한다. 이곳 고고학과의 박사과정 학생인 브라운은 러시아 시베리아 알타이산맥의 데니소바 동굴에서 발굴한 뼛조각에서 사람(데니소바인이면 가장 좋다)의 뼈를 찾는 과제를 맡았다. 뼈에 들어있는 콜라겐 단백질을 추출해 아미노산 서열을 분석하면 사람 뼈인지 동물 뼈인지 구분할 수 있다. 콜라겐은 피부나 뼈에 많이 존재하는 섬유 단백질로 아미노산 수천 개로 이뤄져 있다.

사만다는 학사 출신 2002년 노벨화학상 수상자로 유명한 다나카 고이치Koichi Tanaka가 개발한 연성탈착이온화 질량분석법

MALDI-MS으로 화석에 남아있는 콜라겐을 분석했다. 먼저 뼈의 일부를 떼어내 가루로 만든 뒤 용매에 넣어 단백질을 추출한다. 여기에 단백질 분해효소를 처리해 단백질을 아미노산 수십 개로 이뤄진 조각(펩티드)로 쪼갠다.

질량분석법으로 펩티드의 질량을 알면 그 구성원인 아미노산의 조성과 서열을 알아낼 수 있다. 이때 사람에 고유한 아미노산 서열이 존재한다면 사람의 뼈다. 브라운은 2,300여 개의 뼈에서 콜라겐을 추출해 아미노산 서열을 분석하는 단순반복 작업에 매달렸다. 그리고 마침내 길이 2cm인 뼛조각 하나가 사람의 것으로 밝혀졌다.

브라운은 천신만고 끝에 찾아낸 사람 뼛조각을 독일 라이프치히에 있는 막스플랑크 진화인류학연구소로 보냈다. 이곳에서 슬론 박사는 자신이 개발한 방법대로 DNA를 추출했고 다행히 양질의 DNA를 얻었다. 먼저 미토콘드리아 게놈을 분석하자 네안데르탈인인 것으로 밝혀져 약간 실망했다. 여기까지 결과를 담은 논문이 2016년 학술지 『사이언티픽 리포트』에 실렸는데, 브라운이 논문의 제1저자이고 슬론은 제3저자다.

이어서 슬론은 핵의 게놈을 분석했고 놀랍게도 네안데르탈인이 아니라 데니소바인이 아빠인 혼혈 여성(미토콘드리아는 네안데르탈인인 엄마에서 유래)으로 밝혀졌다.[30] 브라운의 집념이 없었다면 이 결과를 담은 2018년 논문(슬론이 제1저자이고 브라운은 제10저자)은 나오지 못했을 것이다.

그런데 고인류학에서 단백질 분석이 게놈 해독에 도움을 주는 보조적인 역할에 머무르는 게 아니다. 콜라겐 같은 몇몇 단백질은

---

30) 자세한 내용은 『과학의 구원』 74쪽 '아빠는 데니소바인 엄마는 네안데르탈인!' 참조.

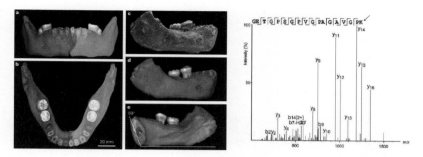

16만 년 전 티벳 고원에 살았던 인류의 화석(왼쪽)과 여기서 추출한 단백질을 분석해 데니소바인임을 증명한 질량분석 데이터다(오른쪽). 이를 통해 콜라겐 1알파2 단백질의 979~996번째 아미노산 서열을 해독한 결과 996번째 아미노산이 라이신(K)으로 밝혀졌다(╱). 네안데르탈인과 현생인류는 996번째 아미노산이 아르기닌(R)이다. (제공 『네이처』)

DNA보다 더 안정하기 때문에 DNA가 파괴된 시료에서도 정보(아미노산 서열)를 지닌 유일한 생체분자로 보존될 수 있기 때문이다. 최근 분석 기술과 데이터 처리 기법이 눈부시게 발전하면서 화석에 남아있는 단백질의 정보를 해독해 고인류 또는 고생물의 실체를 규명하는 '고ᄒ단백질체학paleoproteomics'이 떠오르고 있다.

아미노산 2,000개 가운데 하나 달라

『네이처』 2019년 5월 16일자에는 고단백질체학의 위력을 보여준 논문이 실렸다. 해발 3,280m인 티벳 고원의 한 동굴에서 발견된 16만 년 전 턱뼈의 주인이 데니소바인이라는 사실이 턱뼈에 붙어있는 어금니의 상아질에서 추출한 단백질을 분석한 결과 밝혀졌기 때문이다.

중국과학원이 주축이 된 다국적 연구팀은 아래턱의 형태가 네안데르탈인과 비슷하면서도 어금니가 꽤 큰 이 뼈의 주인공이 데니소바인일 가능성이 높을 것이라고 추측했지만 이를 입증하지는 못했다. DNA를 추출했지만 완전히 파괴돼 있어 아무런 정보도 얻을 수 없었기 때문이다.

연구자들은 차선책으로 단백질을 분석하기로 했다. 그런데 사만다 브라운이 한 수준으로 분석해서는 네안데르탈인과 데니소바인, 현생인류를 구분할 수 없다. 게놈DNA 분석을 통해 얻은 콜라겐 아미노산 서열 데이터를 보면 이 부분이 똑같기 때문이다.

따라서 연구자들은 표지가 되는 특정 아미노산 서열의 존재 여부가 아니라 일단 얻을 수 있는 모든 펩티드의 아미노산 서열 정보를 얻은 뒤 이를 게놈 데이터에서 만든 단백질체 데이터와 비교해 실체를 규명하기로 했다.

그 결과 콜라겐 단백질 여섯 가지에서 아미노산 2,000개에 이르는 정보를 얻을 수 있었다. 이 가운데 단 하나를 제외한 모든 아미노산의 서열이 세 종에서 동일하다. 유일한 예외가 콜라겐 1알파2 단백질의 996번째 아미노산으로, 네안데르탈인과 현생인류는 아르기닌[R]이고 데니소바인은 라이신[K]이다.

어금니에서 추출한 콜라겐 1알파2 단백질의 996번째 아미노산은 라이신이었고 따라서 뼈의 주인공인 데니소바인으로 밝혀졌다. 데니소바 동굴을 벗어난 지역에서 처음 확인한 데니소바인 화석일 뿐 아니라 이들이 현생인류보다 훨씬 앞서 추위와 저산소 환경에 적응한 인류였음을 보여준 쾌거다.

180만 년 전 코뿔소의 단백질 분석 성공

고생물학에서도 최근 고단백질체학이 한 건 올렸다. 약 180만 년 전이라는 아득한 과거에 흑해 동부 연안(오늘날의 조지아) 살았던 코뿔솟과[科] 동물의 화석(이빨)에 남아있는 단백질을 분석해 그 계보를 밝힌

흑해 동부 연안 드마니시에서 발굴된 180만 년 전 코뿔소 이빨에서 단백질을 추출해 분석한 결과 1만 년 전 멸종한 털코뿔소와 가까운 종이라는 사실이 밝혀졌다. 사진은 털코뿔소의 상상도. (제공 위키피디아)

연구결과가 『네이처』 2019년 10월 3일자에 실렸다.

　　오랜 세월 동안 코뿔솟과에 속하는 여러 종이 명멸했고 오늘날 4속 5종이 남아있다. 이 가운데 세 종은 멸종이 임박한 상태다. 1만여 년 전 멸종한 털코뿔소의 경우 미토콘드리아 게놈을 분석한 결과 현생 코뿔소 가운데 수마트라코뿔소와 가장 가까운 것으로 밝혀졌다.

　　네덜란드 코펜하겐대 등 다국적 공동연구팀은 조지아 드마니시에서 발굴한 180만 년 전 코뿔소 화석의 실체를 규명하기 위해 DNA를 분석했지만 예상대로 파괴돼 있어 정보를 얻지 못했다. 다음으로 이빨의 법랑질과 상아질에서 단백질을 추출해 분석했다. 연구자들은 변이가 거의 없는 콜라겐의 정보만으로는 정확한 분류가 어렵다고 판단해 다른 단백질의 정보를 얻는 데 주력했다.

그 결과 법랑질에서 아멜로게닌^{amelogenin}을 비롯한 여러 단백질의 아미노산 서열에 대한 정보를 얻었다. 이를 현존 코뿔소 및 털코뿔소의 단백질 정보와 비교분석한 결과 180만 년 전 살았던 코뿔소가 털코뿔소와 가까운 종이라는 사실이 밝혀졌다.

사실 드마니시는 180만 년 전 호모 에렉투스의 두개골 화석 다섯 점이 발굴되면서 유명해졌다. 최초로 아프리카를 벗어난 인류의 증거이기 때문이다. 두개골 네 점에는 치아도 남아있기 때문에 만일 코뿔소에서처럼 단백질을 추출해 분석할 수 있다면 호모 에렉투스의 실체를 밝히는 데 획기적인 전기가 될 것이다.[31]

익룡은 온혈동물?

학술지 『사이언스』 2019년 10월 11일자에는 수억 년 전 살았던 생물의 실체를 파악하는 데 도움을 줄 수 있는 새로운 단백질 분석법을 소개한 기사가 실렸다. 미국 예일대의 고생물학자 데렉 브리그스^{Derek Briggs} 교수와 박사과정 학생인 자스미나 위만^{Jasmina Wiemann}이 고안한 방법으로, 라만 분광법으로 시료에 남은 단백질의 패턴을 분석해 정보를 얻는다.

보존 상태가 아무리 좋다고 해도 DNA는 수십 만 년, 단백질은 수백만 년이 지나면 염기나 아미노산의 서열을 분석할 수 없을 정도로 파괴된다. 따라서 수천만 년도 아니고 수억 년 전의 화석에 남은 단백질

---

31) 학술지 『네이처』 2020년 4월 9일자에 실린 한 논문에서 드마니시 호모 에렉투스의 어금니 상아질 시료에서 단백질을 분석했으나 콜라겐 단편에 대한 정보밖에 얻지 못해 깊이 있는 분석을 진행하지 못했다는 언급이 보인다.

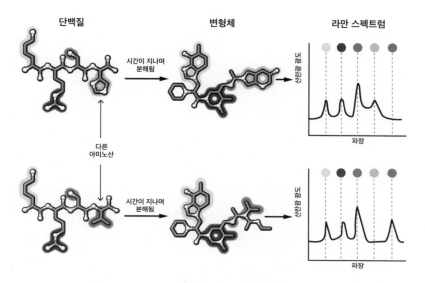

	단백질	변형체	라만 스펙트럼

시간이 지나며 분해됨

다른 아미노산

시간이 지나며 분해됨

산란광도

파장

예일대 브리그스 교수팀은 라만 분광법으로 화석에 남아있는 단백질 변형체의 데이터를 얻어 분석하면 화석의 실체를 규명하는데 도움이 될 수 있다는 사실을 발견했다. 원래 단백질의 아미노산 서열이 다르면(왼쪽) 변형체의 구조도 달라(가운데) 여기서 얻은 스펙트럼 패턴(오른쪽)도 다르기 때문이다. 최근 호주에서 열린 한 학회에서 이들은 이 방법으로 익룡이 온혈동물임을 보여준 결과를 발표했다. (제공 『사이언스』)

의 정보를 얻는다는 건 말이 안 되는 것 같다.

위만은 공룡알에 남아있는 푸른 색소의 실체를 밝히기 위해 시료를 처리하는 과정에서 갈색의 침전물을 발견했고 이게 유기물, 즉 단백질 찌꺼기일지도 모른다고 추측했다. 위만은 이를 입증하는 연구를 박사과정의 주제로 삼았다.

그 결과 공룡알뿐 아니라 다양한 화석에 단백질이 변형된 상태로 남아있음을 확인했다. 즉 생물이 죽은 뒤 단백질이 주변 당이나 지질 분자와 화학반응을 일으켜 안정한 고분자가 만들어지면 수억 년이 지나도 분해되지 않고 남아있을 수 있다.

여기에 레이저를 쪼이면 분자구조에 따라 산란광 패턴이 다르고 이를 분석하면 변형된 상태를 어느 정도 파악할 수 있다. 이들은 변형된 패턴이 비슷할 경우 원형도 비슷할 거라는 데 주목했다. 즉 시료의 변형된 정보를 비교해 원래 상태를 추측하는 기법이다.

이 방법을 써서 연구자들은 2억 년 전 살았던 거북이의 조상이 악어나 뱀, 도마뱀의 조상보다는 공룡(새의 조상)과 더 가깝다는 결과를 얻었다. 또 익룡이 온혈(정온)동물임을 시사하는 데이터도 얻었다. 온혈동물은 냉혈(변온)동물에 비해 대사가 활발해 단백질 변형 과정에서 특정 패턴이 나타나는데 익룡 화석에서 그걸 발견했다는 것이다.

이 방법은 아미노산 서열을 해독하는 질량분석법에 비해 확실성은 많이 떨어지지만 생체분자에 대해 아무 정보도 얻을 수 없다고 생각하고 있던 시료에 적용하는 것이므로 '믿져야 본전'이다. 게다가 분석을 위해 시료를 소모할 필요가 없는 비파괴 분석법이기 때문에 귀한 시료도 얼마든지 분석의 대상이 될 수 있다.

중국 척추고생물고인류학연구소의 고생물학자 징마이 오코너[Jing mai O'Connor]는 "이전에는 화학이 거의 적용되지 않던 분야에 이들이 화학을 적용해 새로운 돌파구를 열며 이 분야를 혁신시키는 모습이 경이롭다"며 감탄했다. 수년 뒤 고생물학과 고인류학에 기여한 방법을 개발한 과학자들이 노벨화학상을 받지 않을까 하는 생각이 문득 든다.

치매 환자가
암이 잘 안 걸리는 이유

평소 건강보조식품에 관심이 많은 필자는 특정 성분의 작용 메커니즘을 규명한 연구결과가 나오면 즐겨 읽곤 한다. 학술지 『네이처』 2019년 11월 28일자에는 '코엔자임Q10'에 대한 논문 두 편과 해설이 실렸다.

코엔자임Q10 ^{coenzyme Q10. 이하 코큐텐}은 몸에 활력을 주고 항산화 효과가 있다고 해서 요즘 인기가 많은 성분이다. 코큐텐은 세포호흡으로 에너지 분자 ATP를 만드는 세포소기관인 미토콘드리아의 전자전달계의 한 요소로 인체에서 만들어지는 분자다. 그런데 나이가 들수록 생성되는 양이 줄어들고 그래서인지 미토콘드리아가 ATP를 만드는 효율이 떨어진다.

이런 변화가 노화의 원인인지 결과인지는 단언할 수 없지만 노화와 관련된 것만은 분명하다. 따라서 건강보조식품으로 코큐텐을 먹어 부족해진 양을 보충해 미토콘드리아의 가동률을 높인다는 아이디어가 그럴듯해 보인다. 물론 실제 효과가 있는가는 별개의 문제이지만.

또 다른 세포사멸 과정

그런데 해설을 읽다 보니 이게 좀 다른 얘기다. 즉 미토콘드리아가 아니라 세포막에 있는 코큐텐이 '페롭토시스'라는 세포사멸을 억제하는 메커니즘을 규명한 것이다. 세포사멸 하면 아폽토시스apoptosis, 즉 세포예정사programmed cell death와 동상이나 독성화학물질 등 외부손상이나 감염으로 인한 세포괴사necrosis 두 가지만 알고 있던 필자는 처음 보는 용어에 좀 당황했다.

게다가 2012년 학술지 『셀』에 발표한 논문에서 처음 쓰인 용어라니 나온 지도 꽤 됐다. 흥미롭게도 해설을 쓴 미국 컬럼비아대 브렌트 스톡웰 Brent Stockwell 교수가 바로 페롭토시스의 이름을 지은 사람이다! 세포 내 철분이 많을 때 일어나는 세포사멸이라 페롭토시스ferroptosis라는 이름을 붙였다고 한다. 세포 내 철분 농도가 높아지면 세포막을 이루는 지질 분자가 쉽게 산화돼 과산화물로 바뀌면서 막이 부실해지고 결국 세포가 죽게 된다.

이번에 『네이처』에 발표된 논문 두 편은 세포막에 존재하는 코큐텐이 세포막의 지질 과산화물 생성을 억제해 페롭토시스가 일어나지 않게 하는 데 관여하는 효소를 규명했다는 내용이다(두 연구팀에서 동시에 밝혀 논문이 나란히 실렸다).

좀 더 자세히 설명하면 이렇다. 코큐텐의 또 다른 이름은 유비퀴논ubiquinone인데, FSP1이라는 효소가 이를 유비퀴놀ubiquinol이라는 분자로 환원시킨다. 그러면 유비퀴놀이 작용해 세포막의 지질 과산화물을 환원시키고 자신은 산화돼 다시 유비퀴논으로 돌아간다. 즉 세포막에 유비퀴논이 부족하면 페롭토시스를 막기 어렵고, 충분해도 FSP1이 없으면 소용이 없다는 말이다.

이번 발견의 의미는 페롭토시스를 막는 두 번째 메커니즘이 규명

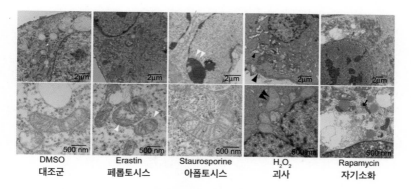

DMSO	Erastin	Staurosporine	H₂O₂	Rapamycin
대조군	페롭토시스	아폽토시스	괴사	자기소화

지난 2012년 페롭토시스라는 새로운 세포사멸 방식이 처음 보고됐다. 맨 왼쪽 대조군(정상 세포)과 비교했을 때 페롭토시스가 일어나는 세포는 미토콘드리아가 쭈그러졌고(흰 화살촉) 아폽토시스가 일어나는 세포는 염색질(chromatin)이 수축했다(흰 쌍 화살촉). 괴사가 일어나는 세포는 세포질과 소기관이 부풀고 세포막이 터지고(검은 화살촉) 자기소화가 일어난 세포는 이중막 소체가 형성돼 있다(검은 화살표). (제공 『셀』)

됐다는 것이다. 첫 번째 메커니즘은 2014년 보고됐는데, 역시 항산화제로 인기가 많은 건강보조식품인 글루타치온glutathione이 세포막 지질 과산화물을 없애 세포사멸을 막는다. 글루타치온은 GPX4라는 단백질과 짝을 이뤄 작용한다.

코큐텐이나 글루타치온 모두 뛰어난 항산화 작용을 통해 노화를 늦춘다는 개념이 들어있고 세포사멸이란 결국 노화의 한 측면이라고 했을 때 결국 이들 분자가 페롭토시스를 억제해 효과를 낸다는 말인가. 이제 필자의 관심은 코큐텐에서 페롭토시스로 옮겨졌다.

암세포 페롭토시스 유도하는 항암제

뉴욕 컬럼비아대 생명과학과와 화학과의 교수인 브렌트 스톡웰은 라스RAS라고 부르는, 암을 유발하는 작은 단백질을 표적으로 삼는 항

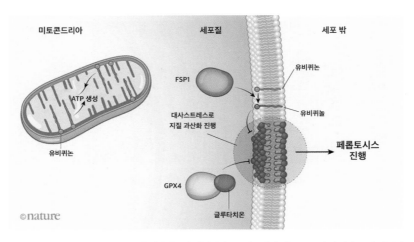

최근 페롭토시스를 억제하는 두 번째 메커니즘이 밝혀졌다. 즉 세포막에 있는 코큐텐(유비퀴논)의 환원형 분자(유비퀴놀)가 지질 과산화물인 라디칼을 환원시켜 안정한 분자로 돌려놓아 페롭토시스로 진행되는 걸 막는다(오른쪽 위). 유비퀴논은 에너지 분자인 ATP를 만드는 미토콘드리아의 세포전달계를 이루는 구성원이다(왼쪽). 한편 2014년 글루타치온이 지질 과산화물을 환원시켜 페롭토시스를 억제하는 메커니즘이 처음 밝혀졌다(오른쪽 아래). (제공 『네이처』)

암제를 개발하고 있었다. 이렇게 찾아낸 분자 에라스틴 erastin 이 암세포를 죽이는 메커니즘을 밝히는 과정에서 아폽토시스나 괴사와는 다른 방식의 세포사멸을 관찰했다.

에라스틴을 투여하면 세포에 지질 과산화물을 비롯한 활성산소종 ROS 이 축적되는데, 철분을 포획해 없애는 물질을 넣자 ROS 생성이 억제되면서 세포사멸이 멈췄다. 즉 세포 안에 철분이 있어야 일어나는 세포사멸이라는 데 착안해 페롭토시스라는 이름을 붙여 2012년 발표한 것이다. 결국 에라스틴은 암세포의 페롭토시스를 유도해 효과를 내는 항암제다.

추가 실험을 통해 연구자들은 에라스틴이 아미노산 시스테인 cysteine 이 세포 안으로 들어오는 것을 막는다는 사실을 밝혀냈다. 시스테인과 또 다른 아미노산 글루탐산, 글라이신이 합쳐져 글루타치온이 만들어진다. 에라스틴 때문에 암세포 안으로 시스테인이 못 들어오니 글루타치온이 안 만들어지고 결국 세포막에 지질 과산화물이 쌓이는 걸 막지 못해 페롭토시스가 일어난 것이다.

그럼에도 몇몇 암에서는 에라스틴이 잘 안 들었고 따라서 세포막의 지질 과산화물 축적을 억제해 암세포의 페롭토시스를 막는 또 다른 메커니즘이 있을 것으로 추측됐는데, 이번에 코큐텐과 FSP1 경로가 밝혀진 것이다. 따라서 FSP1 효소의 작용을 방해하는 약물을 만들면 항암제로 쓰일 수 있을 것이다.

신경퇴행성질환의 배후

자신이 발견하고 명명한 페롭토시스에 애착을 갖게 된 스톡웰 교수는(아폽토시스를 발견한 과학자들은 2002년 노벨생리의학상을 받았다!) 이게 암세포에서만 일어나는 현상이 아닐 거라는 '희망'을 갖고 시야를 넓혀 살펴봤다. 그 결과 아폽토시스처럼 페롭토시스도 보편적인 현상이고 특히 신경퇴행성질환과 밀접한 관련이 있다는 사실을 발견했다.

즉 신경퇴행성질환은 신경세포(뉴런)가 과도하게 죽어 해당 부위의 신경조직이 제 기능을 하지 못해 일어나는 질병이다. 그런데 세포가 죽는 모습이 암세포의 페롭토시스와 비슷했다. 나이가 들수록 뇌의 철분 함량이 높아진다는 것도 스톡웰 교수의 입장에서는 '반가운' 현상이다.

그리고 도파민이 GPX4의 안정성을 높여주는 것으로 밝혀졌다. GPX4는 글루타치온과 짝을 이뤄 세포막 지질 과산화물 생성을 억제해 페롭토시스를 막는 단백질이다. 도파민 결핍으로 생기는 신경퇴행성질환이 파킨슨병이다.

아직 정확한 메커니즘은 밝혀지지 않았지만 페롭토시스는 분명히 조절된 세포사멸 방식이다. 즉 세포막에 지질 과산화물이 어느 수준 이상 축적될 때 세포가 자살하는 스위치가 켜진다. 그럼에도 아폽토시스, 즉 세포예정사처럼 정상 상태에서 기능이 밝혀지지는 않았다.

예를 들어 발생과정에서 태아의 손은 오리발처럼 손가락 사이에 막이 있는데 아폽토시스가 일어나 사라지며 다섯 손가락이 떨어진다. 이때 아폽토시스가 제대로 진행되지 않으면 막이 있는 채로 태어난다.

스톡웰 교수는 2017년『셀』에 발표한 리뷰논문에서 페롭토시스의 존재 이유 두 가지를 제안했다. 먼저 세포막 조성변화에 대응한 진화의 산물이다. 세포가 유동성을 지니고 다양한 환경에서 적응하기 위해 세포막에 불포화지방산의 비율이 높아지면서 불가피하게 산화에 취약해졌다. 그 결과 지질 과산화물이 축적되면 세포가 비정상적으로 기능하게 되고 결국 개체에 해가 된다. 따라서 어느 수준 이상이 돼 복구할 수 없다고 판단하면 자살 프로그램이 가동하게 진화했다는 것이다.

다음으로 암을 억제하는 수단으로 진화했다는 가설이다. 암은 생리 균형이 깨진 세포들로 이뤄져 있어 산화스트레스에 약해 세포막에 지질 과산화물이 축적되기 쉽다. 따라서 이게 신호가 돼 세포가 죽는 시스템이 있다면 암세포에게는 아킬레스건이 될 것이다.

나이 들수록 암 위험성 준다?

리뷰논문을 읽다가 필자는 문득 신경퇴행성질환과 암이 페롭토시스의 관점에서 서로 반대되는 현상으로 볼 수 있는 게 아닌가 하는 생각이 떠올랐다. 즉 페롭토시스가 어떤 기능을 지닌 조절된 세포사멸이라면, 유전이나 환경 등 어떤 이유로 이게 좀 더 쉽게 일어나는 사람은 신경퇴행성질환에 걸릴 위험성이 높고 잘 안 일어나는 사람은 암에 걸릴 위험성이 높은 게 아닐까. 그렇다면 치매 환자는 암에 잘 안 걸린다는 말인가.

구글 창에 'relation between neurodegenerative disease and cancer'를 입력하고 엔터키를 쳤다. 놀랍게도 이런 관계는 이미 널리 알려진 사실인 듯 관련 논문들이 줄줄이 올라왔다. 이 가운데 2018년 학술지 『네이처 커뮤니케이션스』에 실린 논문이 눈길을 끌었다. 나이에 따른 유전자 발현 패턴 변화를 분석해 이런 관계를 확인했기 때문이다.

먼저 역학조사를 보면 신경퇴행성질환과 암은 대체로 역의 관계를 보인다. 예를 들어 알츠하이머병 환자는 암에 걸릴 위험성이 60%나 낮다. 한편 암에 걸린 적이 있는 사람은 알츠하이머병에 걸릴 위험성이 30% 낮다. 물론 그렇지 않다는 결과도 있고 암에 따라 편차가 크다는 연구도 있지만 전체적(통계적)으로 봤을 때 그렇다는 말이다.

논문에는 흥미로운 그래프가 두 개 나온다. 먼저 연령대별 사망 원인을 보여주는 그래프로, 맨 아래 암이 차지하는 비율이 변하는 패턴이 흥미롭다. 즉 20세 전후 저점을 지나 늘어나다가 60세 무렵 정점에 도달하고(전체 사망의 40% 수준) 그 뒤 서서히 줄어 100세 무렵에는 10% 밑으로 떨어진다.

반면 심혈관계질환은 20대 이후 사망 원인에서 차지하는 비율이 꾸준히 늘어나 70대 이후에는 1위가 된다. 한편 60대부터는 신경퇴행성질환으로 사망하는 비율도 눈에 띄기 시작해 90대에는 암을 누르고 2위에 오른다.

노화가 진행될수록 몸의 정교함이 떨어져 암 발생 위험성이 높아진다고 알고 있던 필자로서는 뜻밖의 패턴이다. 그런데 생각해보면 나이가 들수록 사망 위험성 자체가 커지므로 상대적인 비율이 줄 뿐이지

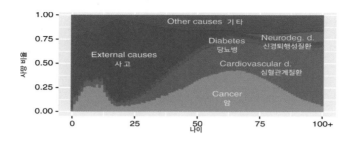

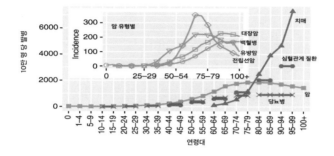

연령대별 사망 원인을 보여주는 그래프(위)와 발병률을 나타내는 그래프(아래)다. 암은 60대에 사망 원인에서 차지하는 비율이 가장 높고 그 뒤로는 급격히 떨어진다. 발병률도 75~84세가 피크다. 반면 심혈관계질환과 특히 신경퇴행성질환은 나이가 들수록 사망 원인에서 차지하는 비율도 높아지고 발병률도 높아진다. 이런 패턴의 변화는 페롭토시스로 설명할 수 있을지도 모른다. (제공 『네이처 커뮤니케이션스』)

절대적인 발생 빈도는 여전히 늘어나는 것 아닐까.

아래 그래프는 연령대별 발병률을 보여주는데 놀랍게도 암은 75~84세가 정점이고 그 뒤로는 소폭이지만 감소세로 돌아선다. 반면 심혈관계질환은 꾸준히 늘어난다. 치매는 60대에야 무대에 등장하지만 그 뒤 급격히 늘어난다.

논문에는 페롭토시스가 나오지 않지만 나이가 들수록, 즉 노화가 진행될수록 페롭토시스에 취약해지는 게 이런 패턴을 낳은 원인 아닐까. 생체반응에 정교함이 떨어져 암세포로 바뀔 가능성이 커지지만 암세포 자체도 부실해져 암 조직으로 발전하는 확률은 오히려 떨어진다는 말이다. 반면 심혈관계질환이나 신경퇴행성질환은 죽거나 부실해진 세포가 많아질수록 증상이 악화될 것이므로 노화가 진행될수록 발병 위험성은 커진다고 볼 수 있다.

이제 페롭토시스의 관점에서 건강보조식품을 생각해보자. 치매를 걱정하거나 초기 치매로 진단받은 사람에게 건강보조식품을 선물한다면 페롭토시스를 억제하는 코큐텐이나 시스테인, 글루타치온, 셀레늄(GPX4 단백질 생성에 필요하다), 비타민E(토코페롤. 세포막 지질 산화를 막는다) 같은 성분이 좋지 않을까. 반면 암 환자는 굳이 의사가 권하지 않는다면 이런 성분을 찾아 먹을 것은 아니라는 생각이 든다. 한편 페롭토시스를 유도하는 철분이 함유된 영양제는 반대의 선택이 될 것이다.

물론 건강보조식품을 먹어도 별 효과가 없는 경우가 많아 지나치게 신경 쓸 일은 아닐 수도 있다. 어쨌든 방향이 그렇다는 말이다.

과학카페 2권부터 부록에서 전 해에 타계한
과학자들의 삶과 업적을 뒤돌아봤다.
이번에도 부록에서 이들을 기억하는 자리를 마련했다.
예년과 마찬가지로 과학저널 『네이처』와 『사이언스』에
부고가 실린 과학자들을 대상으로 했다.
『네이처』에는 9건, 『사이언스』에는 12건의 부고가 실렸다.
두 저널에서 함께 소개한 사람은 5명이다.
따라서 두 곳을 합치면 모두 16명이다.
이들의 삶과 업적을 작고한 순서에 따라 소개한다.

부록

←→

과학은 길고 인생은 짧다

만프레트 아이겐Manfred Eigen (1927. 5. 9 ~ 2019. 2. 6)

물리 화학 생물 영역 파괴를 선도한 화학자)

1927년 독일 보쿰에서 태어난 만프레트 아이겐은 첼리스트인 아버지의 피를 물려받아 피아노에 천재적인 재능을 보였다. 그러면서도 과학에도 소질이 있어 집에 화학실험실을 꾸미기도 했다. 그러나 독일이 제2차 세계대전을 일으키면서 학업이 중단됐다. 징집된 그는 전쟁이 끝날 무렵 포로로 붙잡혔으나 탈출해 1,000km를 걸어 집으로 돌아가기도 했다.

피아니스트가 될 타이밍을 놓친 아이겐은 과학자가 되기로 하고 괴팅겐대에 들어갔으나 전후 복학한 학생들이 워낙 많아 그나마 자리가 있는 지구물리학을 공부해야 했다. 1953년 중수^{heavy water}의 비열 연구로 박사학위를 받은 아이겐은 설립된 지 얼마 안 된 막스플랑크물리화학연구소에 들어갔다.

당시 화학자들은 화학반응의 속도가 빠를 경우 측정할 방법이 없었다. 아이겐은 강한 전기 또는 초음파 에너지의 펄스를 이용해 화학반응의 평형을 교란한 뒤 회복되는 시간을 분광학적으로 측정하는 화학완화법을 개발했다. 이를 통해 나노초 사이에 일어나는 중화반응의 속도를 측정할 수 있게 됐다. 이 업적으로 아이겐은 1967년 노벨화학상을 수상했다.

평소 자연현상을 물리 · 화학 · 생물 같은 인위적인 분야로 쪼개 개별적으로 접근하는 게 오히려 과학 연구의 걸림돌이라고 생각하던 아이겐은 노벨상 수상자라는 이점을 살려 로비를 펼친 끝에 1971년 막스플랑크생물리화학연구소를 열었다. 아이겐은 생물체에서 일어나는 효소 촉매 화학반응을 연구했고 생명 이전 거대 분자의 복제에 관해 고민하기도 했다. 생명과 정보의 기원과 정의는 그의 후반기를 사로잡은 주제였다.

학회에서 피아노 연주를 하곤 했던 아이겐은 막스플랑크과학 · 음악연구소도 만들려고 했지만 뜻을 이루지 못했다. 아이겐은 두 번째 아내인 루틸트 오스바티쉬-아이겐과 함께 대중을 위한 과학서도 세 권 집필했다.

빌 젠킨스^{Bill Jenkins} (1945. 7.26 ~ 2019. 2.17)

터스키기 매독 실험 희생자들을 끝까지 돌본 역학자

1960년대까지만 해도 미국, 특히 남부는 흑인 차별이 심했다. 빌 젠킨스 역시 흑인만 받는 대학인 모어하우스대에서 수학을 공부했다. 통계에 관심이 많았던 젠킨스는 1968년 졸업 뒤 미국 공중보건국^{PHS}에 입사했다. 흑인으로는 최초였다.

이곳에서 젠킨스는 앨라배마주 터스키기에서 1932년부터 매독에 걸린 흑인 남성 400명을 대상으로 치료를 하지 않은 채 병이 삶에 미치는 영향을 장기적으로 관찰하는 연구가 30년 넘게 진행되고 있다는 충격적인 사실을 알게 됐다.

백인 의사들은 가난한 흑인들에게 공짜로 건강검진을 해주고(매독 환자를 찾는 과정) 아픈 사람(매독 환자)은 공짜로 치료해주면서(사실은 아스피린을 준 게 전부였다) 식사까지 제공했다. 고마운 의사들을 철석같이 믿고 몸을 맡긴 흑인들은 매독으로 죽어갔고 아내(성관계)와 자식(태아 때 모체에서 옮는 선천성 매독)까지 감염되는 비극을 맞았다.

터스키기 매독 실험이 문제가 된 건 특정 인종을 대상으로 모든 일을 비밀리에 거짓말까지 해가며 진행했기 때문이다. 게다가 페니실린이 매독을 치료할 수 있다는 게 알려진 뒤에도 연구를 멈추지 않았다. 심지어 병이 악화돼 다른 곳에서 치료를 받으려는 사람들을 방해하기까지 했다.

"의사와 공무원들은 그들의 일을 했을 뿐이다. 어떤 사람들은 단순히 명령을 따랐고, 어떤 사람들은 과학의 영광을 위해 일했다." 터스키기 매독 실험에 참여한 미국 공중보건국 성병분과 책임자인 존 헬러 박사의 말이다.

분노한 젠킨스는 뜻이 맞는 사람들과 보고서를 만들어 몇몇 언론사에 보냈지만 반응이 없었다. 그러나 비슷한 시기 역시 공중보건국에 근무하던 피터 벅스턴도 터스키기 매독 실험을 알게 돼 4년에 걸쳐 조사한 내용을 AP통신에 근무하는 친구에게 넘겨줬다. 1972년 7월 26일 '40년 동안이나 치료받지 않은 미국 매독 연구의 희생자들'이라는 제목의 기사가 나왔고 사람들은 '도덕적 악몽'이라며 경악했다. 이 기사가 나가고서야 실험이 끝났다. 수년에 걸친 조사 끝에 1979년 보고서가 나왔고 그 뒤 임상시험에 대한 엄격한 법규가 만들어졌다.

터스키기 매독 실험은 젠킨스의 인생을 바꿨다. 그는 공부를 더 하기로 하고 생물통계와 공중보건으로 각각 석사학위를 받고 역학epidemiology 연구로 박사학위를 받았다. 미국 질병통제예방센터CDC에 들어간 젠킨스는 1980년대 에이즈가 창궐하자 소수민족을 위한 에이즈예방프로그램을 이끌었다. 또 터스키기 생존자와 그들의 가족이 평생 의료돌봄을 받을 수 있는 프로그램을 운영했다.

1996년 젠킨스는 터스키기매독연구위원회에 참여해 당시 대통령인 빌 클린턴이 이 문제에 대해 연방정부 차원에서 공식 사과하도록 압력을 넣었고 1997년 5월 16일 클린턴이 정부의 잘못을 시인하는 자리에 참석했다.

젠킨스는 늘 사람들에게 "분노를 논의와 정책으로 바꿔 사람들의 삶이 달라지게 해야 한다"고 말했다.

월리스 브로커^{Wallace Broecker} (1931.11.29 ~ 2019. 2.18)

지구온난화라는 말을 처음 사용한 지구화학자

　해양의 심층수 순환이 지구의 기후에 큰 영향을 미친다는 사실을 처음 밝힌 지구화학자 월리스 브로커는 1931년 미국 일리노이주 오크 파크의 독실한 기독교 집안에서 태어났다. 역시 종교색이 짙은 휘턴칼리지를 다니다 친구의 설득으로 뉴욕주 컬럼비아대로 옮긴 브로커는 지질학을 전공해 1958년 박사학위를 받았다. 그는 방사성동위원소인 탄소-14의 반감기를 이용해 환경을 연구하는 방법을 개발했다.

　졸업 뒤 대학 부설 라몬트-도허티지구관측소^{LDEO} 에 자리를 잡은 브로커는 이곳을 '에덴의 정원'이라고 부르며 평생직장으로 삼아 연구에 매진했다. 그는 바닷물 시료의 탄소-14를 분석해 북대서양에서 해

수가 침강해 남쪽으로 이동하는 심해의 흐름이 예상보다 빠르다는 사실을 발견해 1960년 발표했다. 이를 계기로 국제 공동연구 기관인 지구환경해양부문연구GEOSECS 창립을 주도했다. GEOSECS는 1970년대부터 탐사연구를 진행해 해양의 3차원적 흐름과 화학 과정을 밝혀냈다. 브로커는 해양 침전물을 분석해 빙하기에서 불과 수십 년 만에 간빙기로 진행했다는 사실을 밝혀냈고 해양 순환의 변화가 지구 기후에 큰 영향을 미칠 수 있음을 규명했다.

1975년 브로커는 학술지 『사이언스』에 '기후변화: 우리는 명백한 지구온난화의 직전에 와 있는가'라는 제목의 논문을 실었다. 이 논문에서 지구온난화라는 용어가 처음 등장했고 그 뒤 널리 쓰이고 있다. 그의 논문이 예언이라도 되는 듯 1976년부터 지구 평균온도가 유의미하게 올라가기 시작해 오늘날에 이르고 있다.

2002년 미국의 억만장자 게리 코머와 친분을 갖게 된 브로커는 코머가 출자한 2,500만 달러(약 300억 원)를 기후연구, 특히 이산화탄소 포집 연구에 쏟아붓기도 했다. 그는 88세로 타계하기 얼마 전까지 연구를 계속했고 후학들을 돌봤다.

아서 파디^{Arthur Pardee} (1921. 7.13 ~ 2019. 2.24)

분자생물학의 지평을 연 생화학자

1921년 미국 시카고에서 태어난 파디는 버클리 캘리포니아대에서 화학을 공부한 뒤 당시 가장 유명한 화학자였던 칼텍의 라이너스 폴링 밑에서 대학원 생활을 해 1947년 박사학위를 받았다. 모교인 버클리 캘리포니아대 생화학과에 자리를 잡은 파디는 세포 조절 메커니즘을 연구했다. 그는 대장균의 피리미딘 뉴클레오티드 생합성 경로를 연구해 피드백 억제 메커니즘을 규명했다.

1957년 안식년을 맞아 프랑스 파스퇴르연구소로 건너간 파디는 프랑수아 자콥, 자크 모노와 함께 한 유전자의 산물이 다른 유전자의 발현을 조절한다는 증거를 발견했는데, 훗날 세 사람의 이름을 따 '파자

모 ^{PaJaMo} 실험'으로 불린다. 이듬해 미국으로 돌아온 파디는 대학원생 모니카 릴리와 함께 후속 연구를 진행해 1961년 게놈의 유전정보를 리보솜으로 전달하는 전령RNA가 존재한다는 증거를 찾았다.

이 해에 프린스턴대로 자리를 옮긴 파디는 진핵세포와 암으로 관심을 넓혔고 1974년 '제한 점 $^{restriction\ point}$' 개념을 제시했다. 즉 포유류 세포가 분열하지 않는 시기로, 암세포의 증식 능력이 왕성한 건 제한점이 느슨해진 결과다. 1975년 파디는 하버드대와 다나파버암연구소로 자리를 옮겨 은퇴할 때까지 암 연구에 매진했다.

여행을 즐겼고 역사와 음악, 고고학에도 조예가 깊었던 파디는 1981년 설립된 세계문화이사회 ^{CCM} 의 창립 멤버 124명 가운데 한 명이다. CCM은 개인 간의 문화적 가치, 선의, 인류애를 촉진하는 것을 목표로 하는 세계기구다.

1992년 다나파버암연구소의 명예교수로 한발 물러난 뒤에도 파디는 연구를 계속했고 2018년 97세 생일에 찾아온 제자에게 논문 최종본을 건네기도 했다.

제공 거턴칼리지

메리 워녹^{Mary Warnock} (1924. 4.14 ~ 2019. 3.20)

영국의 진보적인 생명윤리 정책을 이끈 철학자

1924년 영국 윈체스터에서 7남매의 막내로 태어난 메리 윌슨은 아버지가 출생 전 사망해 홀어머니 아래서 자랐다. 그러나 어머니가 부유한 은행가의 딸이라 집안은 넉넉했다. 1942년 옥스퍼드대에 입학해 학부에서는 고전문학을 배웠고 대학원에서는 철학을 공부해 1948년 박사학위를 받았다.

이듬해 동료 철학자 지오프리 워녹과 결혼해 메리 워녹이 됐고 슬하에 다섯 자녀를 뒀다. 두 사람은 옥스퍼드대에 재직하며 영국 철학계를 이끌었고 메리는 1984년 케임브리지대로 옮겨 거턴칼리지의 학장으로 재직하다 1992년 은퇴했다. 1960년대 메리 워녹은 당시 영미권에서는 생소한 프랑스 철학자 장 폴 사르트르의 실존철학을 소개했고 사르트르가 개인 삶이 처한 환경 차이와 개인 간의 사회적 연대를 간과했다고 지적했다. 그 뒤 워녹은 사회에서의 도덕성에 관심을 갖게 됐다.

1974년 특수교육조사위원회의 위원장이 된 워녹은 4년에 걸친 조사 끝에 1978년 장애가 있는 아이들도 일반 학교에서 함께 수업을 받는 것이 모두에게 좋다는 결론을 담은 첫 번째 '워녹 보고서'를 제출해 영국 교육 방향의 지침을 세웠다.

이 해에 영국에서 최초의 시험관아기가 태어나면서 생명윤리 논란이 가열되자 1982년 인간생식배아조사위원회가 꾸려졌고 워녹이 위원장을 맡았다. 워녹은 타협하기 어려울 것 같은 생명윤리 논란에서 최대 다수의 합의점을 찾기 위해 인내를 가지고 접근했고 그 결과 영국은 인간배아줄기세포 등 민감한 영역의 연구를 책임감 있게 진행하는 체계를 갖춘 나라가 됐다.

위원회는 인간생식배아관리국으로 발전했고 지난 2015년 세계 최초로 '부모 셋 아이'를 합법화하면서 법적 권리를 규정해(미토콘드리아를 제공한 여성은 어머니로서 권리가 없다) 세계를 놀라게 했다.

워녹은 철학의 다양한 분야에서 20여 권의 저서를 남겼다. 이 가운데 『실존주의』와 『현대의 윤리학』이 우리말로 번역됐다.

제공 열린책들 블로그

시드니 브레너^{Sydney Brenner} (1927. 1.13 ~ 2019. 4.5)
분자생물학과 분자유전학의 개척자

오늘날 생명과학의 주류인 분자생물학과 분자유전학의 시대를 연 과학계의 거장 시드니 브레너가 92세를 일기로 영면했다. 유대계 이민 자의 후손으로 남아프리카공화국 제미스턴에서 태어난 브레너는 네 살 때 신문을 읽었을 정도의 영재로 불과 15세에 교사들의 추천으로 위트 워터스렌드대 의대에 진학했다. 그러나 6년 동안 의대를 다니며 그의 관심은 의학에서 멀어졌고 졸업 뒤 인턴 대신 2년 동안 실험실에서 세 포생물학을 연구했다.

1952년 장학금을 받고 영국 옥스퍼드대에 유학할 기회를 얻게 된 브레너는 물리화학과에서 박사과정에 들어갔다. 1953년 어느 날 케임 브리지대에 들른 브레너는 마침 제임스 왓슨과 프랜시스 크릭이 규명 한 DNA 이중나선 구조 모형을 보고 깊은 인상을 받았다. 훗날 브레너는 "그날은 내 일생에서 가장 흥분되는 날이다. 모든 게 앞뒤가 맞았고 내 미래 삶은 그때 거기서 결정됐다"고 회상했다.

학위를 받고 미국 버클리 캘리포니아대에서 박사후연구원 생활을 보낸 뒤 케임브리지의 의학연구위원회MRC 분자생물학연구소LMB에 합류해 이제는 동료가 된 크릭 등과 함께 유전자 코드는 푸는 작업에 뛰어들었다. 브레너는 DNA 염기 하나를 넣거나 빼는 방식으로 유전자를 조작해 염기 세 개가 단백질의 아미노산 하나의 정보를 지니고 있음을 알아냈다. 1961년에는 프랑수아 자코브와 함께 DNA 정보가 아미노산 서열로 번역되는 과정에서 매개자 역할을 하는 전령RNAmRNA를 발견했다. 이로써 분자생물학의 시대가 본격적으로 열렸다.

늘 시대를 앞서간 브레너는 분자생물학이 발생학이나 신경과학을 혁신시킬 것이라고 예상하고 기초 연구에 최적인 실험동물을 찾던 끝에 불과 959개의 세포로 이뤄진 예쁜꼬마선충을 택했다. 브레너는 박사후연구원인 존 설스턴[32]과 로버트 호비츠, 대학원생인 존 화이트와 조나단 호지킨과 함께 예쁜꼬마선충의 분화와 발생, 세포사멸, 신경계를 완벽하게 규명했다. 이 업적으로 브레너와 설스턴, 호비츠는 2002년 노벨생리의학상을 받았다.

1986년 MRC의 분자유전학유닛으로 자리를 옮긴 브레너는 진화유전체학 연구를 시작하면서 영국이 인간게놈프로젝트에 주도적으로 참여하기로 결정하는 데 큰 역할을 했다. 아울러 싱가포르와 미국, 일본 등에 연구실을 만들어 공동 연구를 진행하는 등 학문의 국제 교류에도 힘썼다. 1990년대 학술지 『커런트 바이올로지』에 연재한 칼럼이 인기를 끌면서 '시드 아저씨Uncle Syd'라는 애칭을 얻기도 했다.

---

32) 존 설스턴의 삶과 업적에 대해서는 『과학의 구원』 366쪽 '존 설스턴, 게놈 데이터의 공공성을 지켜낸 생물학자' 참조.

데이비드 사울레스^{David Thouless} (1934. 9.21 ~ 2019. 4. 6)

위상수학을 도입해 2차원 응집물리학을 혁신한 물리학자

　　영국 스코틀랜드 비어스덴에서 태어난 데이비드 사울레스는 수학에 재능을 보여 케임브리지대 수학과를 다녔고 졸업 뒤 미국 코넬대로유학해 1967년 노벨물리학상을 받게 될 한스 베테의 지도로 1958년물리학 박사학위를 받았다.

　　버클리 캘리포니아대와 케임브리지대를 거쳐 1965년 영국 버밍엄대에 자리를 잡은 사울레스는 1971년 박사후연구원으로 온 마이클 코스텔리츠와 함께 2차원 물질의 상전이에 관한 획기적인 연구를 진행했다. 이들은 위상수학 개념을 도입해 상전이가 양자화돼 일어난다는 'KT 상전이^{Kosterlitz-Thouless Transition}'이론을 제시했다. 위상수학^{topology}은 물체의 형태 변화와 관계없이 유지되는 특징을 다루는 수학이다. 예를 들어 도넛과 머그잔은 전혀 다르게 생겼지만 위상은 같은(둘 다 구멍이 하나 있다) 물체다. 1978년 실험물리학자들은 초유체 헬륨에서 KT 상전이를 실험적으로 관찰하는 데 성공했다.

1979년 미국으로 건너간 사울레스는 예일대에서 1년 머문 뒤 워싱턴대에 자리를 잡고 양자홀 효과를 연구했다. 양자홀 효과는 반도체를 사이에 둔 아주 얇은 막의 전기 전도도가 자기장의 세기에 따라 연속된 값이 아닌 정수배로 바뀌는 현상이다. 사울레스와 동료들은 역시 위상 수학 개념을 도입해 이 현상을 설명하는 이론을 만들었다.

2016년 사울레스는 코스텔리츠, 프린스턴대 덩컨 홀데인 교수와 함께 물질의 위상 연구에 대한 업적으로 노벨물리학상을 공동 수상했다.

폴 그린가드^{Paul Greengard} (1925.12.11 ~ 2019. 4.13)
뉴런의 신호전달 과정을 규명한 신경과학자

1925년 미국 뉴욕의 유태계 집안에서 태어난 폴 그린가드는 20살 때까지 양어머니가 친어머니인 줄 알았다. 그의 친모는 그를 낳다가 죽었는데 이를 숨겼던 것이다.

제2차 세계대전이 한창이던 1942년 불과 17세 나이에 해군에 입대해 MIT에서 공중조기경보체계를 연구했고 전쟁이 끝난 뒤 해밀턴칼리지에서 수학과 물리학을 공부했다.

전후 한동안 물리학 분야에서는 원자에너지 프로젝트만 연구비를 받을 수 있었기 때문에 이쪽에 취미가 없던 그린가드는 신경과학으로 진로를 틀어 존스홉킨스대에서 뉴런의 생물리학과 생화학을 연구했다.

1953년 박사학위를 받은 뒤 유럽으로 건너가 연구원 생활을 하다 1959
년 귀국해 제약회사 가이기의 연구소에서 생화학 분과를 이끌었다.

1968년 예일대로 자리를 옮긴 그린가드는 쥐의 뇌 조직 추출물에
서 신경전달물질 도파민에 민감한 효소를 찾았다. 추가 연구 결과 이
효소는 ATP라는 분자를 이차전달물질인 cAMP로 바꾸는 반응을 촉매
하는 것으로 밝혀졌다. 그와 동료들은 이런 과정이 궁극적으로 표적이
되는 단백질의 인산화를 일으켜 기억이나 학습이 가능하게 한다는 사
실을 밝혀냈다.

1983년 록펠러대로 자리를 옮긴 그린가드는 알츠하이머병과 조현
병 같은 신경정신질환의 치료제 개발에 뛰어들었다. 그가 설립한 회사
인트라-셀룰러테라피스Intra-Cellular Therapies에서 개발한 조현병 치료제
루마테페론lumateperone은 2019년 12월 20일 미 식품의약국의 승인을
받아 캡리타Caplyta라는 제품명으로 2020년 봄 출시될 예정이다.

그린가드는 신경계의 신호전달을 규명한 공로로 아르비드 칼손, 에
릭 캔들과 함께 2000년 노벨생리의학상을 받았다. 그는 상금으로 받은
40만 달러(약 5억 원)를 출연해 그를 낳다 목숨을 잃은 친모의 이름을
딴 펄마이스터그린가드상을 제정해 2004년부터 뛰어난 여성 생의학과
학자들을 선정해 수상하고 있다.

제임스 카네기 재단

데이비드 햄버그^{David Hamburg} (1925.10. 1 ~ 2019. 4.21)

인류애 증진을 위해 힘쓴 정신의학자

    1925년 미국 인디애나주 에번즈빌에서 태어난 데이비드 햄버그는 어렸을 때부터 인류애에 대해 감수성을 키웠다. 리투아니아 유대계 이민자로 성공한 할아버지가 동유럽의 반유대주의를 피해 건너온 친척들에게 많은 도움을 주는 모습을 지켜봤기 때문이다.

    월반을 거듭해 인디애나대에 조기 입학한 햄버그는 인문학을 공부했고 1944년 졸업 뒤 의학전문대학원에 들어가 1947년 의학박사학위를 받았다. 정신과를 전공한 햄버그는 스트레스가 뇌에 미치는 영향에 관심이 많아 스트레스와 행동의 생물적 기초를 연구했다. 한편 정신분석도 배워 다양한 시각에서 정신질환을 바라보는 혜안을 얻었다.

마이클리즈병원, 미 국립정신건강연구소 등을 거쳐 1961년 스탠퍼드대 정신과에 자리를 잡은 햄버그는 정신질환에 대한 이해를 넓히기 위해 다양한 시도를 했다. 심지어 아프리카 탄자니아에 제인 구달이 세운 곰비강연구센터와 협약을 맺고 학생들을 파견해 영장류의 행동을 함께 연구하기도 했다.

그런데 1975년 5월, 탄자니아와 이웃한 자이레(현 콩고민주공화국)의 인민혁명당 사람들이 센터를 습격해 학생 세 명과 네덜란드인 연구원 한 명을 납치하는 사건이 일어났다. 송환 협상을 위해 탄자니아로 날아간 햄버그는 그 과정에서 아프리카 사람들의 참상을 보고 인류애의 증진을 위해 헌신하기로 다짐하고 그 뒤 다양한 활동을 펼쳤다.

1982년 뉴욕카네기재단의 회장으로 취임한 햄버그는 15년 동안 지구촌의 폭력을 줄이고 건강과 교육, 과학을 증진하는 각종 프로그램을 기획해 실행했다. 햄버그는 미국과학진흥협회AAAS의 회장을 역임하기도 했다.

머리 겔만^{Murray Gell-Mann} (1929. 9.15 ~ 2019. 5.24)

20세기 후반 입자물리학을 이끈 천재 과학자

수학적 쿼크는 영원히 갇혀 있기 때문에 보이지 않지만 그런 특성을 통해
서 우리가 볼 수 있는 현실적 입자들을 만들어 낸다.

- 머리 겔만

　　1929년 미국 뉴욕에서 태어난 겔만은 세 살 때 큰 수의 곱셈을 암
산으로 할 수 있었던 영재로 언어 능력도 탁월했다. 7살 때 철자 알아
맞히기 대회에 나가 12살 아이들을 제치고 우승하기도 했다. 당시 그가
맞힌 단어는 'subpoena'다. 이 단어를 처음 본 사람들도 있을 텐데 '소
환장'이란 뜻이다.

학교생활이 너무 지루해 자신만의 신문을 만들기도 했지만 그의 글을 본 아버지는 "이걸 글이라고 쓴 거냐?"라며 불같이 화를 내곤 했다. 결국 이런 경험들이 반복되면서 언어 천재 겔만은 오히려 '글쓰기 장애'에 시달리게 된다.

글쓰기 장애로 노벨상기념논문도 못 써

겔만은 불과 열다섯 살에 예일대에 입학했고 스물두 살 때 MIT에서 박사학위를 받은 뒤 칼텍 물리학과에 자리를 잡았다. 천재의 승승장구처럼 보이지만 과정은 순탄치 않았다. 글쓰기 장애 때문이다.

겔만는 예일대 학부 졸업논문(별로 대단한 것도 아닌)을 쓰지 못해서 결국 대학원에 진학하지 못했다. 다행히 (당시는 지명도가 낮은 학교였던) MIT의 빅터 바이스코프 교수가 겔만을 구제했다. 어릴 때 라틴어, 이탈리아어, 스페인어를 통달했던 겔만은 MIT에서는 술집을 전전하거나 중국어와 티벳어를 공부하기도 했지만 2년만에 박사학위 연구를 끝냈다. 그의 천재성에 풀이 죽어 물리학을 포기한 동급생이 있을 정도였다.

바이스코프 교수는 겔만을 프린스턴고등연구소의 방문연구원으로 추천했지만 역시 글쓰기 장애로 박사학위 논문을 쓰지 못해 6개월을 끌다가 마침내 논문을 완성한다. 그 뒤 겔만은 본격적인 입자물리학 연구를 통해 눈부신 업적을 쌓았고 1969년 노벨물리학상을 수상했다.

수상 연설 중 참석했던 스웨덴 국왕이 졸자 겔만은 갑자기 스웨덴어로 말을 바꿔 국왕이 깜짝 놀라 잠을 깼다는 일화도 있다. 역시 고질적인 글쓰기 장애가 재발해 그는 수차례 연기를 하고도 결국 노벨상기념논문집에 제출할 글을 끝내 완성하지 못했다.

이론으로 예측한 입자 실험으로 확인

겔만은 동료 물리학자들도 그 과정을 이해하지 못할 통찰력과 수학 기법을 동원해 놀라운 결과들을 내놓았는데 기묘도와 팔중도, 쿼크가 그의 3대 업적으로 꼽힌다. 기묘도 strangeness 는 다양한 입자들을 분류하기 위해 제안한 양자수 quantum number 로, 양성자나 중성자처럼 기묘하지 않은 입자는 기묘도가 0이고 시그마나 에타 같은 낯선 입자는 기묘도가 -1 또는 -2다.

1961년 겔만이 이스라엘의 물리학자 유발 네만과 함께 제안한 팔중도 eightfold way 는 다양한 강입자, 즉 중입자와 중간자가 전하와 기묘도를 각각 축으로 한 좌표에서 여덟 곳의 위치에 놓일 수 있음을 보여준 이론으로, 수학의 군론 group theory 을 도입해 생각해냈다. 겔만은 고도의 추상적인 아이디어에 불교 용어 'eightfold way'(국내 물리학계에서는 불교 용어인 '팔정도'로 번역하지 않았다)를 가져다 쓰는 재치를 발휘했다.

겔만은 팔중도의 비어있는 한 자리에 들어갈 입자를 '오메가마이너스 Omega Minus'라고 부르며 그 존재를 예측했다. 1964년 어느 날 브룩헤이븐국립연구소의 실험물리학자 니콜라스 사미오스, 잭 라이트너와 점심을 하다 겔만은 오메가마이너스에 대해 얘기하며 어떻게 실험해야 발견할 수 있을지 냅킨에 그려가며 설명했다. 이들은 냅킨을 가져가 연구소 책임자에게 보여주며 설득해 가속기를 사용할 기회를 얻었고 오메가마이너스 입자를 발견했다.

팔중도를 연구하던 겔만은 전자와는 달리 양성자와 중성자 같은 강입자는 기본입자가 아니라 다른 기본입자로 이뤄진 복합입자여야 한다는 결론에 도달한다. 겔만은 아일랜드의 작가 제임스 조이스의 소설 『피네간의 경야』의 한 구절에서 따와 이 기본입자를 쿼크(quark. 조이스가 부피 단위인 쿼트 quart 를 변형해 만든 단어)라고 명명했다.

겔만은 기상천외한 이론을 만들었는데, 가장 놀라운 점은 새로 도입된 기본입자 즉 쿼크가 분수 전하를 가져야 한다는 사실이었다. 전자가 -1, 양성자가 +1, 중성자는 0이라는 정수 전하의 대전제가 무너져야 한다는 말이다. 즉 쿼크의 전하는 +2/3 또는 -1/3이 돼야 하며 반물질인 반쿼크의 전하는 -2/3 또는 +1/3이다.

도저히 받아들이기 어려운 이 가설을 수용하기만 하면 물리학자들도 '입자동물원'이라고 개탄할 지경인 수많은 강입자들이 쿼크 세 가지(업쿼크, 다운쿼크, 스트레인지쿼크)의 조합으로 멋지게 설명된다. 즉 양성자는 전하가 +2/3인 업쿼크 두 개와 전하가 -1/3인 다운쿼크 하나로, 중성자는 다운쿼크 두 개와 업쿼크 하나로 이뤄져 있다.

쿼크 발견, 양자색역학으로 이어져

겔만은 자신의 멋진 아이디어를 『피지컬 리뷰 레터스』 같은 일급 저널에 싣고 싶었지만 워낙 과격한 주장이라 반발을 살 것이 뻔했으므로 간단히 정리해 유럽입자물리연구소^{CERN}에서 간행하는 『피직스 레터스』에 보냈다. 1964년 2월 1일자에 간행된 불과 두 쪽짜리 논문의 제목은 '중입자와 중간자의 도식적 모형'으로, 겔만은 자신의 아이디어가 물리적 실체가 아닌 수학적 특성을 다루고 있다는 조심스러운 태도를 보이고 있다.

예상대로 기존 학계의 반응은 냉담해 저명한 이론물리학자인 줄리언 슈윙거는 한 논문에서 "겔만은 분수 전하를 가진 입자의 존재를 가정했는데, 그것들은 오직 헐떡거리는 숨소리나 혀 차는 소리 또는 새들이 까악까악 하거나 '깩깩^{quark}'거리는 소리 따위로만 검출될 수 있을 것이라고 한다"라고 쓰면서 비아냥거렸다. 리처드 파인만 역시 "말도

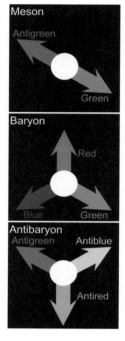

양자색역학에 따르면 쿼크는 전기전하 외에도 색전하를 띠고 있다. 색전하는 세 가지로 빛의 삼원색을 따라 파랑, 빨강, 녹색으로 표시한다. 한편 반쿼크는 반색전하인 반파랑(보색인 노랑으로 표현), 반빨강(청록), 반녹색(분홍) 가운데 하나다. 쿼크는 독립적으로 존재하지 못하고 색전하가 중성인 복합입자를 만든다. 쿼크 두 개로 이뤄진 중간자(meson)는 쿼크와 반색전하를 지닌 반쿼크의 쌍만이 가능하다. 중입자(baryon)는 색전하가 각각 녹색, 파랑, 빨강인 쿼크 세 개로 이뤄져 있고 반중입자(antibaryon)은 색전하가 각각 반파랑(노랑), 반빨강(청록), 반녹색(분홍)인 반쿼크 세 개로 이뤄져 있다. (제공 위키피디아)

안 되는 얘기”라며 무시했다. 그러나 수년 뒤 입자가속기 실험에서 양성자에 뭔가 내부 구조가 있는 것 같다는 결과가 나오면서 쿼크는 점차 관심을 끌기 시작했다.

　1969년 겔만은 단독으로 노벨물리학상을 수상했다. 오메가마이너스 입자 발견으로 이어진 팔중도 이론이 주된 업적이었지만 쿼크 이론도 큰 역할을 했을 것이다. 겔만은 쿼크 모형의 단순한 아름다움에 매료된 몇몇 물리학자들과 함께 이론을 발전시켜 1970년대 초 마침내 ‘양자색역학quantum chromodyamics, QCD’으로 결실을 거뒀다. 양자색역학을 간단히 말하면 쿼크 사이의 강한 상호작용(강력)이 글루온이라는 매개입자에 의해 전달된다고 설명하는 양자장이론이다.

　양자색역학에 따르면 쿼크는 전기전하 외에도 색전하를 띠고 있다.

색전하는 세 가지로 빛의 삼원색을 따라 파랑, 빨강, 녹색으로 표시한다. 한편 반쿼크는 반색전하인 반파랑(보색인 노랑으로 표현), 반빨강(청록), 반녹색(분홍) 가운데 하나다. 양자색역학의 중요한 전제조건은 '색가둠color confinement'이다. 즉 쿼크는 독립적으로 존재하지 못하고 색전하가 중성인 복합입자를 만든다는 것이다.

따라서 양성자 같은 중입자를 이루는 쿼크 세 개(업쿼크 둘, 다운쿼크 하나)는 색전하가 각각 녹색, 파랑, 빨강이다. 한편 쿼크 두 개로 이뤄진 중간자의 경우 세 가지 색에서 어떤 조합으로 둘을 골라도 백색이 나오지 않으므로 쿼크와 반색전하를 지닌 반쿼크의 쌍만이 가능하다.

산타페연구소 만들어 복잡계 연구

어린 시절 겔만은 고고학자나 언어학자 또는 생물학자가 되고 싶었다. 그러나 수학적 재능을 아까워한 아버지의 권고로 물리학을 공부하게 된 것이다. 1955년 26살의 나이로 칼텍의 교수로 부임했을 무렵 겔만은 고고학자 마가렛 다우와 결혼했다. 두 사람은 세계 곳곳의 고고학 유적지를 여행했다.

1984년 겔만은 뜻이 맞는 동료들과 뉴멕시코주 산타페에 산타페연구소를 설립했다. 이곳은 기존 학문의 분류에 따르지 않고 복잡계라는 현상을 다양한 관점에서 접근하는 학제적 연구를 지향하며 지금까지 이어오고 있다. 겔만은 2019년 5월 24일 산타페에서 영면했다.

캘빈 콰트^{Calvin Quate} (1923.12. 7 ~ 2019. 7. 6)
원자힘현미경을 발명한 나노과학 개척자

    1923년 미국 네바다주 베이커에서 태어난 캘빈 콰트는 유타대에서 전기공학을 전공했고 스탠퍼드대에서 1950년 박사학위를 받았다. 콰트는 벨연구소에 취직해 전자빔을 이용한 마이크로파 증폭을 연구했다.

    1961년 스탠퍼드대로 자리를 옮긴 콰트는 연구 주제도 빛에서 소리로 바꿔 진동수가 메가헤르츠와 기가헤르츠인 음파를 연구했다. 콰트는 물속에서 기가헤르츠 음파의 파장이 빛(가시광선)의 파장보다 짧다는 사실에 착안해 주사음향현미경을 개발했다. 즉 파장이 짧은 음파를 써서 이미지를 얻은 장비로, 광학현미경으로 볼 수 없는 반도체나 생체조직의 표면과 내부 상태를 시각화할 수 있다.

1982년 광전자공학 분야의 권위 있는 상인 랭크상을 받게 돼 런던행 비행기를 탄 콰트는 기내에서 물리학 잡지 『피직스 투데이』를 뒤적이다 IBM취리히연구소의 물리학자들이 전자터널링 현상을 이용해 원자 수준 해상력의 물질 표면 이미지를 얻었다는 기사를 봤다. 콰트는 돌아오는 길에 취리히에 들러 연구를 수행한 게르트 비니히와 하인리히 로러를 만났다. 비니히와 로러는 주사터널링현미경을 발명한 공로로 1986년 노벨물리학상을 받았다.

이들이 만든 주사터널링현미경에 매료된 콰트는 돌아와 이를 제품화할 수 있는 수준으로 성능을 향상시키는 연구를 시작했다. 1985년 비니히는 IBM산호세연구소의 크리스토프 거버와 함께 콰트의 실험실에서 안식년을 보내며 주사터널링현미경의 한계를 극복할 방법을 찾다가 원자힘현미경 아이디어를 떠올렸다. 즉 유연한 금속인 금으로 만든 칸틸리버 끝에 다이아몬드 탐침을 붙여 물질 표면을 스캔하며 굴곡을 측정해 이미지를 얻는 장치다. 세 사람은 1986년 학술지에 결과를 정리한 논문을 실었다.

그 뒤 콰트는 원자힘현미경의 성능 향상 연구를 진행했고 그 일을 함께했던 대학원생 박상일은 졸업 뒤 1988년 회사를 차려 세계 최초로 제품화에 성공했다. 박 대표는 1997년 회사를 매각하고 귀국해 파크시스템스를 세워 2019년 517억 원의 매출을 올렸다. 콰트는 늘 학생들에게 "너는 할 수 있다"며 힘을 북돋아 줬는데 박 대표의 성공도 그 결실이 아닐까.

존 로버트 슈리퍼^{John Robert Schrieffer} (1931. 5.31 ~ 2019. 7.27)

초전도 현상을 설명한 BCS 이론을 만든 물리학자

1931년 미국 일리노이주에서 태어난 슈리퍼는 어릴 때 이사한 플로리다를 제2의 고향으로 여기며 사랑했다. MIT에서 물리학을 배우며 고체물리학에 관심을 갖게 된 슈리퍼는 일리노이대 존 바딘 교수 밑에서 박사학위를 시작했다. 바딘 교수는 10개의 연구 주제 목록을 제시했고 슈리퍼는 그 가운데 가장 위험한(결과를 내지 못해 학위를 받지 못할 수 있는) 초전도 이론 연구를 선택했다.

초전도는 극저온의 임계점에서 물체의 전기저항이 사라져 손실 없이 전류가 흐르는 현상으로 1911년 네덜란드 물리학자 카메를링 오네스가 처음 발견해 1913년 노벨물리학상을 받았다. 그 뒤 많은 저명한

364
과학을 기다리는 시간

물리학자들이 초전도를 설명하는 양자역학 이론을 제시하려고 뛰어들었지만 모두 실패했다.

바딘과 실험실의 박사후연구원 리언 쿠퍼는 초전도에서 전자 둘이 같은 전하임에도 서로 끌어당겨 쌍을 이룬다는 사실을 발견했다. 이 상태에서 연구를 이어받은 슈리퍼는 1957년 학회 참석차 뉴욕 지하철을 타고 가다 아이디어가 떠올라 초전도체의 전자 움직임을 기술하는 파동방정식을 만들었다. 이에 따르면 전자들은 둘씩 짝을 이뤄 결맞음 상태라는 집단행동을 함으로써 저항 없이 이동할 수 있다.

바딘과 쿠퍼는 슈리퍼의 아이디어를 가다듬은 논문을 완성해 1957년 학술지『물리학 리뷰』에 발표했다. 이들이 개발한 초전도 이론은 세 사람의 성 앞글자를 따 'BCS 이론'으로 불린다. 이해 슈리퍼는 초전도 연구를 정리한 졸업논문을 작성해 박사학위를 받았다. 15년이 지난 1972년 세 사람은 노벨물리학상을 수상했다. 한편 슈리퍼가 박사과정에 있던 1956년 지도교수 바딘은 1948년 트랜지스터를 발명한 업적으로 노벨물리학상을 받았다. 바딘은 노벨물리학상을 두 차례 받은 유일한 사람이다.

학위를 받은 뒤 슈리퍼는 덴마크의 닐스보어연구소와 영국 버밍엄대에서 박사후연구원 생활을 한 뒤 시카고대에 부임했고 그 뒤 일리노이대를 거쳐 펜실베이니아대에 자리 잡았다. 슈리퍼는 전도성 고분자의 전자가 보이는 독특한 현상을 규명하는 등 고체물리학의 이론연구에 크게 기여했다. 1992년 제2의 고향인 플로리다주립대로 자리를 옮긴 슈리퍼는 부설 미 국립고자기장연구소에서 2006년까지 일했다.

도널드 린드버그^{Donald Lindberg} (1933. 9.21 ~ 2019. 8.17)

빅데이터 의학 시대를 이끈 정보학자

　　미국 뉴욕에서 나고 자란 도널드 린드버그는 암허스트대에서 생물
학을 전공하고 대학원에 가려고 했지만 집안의 설득에 컬럼비아대 의
대에 진학해 1958년 의학박사학위를 받았다. 그러나 암기 위주의 전통
적인 의대 교육에 불만이 많았다. 수학을 잘 했던 린드버그는 미주리대
에 자리를 잡은 뒤 의료에 데이터를 활용하는 시도를 했다. 예를 들어
임상데이터를 분석해 심장우회술에 쓰이는 실리콘이 오히려 색전을 유
발해 환자를 죽게 할 수 있다는 사실을 밝혀 실리콘이 더이상 쓰이지
않게 했다. 그는 인공지능 진단 프로그램을 처음 개발하기도 했다.

　　1984년 미 국립의학도서관^{NLM} 관장으로 부임한 린드버그는 2015

년 은퇴할 때까지 무려 31년 동안 재임하면서 미국뿐 아니라 세계의 의학, 과학의 연구 방식을 근본적으로 바꿔놓았다. 특히 1996년 선을 보인 검색엔진 펍메드 PubMed는 세계 어디서나 의학 및 생명과학 주제 문헌의 요약을 담은 데이터베이스에 접근할 수 있게 했다. 오늘날 매일 100만 명이 넘는 사람들이 펍메드에 들어오고 있다.

월드와이드웹 시대가 열린 이후 의학 분야에 빅데이터 과학이 빠르게 접목될 수 있었던 것은 데이터의 중요성을 일찌감치 간파한 린드버그의 선견지명 덕분이다.

마르가리타 살라스와 남편 엘라디오 비뉴엘라의 젊은 시절 모습이다. 비뉴엘라는 1999년 먼저 세상을 떠났다. (제공 마르가리타 살라스)

마르가리타 살라스^{Margarita Salas} (1938.11.30 ~ 2019.11. 7)

DNA 검사법을 개발해 법의학을 혁신한 생화학자

1938년 스페인 북부 카네로에서 태어난 살라스는 이듬해부터 1975년까지 스페인을 통치한 프란시스코 프랑코 장군의 치하에서 보냈다. 프랑코는 독재자였을 뿐 아니라 여성은 남성에 비해 열등한 존재라며 대놓고 차별을 한 사람이다.

이런 악조건에서도 살라스는 1955년 마드리드대에 들어가 화학을 공부했다. 1958년 집안 모임에서 그의 먼 친척으로 저명한 생화학자인 세베로 오초아(이듬해 노벨생리의학상 수상)를 만나 깊은 인상을 받은 살라스는 대학원에 진학해 효모의 대사를 연구해 박사학위를 받았고 이때 한 살 많은 생화학자 엘라디오 비뉴엘라^{Eladio Viñuela}를 만나 1963년 결혼했다.

　이듬해 두 사람은 미국으로 건너가 뉴욕대 오초아 교수의 실험실에서 연구원으로 일했다. 이때 살라스는 DNA의 유전정보가 한 방향으로만 읽힌다는 사실을 발견했고 전령RNA의 UAA 코돈이 단백질 합성을 멈추라는 신호임을 밝혔다.

　1967년 스페인국립연구위원회CSIC 산하 생물학연구센터에 실험실을 차린 두 사람은 박테리아에 감염하는 바이러스인 파지 φ, 파이 29의 게놈 복제 과정을 연구했다. 1977년 새로 설립된 세베로오초아분자생물학센터로 옮긴 살라스는 동료 루이스 블랑코와 함께 φ29에서 DNA중합효소를 분리해 이를 이용한 '다중이동증폭multiple displacement amplification' 기술을 개발했다.

　미량의 DNA를 다중이동증폭 기술로 늘릴 수 있게 되면서 그동안 지문이나 혈흔에 의지하던 법의학이 도약하는 계기가 됐다. 또 의학이나 고고학 분야에서도 널리 쓰이고 있다. 한편 CSIC는 이 기술의 특허료로 큰 수익을 올렸다.

　1992년부터 1994년까지 세베로오초아분자생물학센터의 센터장을 역임한 살라스는 세상을 떠나기 수 주 전까지 연구를 계속했다.

메리 로우 굿^{Mary Lowe Good} (1931. 6.20 ~2019.11.20)

'최초의 여성' 수식어가 늘 따라다닌 화학자

1931년 미국 텍사스주의 소도시 그레이프바인에서 교사 부부의 딸로 태어난 메리는 학창시절 월반을 거듭해 불과 열다섯 살에 아칸소 주립교대에 들어갔다. 부모님처럼 교사를 꿈꾼 메리는 처음에 가정학을 전공했지만 수업을 들으며 과학에 관심이 높아져 결국 화학과 물리학으로 전공을 바꿨다.

졸업 무렵 교사보다는 대학원에 진학해 과학자가 되는 게 어떻겠냐는 교수들의 조언에 따라 메리는 아칸소대에서 방사화학을 전공했다. 참고로 메리는 퀴리 부인을 평생 롤모델로 삼았다. 1952년 불과 스물한 살에 동료 대학원생 빌 굿과 결혼해 메리 로우 굿이 됐고 1955년

이 대학 최초로 물리과학 분야에서 박사학위를 받은 여성이 됐다.

루이지애나주립대에서 강사 생활을 하던 굿은 남편과 함께 1958년 신설된 뉴올리언스 캠퍼스의 교수 제의를 받아들였다. 이곳에서 두 사람은 20여 년 동안 캠퍼스가 자리를 잡는 데 힘을 보탰다. 굿은 방사화학에서 촉매화학으로 관심을 옮겼는데, 특히 루테늄 촉매의 성질을 규명하는 데 연구를 집중했다.

1980년 석유회사인 UOP의 연구소장으로 자리를 옮긴 굿은 촉매 연구에 재료과학과 생명공학을 도입하는 혁신적인 시도를 이끌었다. 몇 차례 합병을 거쳐 탄생한 회사 얼라이드시그널에서도 기술 담당 부회장으로 재직했다.

굿은 학회 활동도 열심이었다. 1972년 여성 최초로 미국화학회 이사진으로 선출됐고 1987년 1년 동안 회장으로 학회를 이끌었다. 1981~1985년에는 국제순수응용화학연합의 무기화학분과 회장을 역임했는데, 이 학회 최초의 여성 분과 회장이었다. 1980년에는 미국과학위원회에 뽑혔고 1988년 역시 여성 최초로 의장을 맡아 3년 동안 일했다.

1993년 들어선 빌 클린턴 정부에서 입각을 제의 받은 굿은 얼라이드시그널을 떠나 상무부 기술 담당 차관이 돼 1997년까지 봉직했다. 이때 굿은 하이브리드 자동차 같은 신기술 개발의 중요성을 강조했다. 굿은 2001년 미국과학진흥협회 회장으로 선출되기도 했다.

과학자로서뿐만 아니라 과학행정가로 눈부시게 활약한 굿은 많은 여성 화학자의 롤모델이었다. 굿이 이처럼 다양한 분야에서 성공할 수 있었던 것은 과학에만 매몰되지 않고 폭넓은 시야와 인간관계를 유지할 수 있었기 때문이다. 굿은 평소 영문학 작품을 즐겨 읽었다고 한다.

시드니 홀트^{Sidney Holt} (1926. 2.28 ~2019.12.22)

지속 가능한 어업을 꿈꾼 해양생물학자

우리나라는 매년 우리 해역을 침범해 불법 조업을 하는 중국 어선 때문에 골치다. 싹쓸이 조업으로 이미 자국 해역의 어장이 황폐화됐기 때문이다. 그나마 이런 사태가 모든 바다에서 일어나지 않은 건 시드니 홀트 같은 과학자들이 현장 연구를 통해 어업 정책이 바뀌지 않으면 이런 미래가 올 것이라고 예상했고 각국 정부가 이들의 조언을 어느 정도 받아들였기 때문이다.

1926년 영국 런던 토박이 가정에서 태어난 홀트는 리딩대에서 동물학을 공부한 뒤 20세에 영국 농어업식품부 산하 로스토프트연구소에 들어갔다. 이곳에서 그는 레이먼드 비버튼^{Raymond Beverton}을 만났고 두 사람은 환상의 콤비로 어업에 관한 많은 연구를 진행했다. 수학을 잘했던 홀트는 어종과 그물망의 크기에 따른 최적의 어획량을 산출하는 계산식을 만들었다. 이들의 연구는 지속 가능한 어업이라는 정책을 실현하는 데 큰 역할을 했다.

1953년 유엔 식량농업기구FAO로 자리를 옮긴 홀트는 연구의 범위를 세계 바다로 넓혔다. 그와 동료들은 제시한 어업 이론은 소위 '영국 학파'로 불린다. 그와 비버튼이 함께 써 1957년 출간한 『어획량의 동력학에 관하여』는 수산학의 고전으로 남아있다.

1960년대 우연한 기회에 국제포경위원회IWC의 조업 자료를 분석하게 된 홀트는 이대로 가다가는 남획으로 대형 고래가 멸종할 것이라는 결론을 얻고 충격을 받아 본격적으로 포경 반대 운동에 뛰어들었다. 당시 그린피스 등 비정부기관이 반대 운동을 펼치고 있었지만 사람들의 감성에 호소하는 측면이 강했는데, 홀트는 여기에 수학에 기반한 근거를 제시해 힘을 실었다. 그 결과 IWC는 1984년 고래잡이를 금지시켰고 그 뒤 대형 고래의 개체 수가 다시 늘고 있다.

참고문헌

part 1

1-1 Dixon, L.K. et al. Antiviral Research 165, 34 (2019)
   Michaud, V. et al. PLoS ONE 8, e69662 (2013)
   Lillico, S. G. et al. Scientific Reports 6, 21645 (2016)
1-2 Cui, J. et al. Nature Reviews Microbiology 17, 181 (2019)
1-3 Ciancanelli, M.J. et al. Science 348, 448 (2015)
1-4 Kupferschmidt, K. Science 365, 628 (2019)
1-5 Cohen, J. Science 367, 1294 (2020)
   Gaunt, E.R. et al. Journal of Clinical Microbiology 48, 2940 (2010)
   Dowell, S.F. Emerging Infectious Diseases 7, 369 (2001)
1-6 Editorial Science 367, 1405 (2020)
   Gerdts, V. & Zakhartchouk, A. Veterinary Microbiology 206, 45 (2017)

part 2

2-1 Clery, D. Science 366, 1434 (2019)
   EHTC The Astrophysical Journal Letters 875, L1 (2019)
2-2 Milliron, D. J. Nature energy 2, 17116 (2017)
   Islam, S. M. et al. Nature energy 4, 223 (2019)
   ji, Y. et al. Joule 3, 2457 (2019)
2-3 Editorial, Nature 574, 453 (2019)
   Oliver, W. D. Nature 574, 487 (2019)
   Arute, F. et al. Nature 574, 505 (2019)
2-4 Editorial, Nature 577, 449 (2020)

part 3

3-1
3-2 Pérez-Gil, J. Biochimica et Biophysica Acta 1778, 1676 (2008)

Madison, M. C. et al. The Journal of Clinical Investigation 129, 4290 (2019)

McCauley, L. et al. Chest 141, 1110 (2012)

Couzin-Frankel, J. Science 366, 1059 (2019)

3-3　Tavernarakis, N. Nature 574, 338 (2019)

Zullo, J. M. et al. Nature 574, 359 (2019)

Ramirez-Barrantes, R. et al. Neural Plasticity 7067592 (2019)

3-4　Shave, R. E. et al. PNAS 116, 19905 (2019)

part 4

4-1　Martin, L.E. et al. Chemical Senses 44, 379 (2019)

Mandel, A.L. et al. PLoS ONE 5, e13352 (2010)

4-2　Walker, M. P. Neuron 103, 559 (2019)

Shi, G. et al. Neuron 103, 1044 (2019)

4-3　Pollan, M. How to Change Your Mind, Penguin Press (2018)

4-4　Weiss, T. et al. Neuron 105, 35 (2020)

Renninger, S. L. Science 366, 1311 (2019)

Rodriguez, I. & Mombaerts, P. Current Biology 12, R409 (2002)

Wallrabenstein, I. et al. Neuroimage 113, 365 (2015)

part 5

5-1　Heberling, J. M. et al. Ecology Letters 22, 616 (2019)

Renner, S. S. & Zohner, C. M. Annu. Rev. Ecol. Syst. 49, 165 (2018)

5-2　Kuhry, P. et al. Nature 569, 32 (2019)

Anthony, K. W. et al. Nature communications 9, 3262 (2018)

Serikova, S. et al. Nature communications 10, 1552 (2019)

5-3　Chazdon, R. & Brancalion, P. Science 365, 24 (2019)

Bastin, J.-F. et al. Science 365, 76 (2019)

Lewis, S. L. et al. Nature 568, 25 (2019)

5-4　Vogel, G. Science 365, 627 (2019)

Krautwald-Junghanns, M.-E. et al. Poultry Science 97, 749 (2018)

Galli, R. et al. PLoS ONE 13, e0192554 (2018)

part 6

6-1 Hamze, R. et al. Science 363, 601 (2019)

Cazorla, C. Nature 567, 470 (2019)

Li, B. et al. Nature 567, 506 (2019)

6-2 Hubble, E. PNAS 15, 168 (1929)

Castelvecchi, D. Nature 571, 458 (2019)

Freedman, W. L. et al. The Astrophysical Journal 882, 34 (2019)

6-3 Singla, S. et al. Nature neuroscience 20, 943 (2017)

6-4 Canale, L. et al. Physical Review X 9, 041025 (2019)

Bonn, D. Nature 577, 173 (2019)

part 7

7-1 Vander Heiden, M. G. et al. Science 324, 1029 (2009)

Niebel, B. et al. Nature metabolism 1, 125 (2019)

7-2 Cui, K. & Wardle, B. L. ACS Appl. Mater. Interfaces 11, 35212 (2019)

7-3 Clayden, J. Nature 573, 37 (2019)

Scattolin, T. Nature 573, 102 (2019)

Müller, K. et al. Science 317, 1881 (2007)

7-4 Ajayan, P.M. Nature 575, 49 (2019)

part 8

8-1 Luo, S. et al. PNAS 115, 13039 (2018)

van der Bliek, A. M. Science 353, 351 (2016)

8-2 Schleper, C. & Sousa, F. L. Nature 577, 478 (2020)

Imachi, H. et al. Nature 577, 519 (2020)

8-3 Brown, S. et al. Scientific Reports 6, 23559 (2016)

Chen, F. et al. Nature 569, 409 (2019)

Cappellini, E. et al. Nature 574, 103 (2019)

Vogel, G. Science 366, 176 (2019)

8-4 Dixon, S. J. et al. Cell 149, 1060 (2012)

Stockwell, B. R. Nature 575, 597 (2019)

Bersuker, K. et al. Nature 575, 688 (2019)

Irizar, P. A. et al. Nature Communications 9, 327 (2018)

부록

1   Ferry, G. Nature 567, 32 (2019)
    Pecht, I. & Jovin, T. Science 364, 33 (2019)
2   Reverby, S.M. Nature 567, 462 (2019)
3   Putnam, A. E. & Anderson, R. F. Science 363, 1286 (2019)
    de Menocal, P. Nature 568, 34 (2019)
4   Gerhart, J. & Pederson, T. Science 364, 238 (2019)
5   Franklin, S. Nature 569, 41 (2019)
6   Friedberg, E. Nature 568, 459 (2019)
    Kenyon, C. Science 364, 638 (2019)
7   den Nijs, M. Science 364, 835 (2019)
9   Ferry, G. Nature 569, 488 (2019)
0   Fineberg, H.V. Science 364, 940 (2019)
10 Crease, R.P. Nature 570, 308 (2019)
    Ramond, P. Science 364, 1236 (2019)
11 Rugar D. & Giessibl, F. Science 365, 760 (2019)
12 Scalapino, D. & Kivelson, S.A. Science 365, 1253 (2019)
    Bonesteel, N. & Boebinger, G. Nature 574, 177 (2019)
13 Kohane, I. & Berg, J.M. Science 366, 37 (2019)
14 Avila, J. et al. Nature 576, 208 (2019)
15 Cavanaugh, M. A. Science 368, 371 (2020)
16 Pauly, D. Science 367, 744 (2020)

찾아보기

과학을 기다리는 시간

초판 1쇄 인쇄   2020년 5월 14일
초판 3쇄 발행   2022년 5월 17일

지은이   강석기
펴낸곳   (주)엠아이디미디어
펴낸이   최종현
기획   최종현, 김동출, 이휘주
편집   이휘주
교정   김한나, 이휘주
디자인   이창욱

주소   서울특별시 마포구 신촌로 162 1202호
전화   (02) 704-3448   **팩스**   (02) 6351-3448
이메일   mid@bokmid.com   **홈페이지**   www.bookmid.com
등록   제2011 - 000250호
ISBN   979 - 11 - 90116 - 23 - 7   03400